Footbridges
構造・デザイン・歴史

ウルズラ・バウズ＋マイク・シュライヒ 著
ヴィルフリート・デヒャオ 写真
久保田善明 監訳
増渕 基＋林 倫子＋八木弘毅＋村上理昭 訳

鹿島出版会

Footbridges by Ursula Baus, Mike Schlaich
©2007 by Birkhäuser Verlag AG, P.O. Box 133, 4010 Basel, Switzerland

Japanese translation published by arrangement with
Birkhäuser Verlag AG through The English Agency(Japan) Ltd.

目 次

4　この本について

6　橋と写真

10　**歩道橋とは何か**
　　技術、形、歴史

14　技術解説　設計のパラメータと構造デザイン

18　**歴史を振り返って**
　　より大きく、より速く、より遠くへ
　　──交通とアーキテクトとエンジニア

58　**ものづくりのあるべき姿**
　　プレストレストコンクリートの発展と
　　装飾からの脱却

70　**限界までの軽さに挑む**
　　ケーブルを用いた繊細な橋

82　技術解説　吊床版橋

104　**ものづくりにおける試み**
　　1970年代以降に生まれた構造形式

100　技術解説　ダイナミクス、振動
116　技術解説　曲線橋

128　**都市の拡大と再生**
　　よみがえった歩行者のための場所

148　**インテリア空間としての橋**
　　風雨を防ぐ

158　技術解説　カバードブリッジ

162　**シンボル性を求めて**
　　ミレニアム──都市のアイコン
　　あるいはイベントとして

180　**遊び心**
　　折り畳み橋、跳開橋、昇開橋、旋回橋
　　──機械エンジニアとの共作

192　技術解説　可動橋

196　**美しい自然の中で**
　　風景をつくる橋

214　**ヨーロッパの歩道橋120**

248　参考文献
250　人名索引
253　橋名・地名索引
257　図版クレジット
258　訳者あとがき

原注は数字で、訳注は＊で示した

この本について

1900年に初版が出版されたゲオルク・メールテンスの名著、『19世紀のドイツの橋』の1984年版の序文において、エルンスト・ヴェルナーは、「橋の建設史において、歩道橋はつい見落とされてしまう運命にある」と述べている。しかし、新しいミレニアムを迎える時代にさしかかった頃、状況は少し変わりはじめた。とりわけ、ヨーロッパの多くの都市では、「ミレニアム・ブリッジ」の建設によってその都市のイメージを高めようとする機運が高まったのである。2007年初頭にドイツ国立図書館で行った書誌学的調査では、橋に関する総計約2,500冊もの出版物があることが明らかとなった。歩道橋に限っていうと、そこに31冊が含まれていたが、そのうちのほとんどが雑誌などに掲載された小論や記事の類であった。このように、歩道橋とそれ以外の橋の間で結果に大きな差が生じた理由のひとつには次のようなことも関係する。すなわち、橋にはきわめて比喩的で象徴的な側面があり、そのため、橋といっても政治的、社会的なテーマに関する書籍も非常に多いということである。これに対して、歩道橋に関する文献は、国際的に見ても数少ない。これまでの2度の国際会議[*]で出版された講演集と2005年に出版されたfibのガイドライン[**]を除くと、この小さいながらも存在感があり変化に富んだ構造物に焦点を当てた書籍はほとんどないのが現状である。本書がそのささやかな第一歩になることができればと願っている。

人々が歩いて渡ることを目的とした橋、あるいは、せいぜい自転車で渡るような橋についての本を執筆するという計画は、なかなか刺激的で楽しいものであった。エンジニアやアーキテクト、ランドスケープアーキテクト、都市計画家などには、仕事へのヒントとして役立てていただけると思うが、専門家でない読者にも、これが本当に魅力あるものだということが分かっていただけるのではないかと思う。

著者らは、ヨーロッパの歩道橋について、いかなる現代のイデオロギーや主義主張とも結びつくことなく、可能な限り広範な視点を提供することを目的とした。本書には、単に装飾だけがなされたような、つまり、構造そのものを洗練することによってつくられたものではない橋も掲載されているが、その理由はまた後に述べる。

アプローチ

本書は、歴史の舞台裏に隠れている多くの歩道橋のうち、約90橋を紹介したものである。執筆にあたっては、年表の正確な日付にただ機械的にしたがうのではなく、全体的なテーマが最もよく把握できるように、より複合的な関連性をもった視野のもとに歩道橋の多様性を説明することに重点をおいた。結局のところ、ある時期に開発された技術の結果としての構造形式がある一方で、ある表現様式にしたがったデザインへのアプローチもある。ある時には、エンジニアはこれまでよりも軽量な構造の開発に情熱を注ぎ、またある時には、アーキテクトは破壊された都市景観を修復する手段として橋の効果を利用し、さらにまたある時には、人工物である橋は牧歌的風景の美しさへと昇華してゆく。それゆえに、歩道橋建設の歴史とは、いかにして、技術の歴史と芸術の歴史、世界の歴史が全体として重なり合うのか、そしていかにして、人々がそれらの間にある複雑な相互作用を考えようとしてきたのか、ということを示す最高の事例なのである。

本書では、「技術解説」のページに、技術的な事柄がイラストなどを用いて分かりやすく解説されている。そのため、読者はそのデザインに固有の美的ポテンシャルを容易に理解することができる。巻末には、紙面の都合で詳細まで述べられなかった120以上の歩道橋について、場所ごとのリストを掲載している。本書を通じて、読者が橋づくりの魅力ある領域に接し、今度は自分自身でさらに多くの発見をしたいと願うようになるならば、著者としてこれに勝る喜びはない。

[*] 2002年と2005年に開催された歩道橋に関する国際会議。2008年には第3回がポルトガルで開催された。
[**] fib（fédération internationale du béton：国際コンクリート連合）より出版された歩道橋の設計ガイドライン。日本語版は土木学会より出版。

本書における歩道橋の選定について

　本書の執筆にあたって、どのような橋をより詳細に記述すべきか、また、どのような理由でそれを記述すべきか、次々と疑問が生まれてきた。当初から、私たちは、本書の著者のひとりがこれまで50以上の歩道橋の実績をもつシュライヒ・ベルガーマン＆パートナーに所属しているという事実を隠すつもりはなかったが、本書を少し見れば分かるように、結果的に、本書が彼らの仕事のショーケースのようになっていることに疑いの余地はなかった。それで再び原点に立ち戻って考え直した結果、私たちは以下のようなコンセプトで歩道橋を選定することにした。すなわち、歩道橋の歴史におけるさまざまな局面で重要な役割を担った橋、著者の両方または少なくとも片方が魅力を感じた橋、どこかに前例のない試みを含む橋、確実な進歩が認められる橋、構造の挑戦やデザインの巧さ、確かな造形センスなどを示す橋、などである。いくつかの例外を除いて、著者らが実際に見たものであるということも重視した。そして私たちが信頼する写真家に、それらの撮影を依頼した。

　このような選定は、必然的に、不完全で主観的、また、議論の余地を残すものとなっている。しかし、完全であることは、決して著者らの目的ではない。しかも、著者らの視点はどうしてもドイツ語圏の国々からのものとなってしまう。とにかく、エンジニアと建築評論家がともに仕事をするというのは大変なことの連続であったが、まれな組み合わせであるがゆえに、何事もまずは議論することからはじめなければ、互いに納得して進めることができなかった。しかし、最終的には、良い仕事をしたいという共通の思いによって、本書は良いものに仕上がったのではないかと思う。

謝辞

　さまざまな形態の構造物について、その構造、デザイン、歴史を調査するという、いまだかつてない研究に挑戦するということは、かなり思い切った計画である。したがって、多くの方々の協力なしには、決してそれに取り組もうとはしなかったであろう。以下の方々の助言や情報の提供に、私たちは感謝の意を表したい。ヤン・ビリシチュク氏、ベルトルト・ブルクハルト氏、キース・ブラウンリー氏、ディルク・ビューラー氏、ユルク・コンツェット氏、コルネル・ドスヴァルト氏、セルジェイ・フェドロフ氏、アンドレアス・カーロウ氏、アンドレアス・ケイル氏、マーティン・ナイト氏、ヨルク・レイメント氏、ヨルク・シュライヒ氏、クラウス・シュティークラート氏、レネ・ヴァルサー氏、ヴィルヘルム・ツェルナー氏。また、オーヨン・ロイ氏、シモネ・ヒューベナー氏、アンドレア・ヴィーゲルマン氏の精力的なサポートと励ましがなければ、この本は2007年の出版に漕ぎつけることは決してなかったであろうし、おそらく2008年になっても完成していなかったであろう。

　加えて、本書の写真家であり、たびたびの撮影旅行において、多くの橋、とりわけ古い橋を数多く発見してきてくれたヴィルフリート・デヒャオ氏に特別な感謝の意を表したい。彼はひとつの橋を撮影に行くたびに、7つもの橋を見つけてきた。この数年間で、彼は本書に掲載されている橋のほとんどすべての写真を撮影した。歩道橋の歴史研究にとってのその資料的価値は実に大きなものである。

　2007年7月

　　　　　　　　　　　　ウルズラ・バウズ、マイク・シュライヒ

クロンスフォルデ、エルベ-トラーフェ運河に架かる橋。1959

橋と写真

15歳のときにはじめて手にした一眼レフのカメラで、私は気のおもむくまま、わが家の近くにあるものを撮影していた。撮影したものの中には、エルベ-トラーフェ運河に架かる橋も含まれていた。私は毎日、学校に行くときにこの橋を渡っていたが、わが家の自分の部屋からもこの橋を眺めることができた。もちろん、これを橋への興味の原点などと言えば言い過ぎなのであろうが、それから30年も経って、私は写真というメディアを通して、橋を見ることに情熱を注ぐようになったのである。それは1989年、つまり、シュツットガルト近郊のマックス・アイス湖に架かる、ヨルク・シュライヒ氏が設計した歩道橋をカメラに収めてからのことである。それはいつもの型どおりの建築写真の撮影とは異なるとても新鮮な仕事であった。そして最近、本書の撮影のために再びその歩道橋を訪れる機会を得たのである（p.92参照）。

私にとって、マックス・アイス湖の歩道橋での最初の仕事は、気分転換にぴったりの間奏曲のようなものであった。しかしそれからというもの、橋の仕事は何か特別なものとして、私の仕事に関係し続けることとなった。デンマークのグレートベルト橋では、1996年から1998年にかけて、私は幾度となく建設現場に足を運び、すぐに追い抜かれる運命とはいえ、一時的にでも世界最長の吊橋となるこの橋の刺激的な建設の様子を写真に記録していった。おかげで多くの魅力ある写真を撮ることができた。その一部は2000年に開催された「ブリュッケンシュラーク」というイベントで展示され、フォトカレンダーにもなった。その次の仕事は、2004年のトラファージナー歩道橋のプロジェクトである。これは数ヵ月間、スイスのグリソン・アルプスの現場で毎日撮影を行うというもので、とても貴重な経験になった。このプロジェクトのひとつの成果は、この橋に関する図書の出版および展覧会の開催であった。また同時に、マイク・シュライヒとウルズラ・バウズによって具体化しつつあった本書『Footbridges』の計画にも、私は彼らと同じ意欲をもって取り組む決意を固めていった。それは本書に掲載する橋の写真を、できる限り最新のものにするという決意である。著者らがそのときまでに集めていた図版は、統一性に欠けるところがあり、見るだけでも美しい本にするにはやや無理があるように思えた。しかし、再びスタートラインに立ち、写真に一貫した個性を持たせようと決意することによって、多くの問題はいっぺんに吹き飛んでしまったのである。

とはいえ、これはある程度までをすれば十分だろうとも考えていた。たとえば、ポルトガルのコインブラとロンドンへの撮影旅行は必要なさそうであった。これらの橋のすばらしい写真が、すでにクリスチャン・リヒターズ氏やニック・ウッド氏、ジェームス・モリス氏らによって撮影されていたからである。また、地方に点在し、しかもすでに多くの写真が撮られているいくつかのノルウェーの橋をわざわざ訪ねるのも過剰であるように思えた。また、言うまでもないことだが、過去に遡って撮影することは不可能なので、一過性のイベントのために建設され、今はもう存在しないような橋を撮影することはできないにも関わらず、幸運にも、レオ・ファンデークレイ氏やフローリアン・ホルツァー氏が撮影していた写真を使用することができた。だが、やるべきことはまだ多く残っていた。私たちがほとんど終わりのないような仕事をするはめになろうとは、そのときはまだあまり気づいていなかったのである。私はどの撮影旅行でも、事前の調査で予定していた橋の数よりも少なくとも2倍の

ヴァーリ・ソットにあるリカルド・モランディー設計の橋。
2007年6月5日、12:20と13:27撮影

新たな橋を発見した。撮影旅行では、私がこの撮影の目的を話した人のほとんど全員から何らかの情報を提供していただくことができた。そのため旅程はずっと長くなったが、同時により充実したものにもなった。とりわけ、イギリスとスイスでは、マーティン・ナイト氏、クラウス・フェール氏、コルネル・ドスヴァルト氏に専門的な面でお世話になった。個人的に最も興奮した発見だったのは、エスク川に架かる吊橋である（p.198参照）。これはスコットランドのバーウィックシャーにあるエレムフォードで、私が宿泊したB&Bスタイルのホテルのビル・ランデール氏と奥様のアリソンさんのおかげであるが、彼らなしでは、私が今まで見たことがないほど並はずれて繊細で、見るからに弱々しく、それにもかかわらず、驚くほど実用的でもあるこの橋を見つけることなど、とてもできなかったであろう。

その一方で、見つけるための情報を得るのに相当苦労した橋もある。同じ橋についての人々の認知が、どれほど当てにならないものかということもよく理解できた。たとえば、イングランドのメイドストーンでは、「ミレニアム・ブリッジ」という名前も、「吊ケーブル」、「コンクリート」、「新しい」のような言葉も、橋を見つける上では何の役にも立たなかった。「ジリ・ストラスキー」というこの橋のエンジニアの名前など持ち出すまでもない。私が聞いた人は皆、ある斜張橋への行き方を教えてくれた。それもまた「ミレニアム・ブリッジ」という名前なのだが、メドウェイ川に架かるということ以外、私が探していた橋とはまったく異なるものであり、その町の反対側に架かるものであった。

インターネットのルート探索にも限界がある。それはドライバーに行き方を教えることを目的としているため、当然ながら、歩道橋には用がないのである。最も信頼できる情報源は地図である。しかし、常にどの場所の地図でも手に入るというわけではない。それどころか、それらは最新の情報に更新されている場合に限って有用性を発揮するのである。そのひとつの例として、オーストリアのランゲンとブーフという村の近くにあるブレゲンツァー・アッハ川に架かる歩道橋がある。ふたつの村は直線距離で5km離れているが、小道は谷に沿って延々と曲がりくねっており、牛の群れがいる牧草地へと消えてゆく。村の老人たちは、子供の頃にその谷に架かっていた橋のことをまだ記憶していた。その橋は、ある年の春の雪解けで起きた洪水で、一夜にして流れ去ってしまったが、そのほんの少し上流にあるフィッシュバッハとドーレンの近くにも、同じような橋がもうひとつ架かっており、それは今でも残っていると彼らは教えてくれた。彼らと別れてから、私は再びそこに向かうことにした。しかし、私のカーナビには多くのフィッシュバッハがメモリーされていたにも関わらず、そのどれもがブレゲンツの近くではなかった。そして、この近くにあるたったひとつの橋を示す標識があるかもしれないという私のかすかな望みも甘い考えであった。案内標識というのは、到着する場所を教えてはくれるが、その途中にあるものを教えてはくれない。つまり、次の村を教えてはくれるが、その途中の橋を教えてはくれないのである。もちろん、例外のないルールはない。ある時、オーストリアのエークに近いズーバーザッハに架かる吊橋を探していると、とうとう、「Wire Bridge －Lingenau」という案内標識を発見したのである。

これは少なくとも橋がまだ存在しており、通行可能であることを物語っていた。本当にその橋まで行ってみる価値があるかどうかはまた別の問題なのだが、歩いて重たいカメラを運んできたことも、あながち無駄ではなかったようだった。もしそれが古い橋であれば、どのくらい古いもので、どのような状態にあるのか、もとのデザインがまだどの程度残っているのか、実際に見る以外に方法はない。一度に複数の人間が渡ることを警告する看板は、橋がオリジナルの状態であることのしるしともいえるが、常にそうであるとは限らない。この橋の場合は、幸い無神経な補強や補修によって当初のデザインが台無しにされているということはなかった。オリジナルでない例としては、ドイツのニュルンベルクのケッテン歩道橋は、一見、当初からのチェーンで吊り下げられているようであるが、実のところ、現在は異なる方法で支持されている。それにも関わらず、この橋はかなり揺れるので、臆病な人には、静かに渡りなさい、という親切なアドバイスが必要である。別に危険なわけではないが、気分が悪くなる人はいるかもしれない。

ところで私は橋を見るとき、まず最初に周囲を見渡したうえで、橋をゆっくり見はじめる。それに続いて下を見て、そして渡ってみる。反対側に渡ってから、可能であれば、下にも下りる。そして、何がどのようにして橋を支えているのかを見る。それから、どこにどのようにして荷重が分配され、最終的にどのようにして橋台まで伝えられるのかを見る。最初に目で見て、それから写真を撮る。

天候と太陽の光は、まぎれもなく重要なファクターである。メイドストーンで、一度だけ、私は良心の呵責に抗して、悪天候の中で撮影することを決心しなければならなかった。天候に改善の兆しが見えなかった上に、私はその日、ヒースロー空港に戻って飛行機に乗らなければならなかったのである。しかし、本書の76ページを見れば、雨の中でさえ、橋は美しい印象を醸し出すということが分かるであろう。

どのような写真であれ、天候が味方してくれるなら、まさに「ベストの光線の中で見せる」ことができる。このことは、イタリアのヴァーリ・ソットにあるリカルド・モランディー氏の橋を、たった1時間の差で撮影した2枚の写真を見れば分かる。この橋は、風景の中で絶妙の美しさを放っている。最初の写真は、荒天になる少し前に撮影したものであるが、輝くグリーンの水面が鏡のようになめらかである。一方、2枚目の写真は、荒天になりはじめた頃の写真である。水面には細かい波紋が重なり、さざ波が立っている。

2007年6月、本書の最後の撮影旅行で、私はスペインのビルバオに行った。ホテルの部屋に入ったとき、私は自分の目を疑った。古いけれども、非対称の形をした人道用吊橋の絵が、ベッドの上に掛かっていたのである。私はそれまでの3年間で200以上の橋を見てきたが、その橋は、まだこれまでに見たことのないものであった。それはビルバオのネルビオン川に架かる橋だろうか？　そもそもビルバオなのだろうか？　いつ、どこに架かっていたのだろうか？　そこで私は、あることに気づいたのであった。すなわち、たとえ何人かの写真家が、これからの3年間を橋の探索の旅に費やしたとしても、やはりきっと、まだ知らない橋と出会うであろうということを。ホテルの従業員が、以前その橋が架かっていたという場所を教えてくれたので行ってみたところ、次なる驚きがあった。私が見つけたものは、コンクリートのアーチ橋であった。そのときまでまったく知らなかったのだが、非常に巧妙な方法で両岸の高低差をつないでいた（p.55参照）。ふと、最近もこのような橋を見たことがあることを思い出した。あのマルク・ミムラム氏は、このビルバオの橋のことを知っていたのだろうか。それもあり得ない話ではない。そう、それはまるで、私たちがよく知っているパリのソルフェリーノ橋のようだったのである。

ヴィルフリート・デヒャオ　2007年

Charakterisierung der Fußgängerbrücke   歩道橋とは何か

Você quis saltar? Wollten Sie springen?   *Pascal Mercier, Nachtzug nach Lissabon*

そこからジャンプしたかったのかい？　パスカル・メルシエ、『ナイト・トレイン・トゥ・リスボン』

建築史の一部として橋梁建設の歴史を眺めてみると、今日のような、歩道橋とそれ以外の橋という明確な区別は徐々にはじまったものであって、決してずっとあったわけではないということが分かる。一般的に、歩道橋の歴史は、橋梁建設の歴史と結びついてきた。それは、あるときには非常に強く、またあるときには弱い結びつきであった。これは歩道橋について学ぶことをとても面白くさせることのひとつである。歩道橋は橋の一種でありながらも、それ自体を独立したものとして考えることができる。もちろん、歩道橋は道路橋よりも長い歴史を有するのだが、歩道橋とは何かを定義するためには、その他の大規模な橋との違いがいつ頃にはじまったのかをみておく必要がある。実はこれは18世紀の終わり頃である。つまりその頃、啓蒙思想や科学、初期の産業革命など、技術や社会の急激な変化によって経済活動が活発化し、それがまた人々の動きや交通量を増大させ、さらなる経済の活性化へとつながっていったのである。19世紀には、輸送技術の進歩が橋梁建設に決定的な影響を及ぼしはじめ、道路や鉄道に対して、今までよりも高度な規格が求められるようになった。これらの新しく高性能な輸送形態は、橋梁建設にこれまでとは異なる新しい要求をもたらした。その要求に応えて、橋梁建設に関する高度な専門能力をもつ人々、つまり、構造エンジニアという職能が誕生したのである。

　歩道橋は、これらの技術的な変化に対しては、ただ間接的な影響を受けたのみであるが、それ以降、独自の発展を遂げていった。今や、列車の速度は400km/h、あるいはそれ以上にも達しており、道路は6車線や8車線、あるいは、10車線をも必要としている。これらはすべて大規模な橋梁建設を伴うものとなっている。しかし、人間の動作は、立っていようと、歩いていようと、ジャンプしようと、その大きさは変化しない。したがって、歩道橋においては、技術の発展、創造性、機能的多様性からなる相互作用が、尽きることのない多種多様な個性あるデザインを生み出し得るのである。そのようなデザインからは、いつも新しい付加価値が生まれる。そして、それを見ていくことによって、アーキテクトや構造エンジニア、あるいは、その両者がどのようにその設計に関わったかが明らかになるのである。

　ところで、歩道橋の上ではどのようなことが起きるのだろうか？
　足の下にしっかりとした地面がないというのは、たいてい危険な状況を意味する。多少でも揺れを感じるときや、狭いデッキの上から深い谷底が見えたときには、身震いするような感覚もあるだろう。設計者は人々が揺れや高所に対してさまざまな反応を示すということを知らなければならない。つまり、興奮してめまいを起こす人もいれば、ひざをガクガクさせてしまう人もいるのである。

　一般的に、歩道橋がつくられることによって、人々の便利さや、静かに風景を眺める喜びなどが満たされる。そして、渡るものが川であろうが、道路であろうが、谷であろうが、その主な目的は、やはり、ある地点からある地点へのルートを短くすることにある。ただ、非常に稀なことではあるが、スリルを味わうことや、大地から解放されたいという衝動などが建設の動機となる場合もある。

タール石板橋、エクスムア、紀元前1000年以前

このような近道の提供としての歩道橋を、すべての人にとって十分安全なものとするだけでなく、渡ることが楽しくなるようにすることは、歩道橋の設計の重要な部分である。もちろん、以下のような基本的な原則が適用されなければならない。つまり、構造的に丈夫で、メンテナンスが容易、しかも、安価なことである。とはいえ、やはり、適切なルート選定、魅力的な眺め、快適な環境、印象に残る姿といったような規範に注意を払うことによって、より多くのことを実現することができる。歩道橋の高欄、手すり、路面、バルコニーなどのデザインでは、人間というものが、単に歩いて渡るだけではなく、しばらく立ち止まったり、もたれかかったり、休憩したり、座ったり、周辺を眺めたり、あるいは、たったひとりでいたりするような性質のものであるということが考慮されるべきである。そして、どのような行為においても、人々は歩道橋に触れているのである。このように、歩道橋は、単なる橋としてあればよいということではなく、ジョギングコース、ブールバール、散歩道、待ち合わせ場所、そして、ランドマークとなることによって初めて完成するのである。そして、とくに照明デザインは、暗がりで非常に重要な役割を果たす。歩行者にとっての夜間照明の空間体験は、運転に集中するドライバーのそれとはまったく異なったものである。そのようなさまざまな事象を考慮するにあたって、標準的な手法を適用するだけではほとんど満足のいく結果は得られない。標準的な構造であらゆる異なった要求に応えようとするには無理があるのである。たんに2点間を最短距離で結ぶということ以上の設計をしようとするならば、試みに、その形態をいろいろと変化させたり、ひとつにつなげたり、拡張したりして考えてみるとよいであろう。これは当然ながら、構造エンジニアの創造欲を刺激する。しかし、アーキテクトやランドスケープデザイナーもこのエンジニアリングの最高の仕事に自分たちが必要なのだと考え、参加したがるのである。そして、ほとんどの構造エンジニアは、学生時代にデザインについてのこの種の訓練をほとんど受けてこなかったために、周辺環境や造形、材料の知覚効果といった問題には門外漢となってしまうのである。しかし、いつも引用されるウィトルウィウスの用・強・美をただ追求することで、現代の橋づくりの世界を質的に向上させられる部分も少なくはないのである。確かに、構造物に用・強・美が必要であるなどと声高に叫ぶような人は、ゲーテを引用して、人間は気高く、情けぶかく、やさしくあれ、などと説く政治家と同じくらい滑稽にも見える。たとえそれらが陳腐なものに見えなかったとしても、ウィトルウィウスの言葉は今さら問題提起するような種類のものではない。しかし、アーキテクトの実情も、エンジニアの実情とそっくりである。つまり彼らは、学生時代に構造理論の基本的な理解をしたはずなのだが、ほとんどそれを構造物のデザインに使える能力として発展させてはいない。そしてこともあろうに、構造規模としては棟割住宅ほどである歩道橋が、その複雑な特性に対するために結成されたアーキテクトとエンジニアの大げさな協力体制の名の下に、彼らの実験台にされてしまっているのである。それら専門家の一方は、専門家としての哲学よりも自分の飯の種を確保することを優先し、もう一方は、新たな作品をつくることに飢えているのである。

著者である私たち（建築評論家と構造エンジニア）にとって、もっとも重要なことは結果である。私たちは、合意点を見つけることと活発な議論を行い、自分自身の経験と客観的な視点によって、どこにその橋の本質があるのかということを見極めるために個々の事例を検討しようと思う。多くの基準や規則があるにも関わらず、小さな構造物である歩道橋が今でも創造的な発展を可能としているという事実は、歩道橋自体の魅力を大いに高めている。ヨーロッパでは、複雑なルールや手続きのせいで、建設の仕事が煩雑で高コストなものとなっているが、歩道橋に関しては、このような魅力的な側面も見られるのである。

スイスのアルデツの近くにある簡素な吊橋（1890年頃竣工）。一度にたったひとりしか渡ることができない

技術解説

設計のパラメータと構造デザイン

荷重試験—数値だけの計算は、エンジニアの直感や経験に置き換えることはできない。ザスニッツの歩道橋の建設現場にて

　道路橋や鉄道橋に比べると、歩道橋は人々に、よりじかに利用される構造物である。歩道橋を渡るとき、人々はその構造に触れることができ、そのディテールを知ることができる。そのように、すべての感覚を総動員して構造全体を把握することができる。歩道橋は人々に触れられる橋なのである。構造エンジニアにとって、歩道橋の設計自由度は、それ特有の設計条件があるとは言え、道路橋や鉄道橋よりもはるかに高いものである。この設計自由度の高さは歓迎すべきことであり、挑戦し甲斐のあることである。ここでは、歩道橋の設計に特有の問題を簡単に整理しておきたい。さらなる情報は、技術解説と参考図書をご覧いただきたい。技術的な情報の手がかりにしていただけると思う。

第3の次元

　一般的に、高速度の交通は、障害物に隔てられた2点間を可能な限り直線的に結ぶようにつくられるが、歩道橋はその直線性から解放される。歩道橋の平面線形の自由度は高く、かなりの曲線でも許容される。これによる豊かな空間体験は、吊構造や可動橋、あるいは、交差点などに現れてくる。

　路面勾配もまた比較的自由であり、このことが、3次元の空間構成を演出する新たな可能性を拓いてもいる。たとえば、アーチ床版橋や吊床版橋も、歩道橋デザインの選択肢に含まれる。もっとも6%以上の路面勾配は、車椅子利用者にとって障害になるということには注意しておかなくてはならない。また、単純に最大勾配だけでなく、スロープ全体の高さ（勾配×スロープ長）も考慮する必要がある。急なスロープや階段のあるところには、身体障害者のための代替通路が用意されていなければならない。

寸法

　ほとんどの歩道橋の幅員は3mから4m程度と狭いものである。大まかに言って、人々がお互いに邪魔にならない程度の交通量の場合、幅1mあたり、1分間で30人の歩行者が通行可能である。もっとも混雑した状態でも、1分間で100人には滅多に達しない。また、ヨーロッパのほとんどの基準では、歩行者および自転車が通行可能な歩道橋の最小幅員を2mと定めている。

　驚くべきことに、ヨーロッパのほとんどの基準で採用されている5kN/m^2の群集荷重は、道路橋の主要レーンの荷重にほぼ等しくなる。多くの国では、橋のスパンが長くなると群集荷重は軽減されるように定められている。統計学的には、そのような混雑（5kN/m^2は1m^2当たり6人に相当）は、スパンの長い橋ではほとんど起きないためである。また、歩道橋では、たわみはそれほどクリティカルな要因にはならないので、道路橋や鉄道橋よりもスレンダーで軽量な構造にすることができる。しかし、このことにより、歩道橋はしばしば揺れやすくなることがあるため、設計の初期段階で、動的解析を実施する必要がある。

材料と構造

　路面材料には、アスファルトとコンクリートに加えて、他のさまざまな材料を使用することができる。ウッド・デッキでは、すべりに対する配慮が必要である。とくに、木材が橋の長手方向に使用される場合には注意しなければならない。また、木材への湿気の浸透にも注意が必要である。グレーチング舗装は安価であり、また、光がデッキを通過するので桁下が明るくなる。さらに、排水設備の必要がない。しかし、裸足の人やハイヒールを履いた人の通行には困難を伴う。積層ガラスのデッキでは、上面に滑り止め加工を施し、また、桁下にいる人からの視線を防ぐために、かなりの不透明度をもたせないといけない。

　高欄にはとくに注意が必要である。自転車も通行可能な歩道橋では、高欄は少なくとも1.2mの高さが必要である。高欄は、手すりの高さに1kN/mの水平力が作用するものとして設計される。そして、高欄はしばしば、橋全体の構造システムの中に組み込まれることもある。高欄のデザインは、橋の見た目の印象に大きな影響を及ぼす。高欄は、離れて見たときに透過性の高いものと低いものがあるが、利用者に安心感を与えるものでなければならない。照明を手すりや支柱に埋め込むことも、しばしば良い結果を生む。それはちょうど昼間の光が生む高欄の影が醸しだす視覚的印象に似ている。また、新しい材料と革新的な構造システムは、リスクとコストが増大する大規模な橋に適用するよりも、歩道橋に適用したほうが、発注者には認められやすい。

設計の自由度

　橋の設計は、長い間、土木工学の花形的存在であったが、その半面、デザインの自由度は大きくないと見なされてきた。しかし、歩道橋のように小規模なものになると、エンジニアはそのような束縛から解放され、自由な気持ちで創造性を発揮することができるようになる。自己批判的な目をもつエンジニアは、周辺環境、光、色彩、構造物の印象といった諸要素をひとつの構造物に統合する作業に関して、しばしば、アーキテクトや工業デザイナー、ランドスケープアーキテクトにアドバイスを求める。エンジニアとアーキテクトが、デザインという行為において互いに良い協力関係を築いている場合、無理に伝統的な役割分担に固執することは、かえって、橋がもつ総合芸術としての長所を失うことになる。

　長大橋においては、「橋は目的地ではない」などとよく言われるが、これは歩道橋のデザインにはまったく当てはまらない。歩行者は楽しい気持ちで橋を渡った経験を記憶するものである。ここ数年の歩道橋デザインは、どのようなデザインが歩道橋において可能かと

いうことを示してきたようなところがあり、ますます増えている歩道橋の設計コンペを見てみると、いかに真剣にこれらのデザインがなされているかということがわかる。しかし、革新的な構造への挑戦欲、人目を引くコンペティション、ランドマークをつくりたいという発注者の欲望が、しばしば度を越えたデザインに至ることもある。人目を引くことを狙ってデザインされた橋は、しばしば技術的合理性の常識を逸脱する。しかし、私たちは、これら技術的には不合理な構造が、すばらしい照明効果や空間のパースペクティブによって、非常に感動的なものになることもあるということを認識しなければならない。しかし、だからと言って、そのような構造を設計の理想のように考えることもまた間違いである。

　デザインチームは、構造システムの設計が、歩道橋デザインの多様性を促す出発点になるということを忘れてはならない。さらにまた、与条件としての周辺環境、機能的要求、発注者からの要求などに対する適切な構造の提案が、プロジェクトにおける中心的な挑戦課題であると考えておくべきである。

1　Dick, Rudolf, Von der Sitterbrücke Haggen−Stein bei St.Gallen, in: Schweizerische Bauzeitung, 118, 1941, pp.122−123

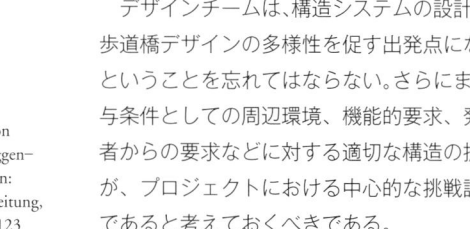

ザンクト・ガレンのハッゲンにあるジッター川に架かる橋、ルドルフ・ディック、1937[1]

Rückblick

歴史を振り返って

Truly, opposing what is customary is a thankless task. *Heinrich Heine*

まったく、慣例となっていることに反抗するのは骨の折れる仕事である。　ハインリッヒ・ハイネ

橋の歴史は必然的に歩道橋から始まる。架橋の起源を辿ってゆくと、はるか昔、中国、メソポタミア、南アメリカの古代文明へと遡ることができる。高所恐怖症の人にはとても渡れたものではない簡素な吊橋、木製の桁橋、石板で作られた歩道橋など、人と家畜のために設けられた考古学的な遺跡が現在も残されている。エクスムアのタールや、ダートムアのポストブリッジ、スイスのラヴェルテッツォにある橋などがその例である（p.20参照）。今後は、ストルクトゥラエ[*]やブリッジマイスター[**]、ブリュッケンウェブ[***]といった、全世界からアクセスできるインターネットデータバンクによって新しい情報基盤が築かれていくことで、初期の橋梁建設に関するより信頼性の高い歴史を記すことができるようになるだろう。ただし、それはこの本の容量に到底収まらない上に、我々の趣旨からも外れている。

交通関連の要求は、橋梁建設を飛躍的に発展させ、今日に至るまで歩道橋の建設を司ってきた専門職としての構造エンジニアの誕生も促した。我々の関心は、その後の歴史にある。これより明らかにしていくのは、構造エンジニアに求められる能力や職業的精神が、時々の新しい輸送手段の登場に大きく影響されながら決定されてきたという事実である。鉄道列車の登場により、橋と巨大な駅舎が必要とされ、後に車の登場によって巨大な道路橋が必要とされた。また、費用対効果の考え方が次第に重要な役割を果たすようになり、造形的な配慮のもとに時代に応じた固有の表現方法を探し求めるという構造エンジニアの自由を制限するようになった。それに対して、歩道橋の発展を振り返ると、構造・材料・形態・コストの4者の関係には、多くの自由が残されていると思われる。橋の上では、歩行者は車や電車に比べて自由に動くことができるので、ゆっくりかつ直接にその環境を体験する。それゆえ、歩道橋は文化や時代を反映したものとなっている。直感と経験、実験と理論、壮麗な美しさの表現、上品さと荒々しさは、歴史的にも歩道橋特有のテーマである。これらのテーマは次々と新しいものに置き換わっていくのではなく、つなぎ合わされ、既存のデザインや構造のコンセプトに新たに加えられながら、徐々に豊かになっていくのである。そして現代の私たちも、このような歴史的な流れを受け継いでいるのである。

[*] Structurae http://www.structurae.de
[**] Bridgemeister http://www.bridgemeister.com
[***] Brueckenweb http://www.brueckenweb.de

スイスのヴェルザスカ渓谷にあるラヴェルテッツォの中世の石橋

より大きく、より速く、より遠くへ ― 交通とアーキテクトとエンジニア

　交通とその技術的要求に後押しされる形で、大規模な橋梁の建設は急激に進展した。それ以来、歩道橋ははっきりと独立した発展の道筋を歩み始めた。人と動物のための小規模な構造物は、徐々に特別な存在となっていった。にもかかわらず、その建設は依然として構造エンジニアの仕事とされていた。18世紀中葉以降、彼らの職業的なアイデンティティはしばしば変化したが、一方で、経験は体系的な枠組みの中に整理され、理論的知識は急激に増大し、建設産業に対する経済的圧力も受けた。18世紀の後半以降どのようなことが起こったのか、その概要を以下に述べる。

架橋における経済性

　1747年2月14日、ジャン・ロドルフ・ペロネはパリに新しく設立されたエコール・デ・ポン・ゼ・ショセの学長に任命された。彼はエンジニアであると同時に、非常に有能なオーガナイザーでもあった。そして、ダランベールとディドロによる百科全書編集という野心的な知の集約にも重要な貢献を果たした人物である。ペロネは建築美を、現在でも利用されている経済学という斧で解体した（私たちは現在でも、建築と美を切り離すことができないものとみなしたがっているのであるが）。実のところ、彼は先人の功績を受けてそれを行ったのである。太陽王ルイ14世の財務大臣であったジャン・バプテスト・コルベールは、道路・運河・橋の建設に対する支配権を、貴族や商人組合、地位ある聖職者たちの手から奪い取ることを決定した。彼の目的は、絶対君主制のもとで中央集権化の一環としてこれらを改善すること、とりわけ効率化を図ることにあった。政治が、建設産業の発展を再び促していた。1716年のエンジニアの同業者組合設立より始まったこの動きが、後にエコール・デ・ポン・ゼ・ショセの創設につながったのである。国の多くの機関が機能的になり、18世紀の初めに600橋ほどを数えたフランスの石橋は、1790年までにさらに400橋以上建設され、さらに木橋の数は同時期に倍増した。[1] 軍部は17世紀当時、既に道路建設や砦建設の知識を発展させるために大きな指導力を発揮し始めており、1736年にはメジエールに軍の技術学校が設立された。[2] コルベールは、以後の運命を決する結論を下した。それは、社会基盤を効率的に整備するため、経済性が不可欠であると主張するものであった。そして他の誰でもないペロネが、材料の節約を美的原則へと格上げしたのである。彼は職業人生を終えるころ、自身が「素材の節約から装飾方法を引き出す」様式を芸術作品に初めてもたらしたことを誇っていた。[3] 材料そのものを効率的に利用しているかどうかが美の基準となったが、これは（工学的な）橋の構造に、そして後に建築全体に計り知れない影響を及ぼしていく道筋の第一歩となった。

*　École Nationale des Ponts et Chaussées、フランスの国立土木学校
1　Barrey, Bernard: Les Ponts Modernes, 18e - 19e siècles, Paris, 1990, p. 25f.; Grélon, Stück, 1994, p.84
2　Kurrer, 2003, p.39; Straub, 1992, p.163f.
3　Picon, Antoine: Perronet, in: L'art de l'ingénieur, Paris 1997, p.364; Marrey, 1990, pp.39 and 60f.

20　歴史を振り返って

タール石板橋、エクスムア、紀元前1000年　　　　　　　　　　　　　　　　　　　　　　　　　石を積み重ねた橋、ポストブリッジ、ダートムア

　このように、半世紀前にすでに文学界で巻き起こっていた新旧論争、つまり、近代的な革新精神と古代への敬意との奇妙な食い違いが、橋に関しては経済性の導入という問題と結びついた。つまり、エンジニアたちは自身を古典主義の教義から解放するやいなや、経済性という価値観によるデザインを普及させたのである。これは、エコール・デ・ポン・ゼ・ショセが実践志向の学校へ降格したことや、より学問的な研究のためにエコール・ポリテクニーク*が新設されたことによる変化ではなかった。そうではなく、新しく生まれた専門職としてのエンジニアの理論的な部門と実践的な部門の間に、さらに大きな隔たりが生まれたことによる変化なのである。[4]

構造の真理

　質素倹約はフランス人のみでなく、イギリス人の懸案事項でもあった。18世紀半ばに始まった建築論争での意見形成にイエズス会士が大きく関わったという事実は、記憶しておいたほうがよい。[5] パリで神父として暮らしていたマルク・アントワーヌ・ロージェは1753年に『建築試論』**を出版したが、これは当時の建築論の最も重要なテキストの一つである。その中で、ロージェは仰々しさや虚飾を激しく非難し、4本の木の幹と傾いた屋根とわずかなペディメント（破風）でできた感動的なまでに原始的な小屋を例にとり、「構造の真理」について詳説している。この本では、一般に建築評価、とりわけ橋の評価において、今日まで激しく論争が続けられているひとつの概念が初めて登場する。「真の」構造とは何か、またそれが「正しい」構造のようなものを意味するのであれば、それは必然的に美しいということになるのではないか。この問題についての統一的な見解は、結局のところ得られてはいない。

　最終的に、経済的合理性による美と構造の真理は、機能性を尊重するというさらに進んだ見地によってほぼ同時期に融合された。これはイタリアのフランシスコ会修道士、カルロ・ロドリの業績であった。彼は建築（当時の建築とは、我々が今日工学技術的な構造物として区別して考えている類のものを含む）は機能的であるべきだという主張を推し進めた。著作の中でロドリは、機能性を、空間の配置よりも意図の具体的表現と関係づけている。[6] 直観と経験、そして科学と経済という建築論で扱われたこれらのトピックスは、（狭い意味での）初期の構造エンジニアの職能がより明確にされていく際に深く浸透していった。

　橋の建設では、特に軍事分野から極めて重要な要求がなされてきたという点を忘れてはならない。その際、とにかく橋の見た目が考慮される余地など全くなく、機能性と効率性のみが基準となる。その基準を満たした建設手法こそが長く発展していき、ついには独創的な伝統となりえるのである。[7]

---

* École Polytechnigue、フランスの理工系高等教育機関
4　Grélon, Stück, 1994, p.17f.
5　ibid., p.85
** "Essai sur l'architecture"
6　Laugier, Marc Antoine, Essai sur l'architecture, 1753/86; Memmo, Andrea(ed.); Andrea Lodoli
7　Schütte, Ulrich, Baumeister in Krieg und Frieden, Wolfenbüttel, 1984

オールド・ウォルトン橋、カナレットによる油絵、1754

古くからあった木橋

　エンジニアには原則として経済的な思考力も求められたが、イギリス、そしてとりわけフランスでは、エンジニアの専門性を定義するにあたって、建設行為の技術的・科学的側面がますます重要なものと考えられるようになった。エコール・デ・ポン・ゼ・ショセに匹敵するような組織を持たなかったイギリスでは、特に構造分野の学生を教育する試みは、ジョン・ソーン（1753–1837）によって作られた。彼はイギリスで最もよく知られた建築家であり、1806年にロンドンのロイヤル・アカデミーの校長になった人物である。彼は1778年に初めてグランドツアーに出発したとき、すでに橋の建設に大きな関心を持っていた。彼はローマへ行く途中でパリに立ち寄り、ペロネを訪ね、1768年から74年にかけてペロネが建設した石橋で当時まだ真新しかったヌイイ橋を見学した[1]。しかし、ソーンはスイスを経由して帰路につく途中、偶然、木橋を目にしたのである。木橋の歴史には、多くの名高い構造物が登場する。ユリウス・カエサルがヨーロッパを通って北方へ進軍を遂げる際にライン川にかけられたとされる橋[2]、ローマのトラヤヌスの円柱に刻まれたドナウ川の橋、そしてアルベルティ[3]やパッラーディオ[4]がそれぞれ記した橋、そして我々の感激を呼び起こす近年の歩道橋が、ヨーロッパの至る所に数え切れないほどある。

　イギリスにおける木橋の建設は、ウィリアム・エスリッジ（1707–1776）によって設計され、1749年にジェームス・エセックスによってケンブリッジに建設された小さな歩道橋に最もよく表わされているかもしれない。「数学の橋」として知られるその橋は、トリニティ・カレッジのギャレット・ホステル橋やオクスフォードのイフリー・ロックにある橋（1924年）のモデルにもなった。

ケンブリッジ、1749年の橋の復元

* 当時の英国貴族の子息が学業修了時に行っていた欧州大陸旅行
1　Maggi, Navone, 2003, p.11
2　Gaius Julius Caesar, De bello gallico
3　Alberti, Leon Battista, Zehn Bücher über die Baukunst, ed. Max Theuer, Darmstadt 1975, p.202ff.
4　Palladio, Andrea, Die vier Bücher zur Architektur, eds. Andreas Beyer and Ulrich Schütte, Zurich/Munich 1984(2), p. 219ff.

ヒッティザウのクンマ橋、1720

ヴェティンゲンの屋根付き木橋、1760

シャフハウゼンの屋根付き木橋、1757

そのすぐ後に、エスリッジはより長い木橋であるオールド・ウォルトン橋を設計した。この橋は現在、1754年に描かれて以来よく知られているカナレットの絵の中にだけ見ることができる。それはケンブリッジの「数学の橋」を長くしたようなタイプであり、1866年と1905年に復元された。しかし、そのデザインはまだ木製の部材を腐食から防護できるものではなかったために、長期間の使用に耐えられるものではなかった。

グルーベンマンの木橋群

ソーンはスイスで目にしたものに驚嘆した。アルプスでは、ロンドンやパリで行われているような刺激的な教育プログラムの恩恵を全く受けずとも、グルーベンマン兄弟の手によって、木橋建設が驚くほどに発達していたのである。彼らは実験的な試みと経験の蓄積を大切にすることによって、理論的な知識の欠如を十分に埋め合わせしていた。これは大きな驚きを呼び起こした。イギリス人、ウィリアム・コックスは、著書『スイスの自然、社会、政治』*の中で、シャフハウゼンの橋について述べている。「計画のスケールや構造の大胆さからすれば、それを造った人物が科学に親しまず、力学に関する知識を少しも持たず、構造の理論については完全に未熟な普通の大工であることに驚く。この驚くべき男はウルリッヒ・グルーベンマンといい、アッペンツェル州にあるトリュッフェンという小さな村の出身で、酒を飲むのが大好きな普通の田舎の住人である。彼は、類まれな天性の巧みさと、力学の実践的な部分に関する驚くばかりの才能を持っている。彼は自分の技術を独力で非常に高いレベルまで発展させており、冷静にみても、当時一流の創意に富んだ大工職人の一人に数えられる」[5]。

ソーンと彼の助手たちは、シャフハウゼンの屋根付き木橋（1757年）、ヴェティンゲンの屋根付き木橋（1760年）、そして50m以上のスパンにもかかわらず景観によく調和しているその他多くの屋根付き木橋を入念に製図した。グルーベンマンの木橋のほとんどは1799年の戦争で破壊されてしまったので、これらの図面が現存していたならば大変価値あるものだっただろう。しかし、バーゼルで、ジョン・ソーンはほぼすべての図面を製図道具と一緒に失ってしまったのである[6]。ソーンは、スイスの木橋の洗練された構造だけでなく、ピクチュアレスクの美しさを称賛した。彼は講義の中で、構造とその風景の中での見え方の相互作用を論理的に考察した[7]。彼は、スイス生まれのペロネについて、エンジニアとしての優秀さは認めつつもアーキテクトとしてはいまひとつであるとし、特にヌイイ橋について「気品ある美しさ」に欠けている、と述べている[8]。

実際、アルプス地方は、現在まで続くすばらしい木橋建設の伝統発祥の地である。ハンス・ウルリッヒ・グルーベンマン（1709–1783）とヨハネス・グルーベンマン（1707–1771）の仕事は、大胆かつ実験的な経験を蓄積してきた木橋の伝統の頂点に位置すると言えるだろう[9]。グルーベンマン兄弟の活躍以前にも、木橋建設の技術はすでに相当発達していた。最初の木造トラス橋は、1468年、ザンクト・ガレンにほど近いゴルダッハに、30mのスパンで建設された。このタイプの橋は16世紀に急速に広まり、スパンは約20mから30mであった。最長は38mで、1572年にスイスのバーデンのラントフォクタイシュロスのリマット川に建設された橋である[10]。

1720年にヒッティザウに建設されたクンマ橋と、1765年にシュトレンゲンに建設されたロザンナ橋もまた注目に値する。ハンス・ウルリッヒ・グルーベンマンは、長い距離を渡す橋を木構造で実現

---

* "Sketches of the Natural, Civil and Political State of Switzerland"

5 quoted by Killer, Josef: Die Werke der Baumeister Grubenmann, 1985, p.35

6 スイスからイギリスへの橋の図面のさまざまな移送手段については以下を参照。
For the varied transfer of drawings of bridges from Switzerland to England, see Navone, Nicola: The eighteenth-century European reputation of the Grubenmann brothers, in: John Soane, 2003, p.31f.

7 Burns, Howard: From Julius Caesar to the Grubenmann brothers: Soane and the history of wooden bridges, in: John Soane, 2003, p.19

8 Burns, p.20

9 Stadelmann, Werner: Holzbrücken der Schweiz – ein Inventar, Chur 1990; Killer, Josef: Die Werke der Baumeister Grubenmann, 1985; Steinmann, Eugen: Hans Ulrich Grubenmann, 1984;

10 Killer, 1984, p.23

ウルネシュ、クーベル、1780

することに特に大きな野心を抱くようになった。なぜなら、水中に基礎を置く橋が水流で何度も流されていたからである。アッペンツェル州には、彼の橋が2つだけ現存している。1778年にフンドヴィールとヘリザウの間に架けられたウルネシュ橋と、1780年にヘリザウとクーベルのシュタインの間に架けられたこれもまたウルネシュ橋である。それらはどちらも30mほどのスパンを持つ屋根付きの細い橋であるが、馬車の通行に都合よくデザインされている。[1] 両橋の構造は5角形の断面に配置されたストラットと4組の吊材をもつトラスで構成されている。しかし、これらの橋を差し置いて、とりわけ名声や称賛を集めていたのは、前述のヴェティンゲンとシャフハウゼンにある橋であった。このことから、以下の2点について考えておく必要がある。まず1つめとして、これらは車両に対応した橋であったものの、おそらく今日の道路橋のようには認識されていなかったと考えられる点である。このことは、ウィリアム・コックスが10年後に再びスイスを訪れたときの、「その橋はまるで非常に太い弾力のあるロープで吊されているかのようによくたわみ、歩行者や荷を積んだ荷馬車が通過すると揺れる。揺れがとても大きいため、初めて渡る人は崩壊するのではないかと恐れる」[2]という言葉によっても裏付けられる。グルーベンマンの当初の構想では、シャフハウゼン橋は岸から岸までの全119mを渡す予定であった。しかし彼のクライアントたちは、以前の橋の中央の橋脚を用いるよう要求した。グルーベンマンの模型（そのうちの1つがシャフハウゼン橋である）は現在、トイフェンのグルーベンマン・コレクションで見ることができ、我々に感銘を与えてくれる。[3] なお、現在は歩道橋と道路橋の区別の仕方が当時とは異なるため、もちろん道路橋でそのような揺れは許容されていない。木構造物は、スイスではヨゼフ・リッター（1745–1809）とブラシウス・バルディッシュヴィラー（1752–1832）によっても改良されたが、規模の大きな木橋建設の潮流は、アメリカの橋梁設計者たちに受け継がれていった。[4]

2つめは、橋の美的効果に関する点である。これらの橋の外観には、その構造が全く表れていない。ほとんどが板で覆われていて、細長い木の家のような姿をしている。そして同時期に建設されたヴェティンゲン橋にも見られたように、それらは建築と同様に塗装されてさえいた。細長い建築としてこの橋を視覚的に村のコンテクストに調和させていたばかりか、シャフハウゼン橋の長いアーチの上に傾いた屋根を取り付け、周囲の屋根の景観に調和させてもいた。これらの事実は、この時代に理解されていた橋の美しさが、薄暗い橋の内部からしか観察できない構造ではなく、橋の絵画的な演出の面で評価されていたことを表している。屋根付き木橋は、現在でも各時代特有のスタイルを持ちつつ、歩道橋として建設され続けている（p.148以降参照）。

1 Stadelmann, 1990, IV 8 and 9
2 Coxe 1786, quoted in Killer, 1984, p.36
3 シャフハウゼン橋のオリジナル模型はアラーハイリゲン博物館にあり、そこにはトイフェンのグルーベンマン・コレクションの複製もある。
4 1800年以降、セオドア・バーによって、トラス構造の長スパンの木橋がアメリカ中で発展する。Kurrer, 2003, p.47

クーベルのウルネシュ橋の内観、(下) 構造モデル

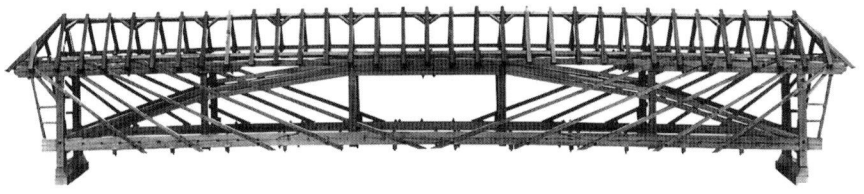

コールブルックデール橋、1779

科学、経済、実験

製鉄業の進歩、初期の構造計算理論、そして迫り来る産業革命といった18世紀の影響を軽視することはできない。17世紀の終わりまで、銑鉄を精練するための鉄溶鉱炉は薪を用いて熱せられていた。炉の温度は最高でも1200℃にしかならなかったため、製造される鉄の品質と加工性は、大きな組み立て部品を製造するには不十分なものであった。1709年、アブラハム・ダービーⅠ世は低硫黄コークスを用いた炉の加熱方法を発案し、温度を1500℃に引き上げることに成功した。この技術によって、鋳造や加工のしやすい鉄を製造することが可能となったが、これは橋の建設にとっても画期的な出来事であった。しかし、初期の頃は、このように製造された鋳鉄はもろく、圧縮力にしか耐えられないものであった。

その後、当初木橋として設計されていたスパン30mの橋が、建築家トーマス・ファーノル・プリチャード（1723–77）により試験的に鋳鉄の橋として設計し直され、1779年に完成した。これが世に知られるようになったアイアン・ブリッジことコールブルックデール橋である。この橋は、ジョン・ウィルキンソン（1728–1808）と製鉄所のオーナー、アブラハム・ダービーⅢ世（1750–89）によって建設されたもので、鋳鉄を用いたアーチ橋建設の潮流のさきがけとなった。しかし、1819年、ジョン・レニーがロンドンのサザーク橋を建設すると同時にこの流れは終焉を迎える。このスパン73.20mという記録は、現在でも鋳鉄橋の世界最長記録である。[1]

今日製造されている鋼は、鋳鉄に比べて炭素量が少ないことにより、延性があり、圧縮にも引張にも強く、管や圧延材、鋼板、鋳物部品として利用できる。このような部品を互いに結合することで、長いスパンの橋を建設することができる。鋼のもつ高い強度のおかげで、鋼橋はコンクリート橋よりも著しく細くすることが可能となる。

鋳鉄と鍛鉄

フランスで初の鋳鉄橋は、セーヌ川に架かる全長166.5mの歩道橋である。1802年から1804年にかけて、エコール・デ・ポン・ゼ・ショセの総監督官であったルイ・アレクサンドル・セザールとジャック・ディロンがポン・デ・ザールを建設した。9連のアーチを持ち、各スパンは18.5mであった。1984年に鋼で復元され、その際にアーチの数が9連から7連に変更されたが[2]、その歩道橋としての役割から、ポン・デ・ザールは現在でもパリ市民に深く愛されている。人々はそこで出会い、夜を（または一日中でも）過ごす。むしろ公共広場のような場所なのである。ポン・ヌフとカルーゼル橋というふたつの石橋の間で、繊細な歩道橋がセーヌ川の上を優雅に軽やかに跳ねているように見える。ドゥビリ歩道橋、ソルフェリーノ橋（p.142参照）、ベルシー橋の近くの新しい歩道橋（p.144参照）、そしてポン・デ・ザールが、都市とセーヌ川の関わりの歴史的側面を表している。

1829年、アントワーヌ・レミー・ポロンソーは、別の歩道橋のプロジェクトで鉄橋の可能性の限界に挑戦した。ベルシャス通りの近く、セーヌ川に架かる彼の橋は、アーチ橋と吊橋を組み合わせ、鋳鉄と鍛鉄を用いて100mのスパンを実現したものである。[3]

技術の進歩とそれによる経済発展への期待が一体となり、鉄製品の技術開発を強力に推し進めた。18世紀の終わりまで、また場合によっては王政復古の時代まで、このような利害関係は絶対主義の君主が抱く建築美への期待と歩調を合わせていた。したがって、イギリスやドイツの風景式庭園内で完璧に実現されたように、建築や構造物のピクチュアレスクの美しさが重視されるようになったのである。あらゆる形式の橋が、歩道橋デザインの範疇に組み込まれ、ヨーロッパの広場や庭に巧みに導入されてきた。そしてその後、鉄の（後には鋼の）効率性は着実に、そして系統的に改良されていった。

1　Pelke, Eberhard, 2005, p.24
2　Lemoine, Bertrand, Pont des Arts, in: Les Ponts de Paris, Paris 2000, p.211
3　Paris, Archives nationales, Cartes et plans; ilustration in: Deswarte, Lemoine, 1997, p.93; the Polonceau truss system was invented by his son, Barthélemy Camille Polonceau.；ポロンソー（Polonceau）式トラスは彼の息子によって発明された。

1802–04年に9連のアーチで建設されたが、1984年に7連のアーチで再建されたポン・デ・ザール。各スパンは22m

ウィンチェスターの北西約5kmにあるアヴィントンパーク。1845年に建設された鉄の橋、1996年に修復

公園における橋のデザイン

　19世紀初頭にいたっても、橋の建設で優勢な材料は石材と木材のままであった。しかし、これらの材料で実現可能なスパンの限界が徐々に明らかになっていった。鋳鉄では長支間への適用と安定性の確保について自ずと限界が見えていた。しかしながら、コールブルックデール橋のような橋が技術革新の手本として大変重要な意味をもっていたため、工芸品のようにして、広場や風景式庭園の中に組み込まれたのである。この文脈において、歩道橋は橋づくりに一般的に重要となるあらゆることを示すためのモデルとして用いられ、単なる橋づくりと橋梁芸術との差をミニチュアによって示したという点で非常に大きな役割を果たしたのである。その最大の役割は、残念なことに大きな橋では軽視されるようになってしまった美に関する問題である。歩道橋をめぐるこのような時代の流れを表す最良の例のひとつを、現在でも目にすることができる。正確に言えば、再び目にすることができるようになった。それは、ドイツ地方で初めて設計された風景式庭園であるデッサウ・ヴェルリッツの庭園王国である[1*]。この中心となっている農地と風景式庭園は、もともと、1758年に成年に達した選帝侯レオポルト3世フリードリヒ・フランツと彼の建築家フリードリヒ・ヴィルヘルム・フォン・エルトマンスドルフによって壮大なスケールをもって計画され、1764年に造営が始まったものである。それに先立って、彼らは諸国の中でもとくにイギリスを旅し、フランシス・ダッシュウッド卿の領地であったウェスト・ウィコム・パーク[2]、ウィリアム・チェンバーズが中の建物を設計したキュー・ガーデン、ウィルトシャーのスタウアヘッドにあるヘンリー・ホーアの庭園[3]などを手本として学んだ。しかし、ヴェルリッツでは、非常に多くの多様性に富んだデザインの橋が計画されていた。庭園王国には全体として約50橋もの橋が建設され、そのうち19橋がヴェルリッツ庭園に設けられた。ピクチュアレスクの風景としての橋の取り扱い、とりわけ橋の配置の仕方は、おそらくウィリアム・チェンバーズに影響されたのであろう。チェンバーズは中国を旅し、そこで中国流の建物と庭のデザイン手法に触れていた。彼は1749年にパリのエコール・デ・ボザール[**]でジャック・フランソワ・ブロンデルの下で学び始め、その後ローマを訪れ、古代ローマ建築とルネサンス建築を見て回った。イギリスに戻ったチェンバーズは、1755年にキュー・ガーデンのプランニングを始めた。この細心の注意を払って構成された美しい庭園に、なり行き任せでつくられたものなどひとつもない。訪れる者は、「beauty line」[***]を辿ると、次々と現れる魅惑的な眺めを楽しむことができる。小さな橋はこれらの風景の構成において不可欠な要素となっている。ヴェルリッツでの橋の計画は、啓蒙主義の思想に根ざした教育的な要素をも含んでいる。運河に沿って歩いてゆけば、さまざまな時代、さまざまな文化圏、さまざまな構造形式の橋が、ステージセットの

1　Bechtholdt, Frank-Andreas, and Thomas Weiss(eds): Weltbild Wörlitz. Entwurf einer Kulturlandschaft, Stuttgart 1996; Sperlich, Martin, in: Daidalos 57, 1997, p.74f.; Unendlich schön. Das Gartenreich Dessau-Wörlitz, Berlin 2005
*　Dessau-Wörlitzer Gartenreich、2000年に世界遺産登録
2　Trauzettel, Ludwig: Brückenbaukunst, in: Unendlich schön, 2005, n.p.
3　Sperlich, 1997, p.76
**　École des Beaux-Arts、フランスの美術学校
***　当時の造園用語。その道に沿って歩くと美しい構図の風景が次々と現われる。
4　Burkhardt, Bertold: Das Brückenprogramm in Wörlitz, in: Weltbild Wörlitz, 1996, pp.207-218

ヴェルリッツ、コールブルックデール橋のミニチュア、1791

人工的な2つの岩壁の間に吊られた鉄鎖吊橋

ように現れてくる。庭園内では、さまざまな風景を創造するために地形が人工的に改変され、それに見合う歩道橋が選定されていった。いや実際にはそのプロセスは逆であった。鉄鎖吊橋には岩の小峡谷が与えられ、コールブルックデール橋ことアイアン・ブリッジのミニチュア版には徐々にせり上がっていく堤防が与えられた。旋回橋やその他の場所へは、植物の生い茂る小径が設けられた。豊かで変化に富んだデザイン計画は、ヴェルリッツで近年の橋の修理や再建の責任者をつとめたベルトールト・ブルクハルトによって詳細に記述されている[4]。

このような風景式庭園は、ある意味ではディズニーランドのアイデアをいくらか先取りしていると言えるかもしれない。その一方で、本来は装飾や教育の役割を意図して造られた小さな橋が、意図されていなかった構造の実験台としての潜在的なポテンシャルによってアイデンティティを獲得してきたということもまた事実である。

残念なことに、庭園内にあった可動橋はすべて現存しないが、オランダの旋回橋であるアハネス橋は、おそらく再建されるであろう。また、スイスの風景は、シノワズリー（中国趣味）とともに特にピクチュアレスクなものと考えられているにも関わらず、スイスタイプやアルペンタイプの屋根つき木橋もヴェルリッツには存在しない。

ワイゼ橋、1773

　ヴェルリッツの庭園に見られる橋と風景の多様なパターンは、互いに補完しあい、徹底して趣のある、また時に荘厳なまでの完全なスタイルをつくりだしている。ここには建設を指示した選帝侯のユートピア思想というよりは、むしろ世俗を超えた着想の中にすでに含まれていた彼の思想が読み取れる。つまりそれは、自然と技術の調和ある統一、芸術家と専門技術者の魂の融和、美の理想と機能充足の両立などである。歩道橋であれば、魅力的な造形によって工芸的特質を獲得できるものの、現代の交通需要に応えるように巨大化した橋になると、それは難しくなってくる。そして一世代後には、ヴェルリッツで用いられたような、歩道橋を不可欠な要素とするピクチュアレスクの手法は批判されるようになった。哲学者のゲオルク・ヴィルヘルム・フリードリヒ・ヘーゲル（1770–1831）は次のように記している。「大きな公園を、中国の仏塔やトルコのモスク、スイスのシャレー*、橋、隠れ家、その他誰も知らないような珍しい品で飾り立てることで、人々に対してさも何か意味ありげに見せかけたとしても、これらの装飾からは無限のものや内在する精神が視覚的に見て取れないので、いったん満足してしまうと魅力は消えてしまい、そのようなものを再び感じることは非常に難しい。しかも、私たちがレクリエーションを楽しみたいときや友人と会話しながら散歩をしたいときには、それらは退屈でやっかいなだけである」。歴史的観点から見ると、18世紀末の風景式庭園では、橋が構造に関する知識の展示物としての性格を備えていたことが理解されるが、この酷評に至ってはそのような大きな観点からの橋の重要性は無視されてしまっている。

ホーヘ橋

歴史を振り返って

白鳥池の跳ね橋

* スイス山地特有の小屋
1　Hegel, Georg Wilhelm Friedrich, I, trans. T.M. Knox, Oxford, 1998, vol.2, pp.699–70

ゾーネン橋、1796、スパン8m、スプリンギングの圧延鉄はイギリスで製造された

美しい風景への興味関心は周期的に高まったが、橋は風景にとって不可欠の存在であった。19世紀、フリードリヒ・ルードヴィヒ・フォン・スケル（1750–1823）、ペーター・ヨーゼフ・レンネ（1789–1866）、ヘルマン・フォン・ピュックラー・ムスカウ（1785–1871）は、「自然であること」を正当に評価する風潮の中で、驚くばかりの折衷技法を大いに楽しんで庭をデザインした。歩道橋はもはや、デッサウのヴェルリッツに見られたような役割を果たさなくなったが、庭園内の目玉としておざなりにされていたわけではなかった。ここでは、それを示す例をふたつだけ紹介する。フェルディナンド・フォン・トリエストの設計でベルリンのシャルロッテンブルク宮殿庭園に1801年に建設されたスパン12mの鋳鉄橋、そしてカッセルにある1852年に建設された悪魔の橋である。風景式庭園発祥の地イギリスでは、庭園風景の構成の目玉として使われた橋の事例が数え切れないほど存在する。

定期的に異なる場所で開催されるドイツ連邦庭園博覧会は、植物の収集という風景式庭園とは異なる18世紀の伝統をその起源としている。それらは時に、重要な都市計画の一部として、質の高い歩道橋建設の機会を提供したこともあった。

ベルリン、シャルロッテンブルク宮殿庭園内の橋、1801

悪魔の橋、カッセルのヴィルヘルムスヘーエ宮殿庭園、1792-93、ハインリッヒ・クリストフ・ユゾー設計

ファウストゥス・ヴェランティウス、1615

フィッシャー・フォン・エルラッハ、シナ（Sina）の橋、1721

2代目ウィンチ橋（初代は1741年建設）、カミングによるスケッチ、1824、Peters著書より

吊橋——鉄と鋼の実験

　これまで述べてきたように、技術者たちは18世紀末以降、鉄の技術発展と産業化のはじまりを受けて、新しい課題に直面していることに気づいた。まず、鋳鉄はそれまで構造的に木材と同様に使われてきた。というのも当時の鉄は脆く、引張力に抵抗することがほとんどできなかった。鉄の引張強度の改良は、鎖、ワイヤーロープ、あるいはワイヤーケーブルを用いた吊橋の技術発展と大きく関係していた。鉄はまだ可能性の限界に達したわけではないということが、まもなく明らかになった。[1] 初期の頃の鎖から、ワイヤーロープ、そしてワイヤーケーブルへという吊橋の発展に関連して、歩道橋はますます多くの注目を集めることとなった。理論や研究に基づく新しい構造物の試作品として鉄は用いられた。

　他の文化からも大いに刺激を受けた。例えば、ヨハン・ベルンハルト・フィッシャー・フォン・エルラッハが、彼の1721年の著作である初の建築通史で、橋をどのように扱っていたのかという点は特に興味深い。ローマ時代の建築芸術に関する彼の2番目の著作では、彼はテヴェレ川にかかるアウグストゥス帝の橋とサンタンジェロ城へと続くハドリアヌス帝の橋という、少々地味な橋に言及している。しかし、フィッシャー・フォン・エルラッハがより深い感銘を受けたのは、ヨーロッパ以外の文化と方法のもとに建設された橋であり、彼の3番目の著作ではそれについて考察されている。この本はアラブ、トルコ、ペルシア、中国、そして日本の建築について書かれている。彼はあるひとつの橋に純粋な驚きを感じ、それについて以下のように記述している。「景東という町の近くにあり、20本の鉄の鎖の上に板を敷き、一方の山の頂上からもう一方の山の頂上に向けて架けられている」[2] これは彼が「中国の素晴らしい鉄鎖吊橋」のひとつとして報告している場面である。ヨーロッパの旅行者によって語られた、はるか彼方の中国に存在するというロープと鎖の橋の話に彼は称賛を与えている。中国の鉄鎖吊橋についてのフィッシャー・フォン・エルラッハの情報源は、イエズス会士であるアタナシウス・キルヒャーによって1667年に出版された作品、『シナ図説』* であり、あらゆる点で記述内容が類似している。

　19世紀には、鎖やケーブル、ワイヤーロープに用いられる鉄と鋼の製造が、技術的にも経済的にも魅力あるものになっていったが、それ以前のヨーロッパでは、吊橋の発展が本当の意味で軌道に乗り始めていたとはいえなかった。最も重要ないくつかの橋は、急速に産業化の進んだ地域に建設されたが、そこでは商業精神と発明精神がよい方向に働いたために成功したといえる。次節では、まず初期の鉄鎖吊橋を見た後に、ワイヤーケーブルとワイヤーロープの吊橋を見ていこう。多くの国ではワイヤーロープの吊橋に挑戦したが、イギリスとドイツでは、建設された橋の大部分がチェーンの吊橋であった。

鉄鎖吊橋

　スイスのザンクト・ゴットハルト峠のシェーレネン峡谷は、13世紀頃に建設された鉄鎖吊橋があった場所と推定される。この橋の図は鉄鎖吊橋に関して現存する最も古い図としてよく知られており、3つの吊橋のデザインはファウストゥス・ヴェランティウスが

1　Werner, 1973; Wagner, Egermann, 1987; Peters, 1987
2　Fischer von Erlach, 1721, Zweites Buch
*　"China monumentis, qua sacris qua profaneis, nec non variis naturae & artis spectaculis, aliarumque rerum memorabilium argumentis illustrata"

ミドルトンにあるウィンチ橋、1830年、1974年に修復

1615–17年に記した本に掲載されているものである。彼の鉄鎖吊橋は、むしろ、マッシブな塔から吊るされたアイバーチェーンの橋に近く、部分的には鉄鎖式の斜張橋を先取りしている。ヴェランティウスの『新しい機械*』はすぐに多くの言語に翻訳されたが、多言語を操る博識家であり辞書の著者としても活躍したヴェランティウスの観点は一貫していた。ちなみに、彼は鋳鉄を「ベルメタル」という言葉で訳している。[3]

その次に古い橋は、驚くほどよく知られるようになったものであるが、カンブリアのミドルトン近くのティーズ川を渡るスパン21mの伝説の歩行者用鉄鎖吊橋である。それはホルウィックからミドルトンへ向かう労働者の通勤距離を短縮するために、1741年に建設されたものである。[4] 歩道はチェーンの上に敷かれた木板で構成されており、谷の下方から引張っている4本のチェーンによって多少の安定性を得ていたようである。片側にだけ安全用の手すりが設けられていた。この橋は遠くさまざまな場所から来た来訪者を魅了したが、多くの人は、橋の揺れがあまりにも大きいため、ひどく怖がった。ニューキャッスル出身の詩人はこれを「踊る橋」と表現している。[5] 1802年、9人の歩行者の重みで鎖が切れ、その後修復されたが、1830年には、もう少し上流側に架け替えられた。その橋もまた21mのスパンを必要とした。2代目の橋は1974年に完全に復元された。鎖で実現可能な最長のスパンについては、これよりずっと以前の1706年、大渡河に架けられた瀘定橋で中国人が実現していた。その橋は今も存在しており、9本のアイバーチェーンを用いたスパン約100mの橋である。[6]

* "Machinae Novae"
3 Mehrtens, 1900, p.3f.
4 Peters, 1987, p.27
5 Marrey, 1990, p.116
6 Ewert, 2003, p.57

35

当初、アメリカでは、吊橋の魅力、そして吊橋によってもたらされる交通改善の機会が、橋梁建設の新しい推進力となった。特許が取得され、最長スパンの記録は更新された。ジェームス・フィンリー（1756–1828）は1801年、セント・ジェイコブズ・クリークに、剛性の高いデッキを持つスパン21mの鉄鎖吊橋を初めて建設した。[1] 彼はこの橋の構造形式に対し、直ちに特許権を取得したが、残念ながらフィンリーの橋はひとつも現存していない。補剛桁は、この種の橋がヨーロッパとアメリカで支持を得る決め手となった。しかし、人々が「踊る橋」を気に入っていたという面も、他方ではあったのかもしれないが。

イギリスでは鉄鎖吊橋が急速に広まり、歩道橋は再び実験的な役目を負った。1817年、ジョン＆ウィリアム・スミス兄弟によって、ドライバラ近くでツイード川を渡る鉄鎖吊橋が建設された。同年、レッドパス＆ブラウンがスパン33.5mのキングス・メドウ橋を、ピーブルス近くの同じくツイード川に建設した。[2] ドライバラの鉄鎖吊橋は、その後まもなく1818年に崩壊してしまった。現在の橋(ケーブル吊橋)は1872年に架けられたものである。トーマス・テルフォード（1757–1834）とイサムバード・キングダム・ブルネル（1806–59）は、大胆にもいきなり、歩行者専用ではない大規模な橋を建設した。メナイ橋（1826）、コンウェイ城の吊橋（1826）、そしてクリフトン吊橋（1864）である。[3] 100m以上のスパンは、バーウィック近くの、これもまたツイード川に架かるサミュエル・ブラウンのユニオン橋によって、すでに1820年に達成されていた。ブラウンは1808年以来鉄鎖吊橋で試行錯誤を行っており、1836年にはブライトンチェーンピアの吊橋が強風で激しいダメージを受けたが、彼はそのような挫折の繰り返しに対しても勇敢に立ち向かったのである。[4]

1828年のメルローズと1855年のグラスゴーのように、吊橋の主塔はまだ石で造られることが多かったが、1875年のダンフリーズと1905年のピーブルスのように（特にケーブルの吊橋においては）、徐々に鋼製のトラスで建設されるようになっていった。後には多くの装飾が施されることもあった（p.46の挿絵を参照）。グラスゴーのポートランド・ストリート橋は建築家のアレクサンダー・カークランドとエンジニアのジョージ・マーティンによって設計された126mもの大きなスパンを持つ橋である。橋をその町のコンテクストに溶け込ませるために石の主塔がどのような役割を果たせるのか、そして橋がその技術に偏りすぎた無骨な構造物になりすぎるのを石の主塔はどのように防ぐことができるか、これらを実証したよい例である。ピーブルスの橋にあるような鋼製フレームの主塔が、ひとつの構成単位として完全に橋に属しているのに対し、石の主塔は、都市構造の一部のようでもある。グラスゴーの橋は1871年にその一部を更新しなければならなかったが、現在では都市のランド

1　Ewert, 2003, p.58
2　Peters, 1987, p.37
3　クリフトン橋の建設工事は1842年から60年以降、政治・経済的な理由により中断されていた。Pugsley, Sir Alfred(ed.), The Works of Isambard Kingdom Brunel, an Engineering Appreciation, Bristol, 1976
4　Peters, 1987, p.95

メルローズ、1828、右下はブライトンの橋の崩壊

36　　　　歴史を振り返って

グラスゴーのポートランド・ストリート橋、1855

マークと見なされ、ライトアップまでなされている。当初、メルローズの橋には同時に8人以上を載せられないという制限があったが、1991年の改修でそのようなことはなくなった。

　初期の施工例がこのような運命を辿ったことから、吊橋の構造に関する主な問題が振動であることが明確となった。ジェームス・ドレッジ（1794–1863）やローランド・メイソン・オーディッシュなど、吊橋によく精通した施工者は、確かに数え切れないほどの鉄鎖吊橋を建設したが、そのほとんどが長期の使用に耐えることができずに崩壊した。

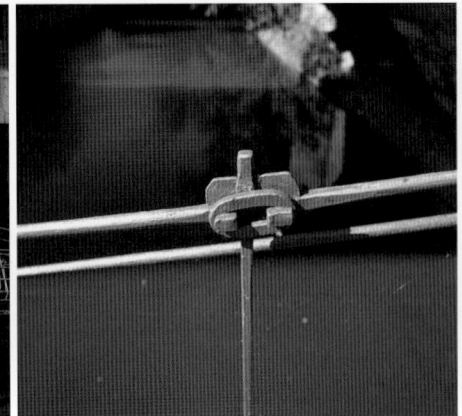

鉄鎖式吊橋（ケッテン歩道橋）、ニュルンベルク、1824

　1900年、ゲオルク・メルテンスというドレスデンの工科高等学校教授は、「アーチ橋の建設とはまったく対照的に、ドイツの吊橋建設が真に軌道に乗っているとは決して言えないだろう」。と客観的な意見を述べている。メルテンスの主張によると、初期の鉄鎖吊橋のうち、重要なのはわずか数橋だけという。今日知られているように、ドイツにおける最古の鉄鎖吊橋は、ヨハン・ゲオルク・クップラーによって1824-25年にニュルンベルクのペグニッツ川に建設されたスパン80mのケッテン歩道橋である。1822年のプロイセン王国の刊行物によると、吊橋のアイデアは1784年にカール・イマヌエル・レッシャーによって初めて提案された。吊橋の場合、橋脚は不要となる。そのため、レッシャーはロッドと鎖を用いることを推奨した。ニュルンベルクの鉄鎖吊橋には、4本のメインチェーンとハンガー、手すりが残されている。ハンガーはかぎのついた先端と小さな穴を持つテンションロッドで構成されている。当初のオーク材の主塔は1909年に鋼製のトラスの主塔に取り替えられた。この変更は動的荷重の問題によるものである。特に、デッキが揺れることが人気の娯楽となったため、ピンとリベットがゆるくなってしまったのである。1931年、デッキは河床の基礎に固定された2つの木製橋脚に固定された。その頃から、オリジナルの状態に復元しようとする市民運動が何度も起きている。また1824年には、クリスチャン・ゴットフリート・ハインリッヒ・バントハウアー（1790-1837）の歩道橋もニーンブルクのザーレ川に建設された。木製の主塔をもつ鉄鎖斜張橋であったが、翌年の公式の式典時に、多数の群衆の荷重によって悲惨にも崩壊してしまった。

　時折起こる耐えがたい経験にも負けず、ドイツにおいてもまもなく、荷馬車や大型四輪馬車が通過可能な大規模な鉄鎖吊橋が建設されるようになった。1825年に上シレジアのオジメック（製鉄の中心地）に建設されたスパン31mの鉄鎖吊橋では、歩道橋としては珍しく、耐荷試験のために橋の上に75頭の家畜のウシの群れが載せられた。1828年には、レオ・フォン・クレンツェが主塔をデザインした、より大きな荷重にも耐える鉄鎖吊橋がバンベルクに建設された。14年後には、安全上の問題から交通制限がなされ、1891年に撤去された。しかし、これらの橋のうちのひとつで1833年に建設された初期のものが現存する。ヴァイマールのイルム公園にあるスパン14.8mの小さな歩道橋であり、両側を3本の平行な鎖で吊られている。

　メシェーデのラエル城庭園内にあり、ルール川の上流に架かるスパン28.1mの小さな歩道橋には、1990年代の末に再発見された興味深い話がある。1998年、城主の文書を調べていた研究者が、ジョン・オーガスタス・ローブリングの原稿を発見した。その中には、フライエノールの近くを流れるルール川に架けることが計画されていたスパン75mの吊橋に関する詳細な記述と見積もりが含まれていた。ローブリングは橋を十分に補剛することを重視しており、加えて、鎖の代わりに複数のワイヤーケーブルを用いる代替案を提案していた。1828年に記されたこの文書は、若きローブリングの、いわゆる「現場監督」としての地位を明らかにしている。彼の提示した案は、その後、ラエル城のより小さな鉄鎖吊橋を設計する際に、同業者のA.ブルンスによって採用され、1839年に完成した。その橋は長いあいだ私有地の中に人知れず存在していたが、1998年にその重要性が認識され、文化財に登録された。しかし、2007年の嵐の際、折れた木がその主塔のひとつにぶつかってしまい、ただちに橋を安定させるための応急処置がなされたことで崩壊は免れたものの、痛ましい姿となってしまった。壊れて危険なハンガーロープの代わりに、荷作り用のロープを用いて、主塔の半分を仮設の鉄骨

1　Mehrtens, 1900, p.75
2　Verhandlungen des Vereins zur Beförderung des Gewerbefleißes in Preussen, Berlin, 1822, p.127
3　Petri, Kreutz, Stahlbau, 5, 2004, pp.308-311
4　Pelke, p.33
5　Bauausführungen des Preussischen Staates, vol.1, Berlin, 1842, p.67(note by Andreas Kahlow)
6　Schmitz, Christoph, Die Ruhrbrücken, Münster, 2004, p.126
7　Grunsky, Eberhard, Von den Anfängen des Hängebrückenbaus in Westfalen, in: Zeitschrift Westfalen, vol.76. Munich, 1998, pp.100-159; Schmitz, 2004, p.163f.

ラエル、1838-39

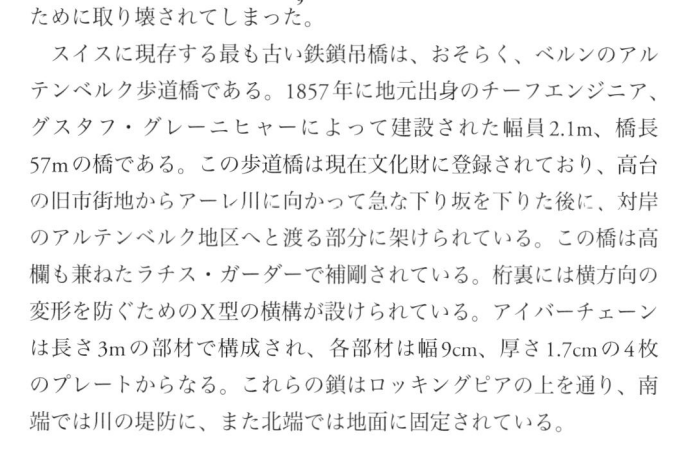

アルテンベルク歩道橋、ベルン、1857

構造に取り替えなければならなかった。

　ベルギーにあるもっとも古い吊橋は、ウィセケルケ城の庭園にある小さな歩道橋であるとされる。それは1824年、ニュルンベルクのケッテン歩道橋と同じ年に建設されたもので、スパンは23m、ジャン・バティスト・ヴィフケンにより、イギリスの鉄鎖吊橋の伝統にしたがって設計された。ヴィフケンはイギリス中を転々と旅したブリュッセル出身のエンジニアであった。同年、イグナツ・フォン・ミティスによりウィーンに鉄鎖吊橋建設社が設立され、その4年後に都市部で初めての鎖式吊橋が建設された。これは鋼製の鎖をもつ初の吊橋であったが、不幸にも1880年、より大きな橋の建設のために取り壊されてしまった。

　スイスに現存する最も古い鉄鎖吊橋は、おそらく、ベルンのアルテンベルク歩道橋である。1857年に地元出身のチーフエンジニア、グスタフ・グレーニヒャーによって建設された幅員2.1m、橋長57mの橋である。この歩道橋は現在文化財に登録されており、高台の旧市街地からアーレ川に向かって急な下り坂を下りた後に、対岸のアルテンベルク地区へと渡る部分に架けられている。この橋は高欄も兼ねたラチス・ガーダーで補剛されている。桁裏には横方向の変形を防ぐためのX型の横構が設けられている。アイバーチェーンは長さ3mの部材で構成され、各部材は幅9cm、厚さ1.7cmの4枚のプレートからなる。これらの鎖はロッキングピアの上を通り、南端では川の堤防に、また北端では地面に固定されている。

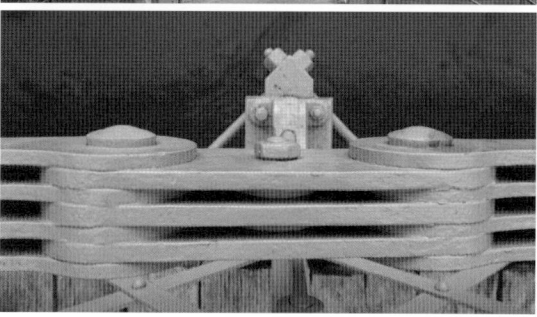

8　de Bouw, M., I. Wouters, Investigation of the restoration of the iron suspension bridge at the castle of Wissekerke, in: WIT Transactions on the Built Environment, vol. 83, 2005
9　Mehrtens, 1900, p.6

パリのビュット・ショーモン、1867

サンクトペテルブルグのモイカ川に架かる郵便局橋、1824、スパン35m

　フランスでは、ケーブルやワイヤーの吊橋により大きな関心が持たれていたが、もちろん鉄鎖吊橋も建設された。フランスにおける最初の鉄鎖吊橋は、グルノーブルの近くを流れるドラック川の橋であり、クロゼとジョルダンによって1827年に建設されたものである。[1] 1839年にはベルドリとデュプイがアジャンにスパン174mの鉄鎖吊橋を建設した。しかし、載荷試験により設計荷重に耐えられないことが判明したため補強が必要となり、結局、1841年に再び開通となった。それでも長期の使用に耐えることはできず、1882年に鎖は両側4本ずつの鋼製ケーブルに取り替えられた。同時に橋を渡ることが許されていたのは、当初から最大60人であったが、1906年には25人にまで減らされた。その後1936年には主ケーブルを取り替えることとなり、さらに1950年代の初頭、ガロンヌ川の高水位時に橋が損傷し、早急に補修する必要が生じたが、その結果、この橋の長期的安定性に対する信頼性は低下し、完全に橋が再建されたのは2001年から2002年にかけてであった。[2]

　橋を建設することへの挑戦が、ビジネスに長けた一人の稀有なエンジニアの興味を引いたのは自然なことであった。その人物はギュスターヴ・エッフェル（1832–1923）である。1867年、彼はスパン63.86mの鉄鎖吊橋を、ビュット・ショーモンの公園内に建設した。ただし、彼はこの形式を好んでいたというわけでは決してなく、むしろ鋼トラス構造のもつ可能性を十分に引き出したいと考えていたのである。なお、この橋のチェーンは今ではワイヤーケーブルに取り替えられている。[3]

　19世紀の最初の20年間は、知識と技術がそれまでにないほど急速に広まった注目すべき時期である。それは国や言語の垣根を越え、ロシアにまで達した。技術的な問題が生じると、サンクトペテルブルクの王室は直ちにフランスとドイツの専門家の助言を求めた。橋梁建設の分野で著名な人物としては、スペイン人のアウグスティン・ベタンコルト（1758–1824）、フランス人のピエール・ドミニク・バゼーヌ（1786–1836）、そして2人のドイツ人、ヴィルヘルム・フォン・トライトイアー（1788–1859）と、後にミュンヘンで仕事をすることになるカール・フリードリヒ・フォン・ヴィーベキング（1762–1842）が挙げられる。トライトイアーは彼の故郷バーデンではエンジニアとして成功したとは言えないが、1813年にバーデン大公の娘を妻としていたロシア皇帝と知り合いになり、翌年にはサンクトペテルブルグでスペイン人のベタンコルトの下で働き始め、1821年には橋の最高責任者の地位を引き継いだ。[4] ピエール・ドミニク・バゼーヌはトライトイアーより前にサンクトペテルブルグに来て、1823年の時点でケーブル吊橋を試みていた。しかし、同じ年にエカテリーナ宮殿の公園内に建設された橋は鉄鎖吊橋であった。なぜなら、ロシアではワイヤー製造がフランスほど進歩していなかったからである。[5] しかし、おそらくこれがロシアで初めて建設された鉄鎖吊橋であり、それ以前にはロシアでこの形式の橋は知られていなかった。スイス出身のニコラウス・フス（サンクトペテルブルク科学アカデミーでのオイラーの後継者）は、何年も前に、ネヴァ川に架かるスパン300mの吊橋の設計を唯一行っていたが、トライトイアーはさまざまな規模の実際の鉄鎖吊橋に同時に取り組んでいた。彼が設計した歩道橋が今でも3つ残っている。モイカ川に架かる1824年の郵便局橋、エカテリーナ運河（現在はグリボエー

1　Peters, 1987, p.68
2　La Passerelle d'Agen. Le sauvetage d'un ouvrage historique, in: Freyssinet Magazine, Jan–April 2003; Lecinq, Benoît, and Sébastian Petit, Renovation of the footbridge over the Garonne in Agen, in: footbridge 2002, proceedings, pp.120–121
3　Lefresne, Y., La réconstruction de la passerelle suspendue des Buttes Chaumont, in: Travaux, 482, May 1975, p.50
4　Fedorov, 2000, p.80
5　ibid., p.184
6　ibid., p.197

ライオン橋、1825-26、スパン23.5m

銀行橋(グリフィン橋)、1825-26、スパン21.5m

ドフ運河)に架かる1825年から26年のライオン橋と銀行橋(グリフィン橋)である。モイカ川に架ける橋のために、スイスのエンジニア、ギヨーム・アンリ・デュフォール(1787-1875)がサンクトペテルブルグへ設計図を送っていた。もはやこの図面を見つけることはできないが、彼のサン・アントワヌ橋の模型がサンクトペテルブルグの教材コレクションに入っていることは注目すべきであろう。1823年、トライトイアーはスパン35mの小さな橋を設計したが、振動を軽減するため、メインチェーンをスパン中央のデッキに固定した(サグ・スパン比は1:16)。19本のアイバーで構成された2本の鎖は、それぞれ36本のハンガーで桁を吊っている。チェーンは高さ2.5mの鋳鉄製のオベリスクと曲線状でスポークのついたフレームの上を通って、鋳鉄製のグラウンドプレートに至る。残る2つの橋では、彼はオベリスクを用いるのをやめ、ライオンとグリフィンの像を採用した。これは後に、サンクトペテルブルグでロシアの高速道路公団の総裁を務めたアレクサンダー・フォン・ヴュルテンベルクの紋章にもなった。このデザイン上のアイデアは、これらの橋に特別な魅力を与えた。チェーンやワイヤーロープのアンカレッジとして動物の像を用いる手法は、ベルリンのライオン橋として後に再び登場した(p.48参照)。しかし、この例を除いて、それらはエンジニアたちには受け入れられなかった。トライトイアーは1830年にドイツに戻ったが、その後に建設したものはごくわずかであった。3つの歩道橋はすべて、1935年に保護すべき文化財に登録され、全ての補修がなされてから、徐々に整備や復元がなされた。[6]

当初から、歩道橋の建設は数々の失敗を重ねてきたものの、新たな構造形式が開発されるような場面においては、確かに実験に適した構造物として扱われた。大規模で苦労を伴う鉄鎖吊橋への挑戦を、エンジニアたちがためらわなかったおかげで、それらのいくつかは今日まで使われ続けてきた。しかしその一方で、鉄鎖吊橋に輝かしい未来が約束されているわけではなかった。ジョゼフ・シャーリーとテオドール・ボルディヨンという経験豊富なエンジニアらは、1850年にアンジェに鉄鎖吊橋を設計したが、それは致命的な崩壊を起こしてしまい、大失敗に終わった。このようななか、ワイヤーケーブルやワイヤーロープを用いた吊橋は、発展への可能性を広げていった。フランスとスイスにいたセグワン兄弟とアンリ・ギヨーム・デュフォール、そしてドイツでは、ブリックスと、後にはローブリングがこの分野の進歩に貢献した。ただし、ローブリングは1831年にアメリカへ移住した。

ワイヤーケーブルやワイヤーロープを用いた吊橋において、エンジニアが当初直面した課題について、次のページで述べる。

サン・アントワヌ橋、ジュネーブ、1823

アノネーのカンス川に架かる吊橋、1822

ワイヤーケーブルとワイヤーロープの橋

　チェーンは不具合を生じた時の影響があまりに大きいということが判明した。チェーンの輪がひとつ切れるだけで、直ちに構造全体の安定性が失われ悲惨な結末を招く。したがって、可塑性と耐久性のある鍛鉄のワイヤーロープで代替物を開発することが重要であった。これは鉱業分野にとっても特に興味深いことであり、坑内でのより有効な採掘方法が必要となった。この問題に取り組んだのは、ヴィルヘルム・アウグスト・ユリウス・アルベルトというドイツのクラウスタールにある鉱山の責任者であった。本人によると、彼は1834年に史上初のワイヤーロープを発明した。それは直径18mmで、それぞれ4本のワイヤーでできた3本のストランドで構成されていた。[1] 建設産業では、ヴィカーとローブリングがエアスピニング工法の特許を取得していた。ローブリングは1831年にアメリカへ移住したが、そこでは長い（したがって重い）ケーブルが必要とされていたため、成功を収めることができた。なぜなら、軽量な素線は「現場で糸を紡ぐ」ようにして、平行線の太いケーブルにすることができたからである。[2] 19世紀後半までには、ケーブルまたはワイヤーロープの重要な形式のほとんどが既に発明されてしまったため、次なる進歩は、原料やワイヤーの断面形状、ストランドやロープの配置の改良となった。[3]

　アメリカでは、ジョサイア・ハザードとアースキン・ホワイトというワイヤーケーブルの製造者が、歩道橋の歴史を（さらに再び）進歩させた。史上初のケーブル吊橋は、フィラデルフィアのスクールキルの滝の上に、1816年に建設された。124mという大きなスパンは、数十年ものあいだ超えられることはなかったが、建設後まもなく、雪の重みで崩壊してしまった。

　ヨーロッパでケーブル吊橋の開発を先駆的に行ったのは、フランスのエンジニアである。彼らは理論家の計算手法の助けを借りて、それまでは危険であるとされてきた吊橋の構造に対する新しい考え方を切り開いた。ブルーノ・プラニオルとクロード・アンリ・ナヴィエ（1780–1836）は、エコール・デ・ポン・ゼ・ショセのエンジニアであったが、吊橋の考え方全般に興味を持つようになり、ワイヤーロープを用いた構造の理論的基礎を解明した。[4]

　思わぬ方面からの影響もあった。銀行家であり実業家でもあるバンジャマン・ドゥレセールは、1802年、29歳のときにフランス銀行の総裁に任命された。その少し前、彼はパッシーに製糖工場を開業しており、自宅と工場を結ぶ橋をそこに建設することを決定した。計画は進み、1824年、彼は幅1.2m、スパン52mの歩道橋に、チェーンとワイヤーケーブルの束を組み合わせる方法を採用した。メインケーブルはそれぞれ100本のワイヤーを束ねた4本のケーブルを、長さ4m、厚さ2cmの鉄製の2本のアイバーチェーンに沿わせたものである。それらは2本の木製主塔の上を通って、その背後で巨大な石造りのブロックに固定された。ハンガーは1m間隔でメインケーブルより吊り下げられた。[5]

　しかし、ドゥレセールは自らが橋の建設者になろうとしていたわけではなく、ただ吊橋に興味を持つ人に対して、ナヴィエやセグワン、デュフォール、デュパン、コルディエらに意見を聞くよう助言していただけである。1821年に発行された公報『ル・モニトゥール*』に載っていたケーブル吊橋の記事を読んで、マルク・セグワン（1786–1875）とジュール・セグワン（1796–1868）の兄弟は、ローヌ川を跨ぎ、タンとトゥルノンを結ぶケーブル吊橋を建設するという壮大なプロジェクトに着手した。[6] 新しい形式を採用したその構造は、今回もまた、歩道橋で初めて試されることとなった。セグワンとナヴィエは1822年、ヴェルノ・レ・アノネー近郊の、現在

1　Verreet, Roland, Ein kurze Geschichte des Drahtseils, 2002
2　Peters, 1987, p.171
3　Gabriel, Knut, Hochfeste Zugglieder, Manuskript, University of Stuttgart, 1991–92; Wagner, Egermann, 1985
4　Navier, Claude Henri, Rapport et Mémoire sur les Ponts Suspendus, 1823; Ewert, 2003, p.58
5　Marrey, 1990, p.121; Peters, 1987, p.68
*　"Le Moniteur"
6　Casciato, Maristella: Le Pont de Tournon, in: L'art des ingénieurs, p.510
7　Marrey, 1990, p.121; Peters, 1987, p.68 f.
8　Peters, 1987, p.124 f.
9　Marrey, 1990, p.122
**　"Des ponts en fill de fer"

歴史を振り返って

2007年夏に撮影した写真

はD270号線となっているマルク・セグワン所有の土地で、カンスの小渓谷に架かる小さな橋を建設した。その幅員は1mを少し超える程度で、スパンは18mであった。これはそれぞれ8本のワイヤーを束ねた6本のケーブルで支えられており、デッキはそのうち4本に支えられ、加えて他の2本は手すりとしての機能を果たしていた。ひどく揺れるのを防ぐため、橋の中央から川の大きな石にロープを張って支えていた。この橋は後により線のケーブルで補強されたが、今日ではみじめな光景をさらしている。というのも、かつてこの近くにあった紙工場の建物と同様に、バラバラに崩れ落ちているのである。しかし、ワイヤー部品のかつての状態を読み取ることは今でも可能である。また、タンとトゥルノンの間の吊橋建設に先立って、セグワンに必要な経験を与えた事例として、サン・ヴァリエのガロール川に架けられた歩道橋や、サン・フォルトゥナとサン・ローランの間のエリュー川に架けられた橋がある。前者はスパン30mの狭い歩道橋で、1844年まで残っていたが、後者は石の橋門が今も残っている。

実験的な性格をもつもうひとつの歩道橋が、ほぼ同時期にブルーノ・プラニオルによって建設された。彼の息子フランソワは、後に、その橋は長さ18m、幅90cmで、ショメラックの近くを流れるペイル川に架けられたと記している。彼は、父親の橋が建設後まもなく強風によって破壊されたということについては一切語っていない。

確かに、当時、この形式の橋の安全性についての疑念が高まっていた。セグワンは、機械工学のエンジニアや交通のオーガナイザーでもある根っからの技術者であり、実際的な立証を欠くことはなかった。彼はそれについて、1824年の著書、『鉄のワイヤー橋の上で』に発表している。その夏、ローヌ川に架かるトゥルノン橋の仕事が始まり、セグワンはそのすべてのコストとリスクに対して責任

サン・ヴァンサン歩道橋、1832、スパン75m

を負っていた。デッキの剛性を高めるために、補剛桁を手すりと一体としたトラス構造として設計していた。しかし、橋は1825年に完成したものの、不幸にも1965年に解体されてしまった。

公共利用のための最初のケーブル吊橋は、セグワンとアンリ・デュフォールの協働によりスイスに建設された。セグワンのアイデアや経験は、ギヨーム・アンリ・デュフォールを大いに刺激し、自信を与え、彼のワイヤーケーブル吊橋への興味を呼び起こした。[1] 1823年8月1日、一般に供用されるものとしては世界初となるワイヤーケーブルだけで支えられた吊橋、サン・アントワヌ橋が、ジュネーブに完成した。幅員2m、橋長84mのこの歩道橋は、それぞれ約40mの2つの支間に張り渡された6本のワイヤーケーブルで吊られていた。この橋は約160人の荷重に耐えるよう計算されており、変形を抑えるためにロープで数ヶ所が固定されていた。

より大きな荷重が作用する大規模な橋の建設には、常に危険が伴っていた。標準的な工法、つまり、十分な経験に基づく知識も、まだ確立されてはいなかったからである。それゆえ、種々の研究成果、特に、クロード・アンリ・ナヴィエの研究成果は、新構造形式に対する信頼性を確立したという面から、非常に高く評価できる。[2] ケーブル吊橋について書かれたものは少ないが、今日でも新たなバリエーションの美しい歩道橋が生み出されている。[3] セグワンの弟子であったジョゼフ・シャーリーは、早い時期に、フリブールのサリーヌ川に架けた橋で273mのスパンを達成した。彼は、現場で素線からケーブルを渡していくというルイ・ジョセフ・ヴィカーのアイデアを用いて、この橋の1,056本のワイヤーそれぞれに均等に荷重が加わるようにした。なお、ワイヤーケーブルの製造時の品質に関するヴィカーの功績は、誰もが認めるところとなっている。

19世紀の後半、ヨーロッパのあらゆる所で、吊橋が非常に急速に広まっていた。ここで取り上げるいくつかの例は、これまで国ごとに概略を述べてきた橋梁史のほんの一部分を伝えるに過ぎないが、まずはじめに、フランスのリヨンに注目してみる。この都市はローヌ川とソーヌ川の合流点に位置し、短期間のうちにいくつかの歴史的に重要な歩道橋が建設され、今日ではそれらをライトアップすることによって街の文化的豊かさを得ている。それらは1832年のサン・ヴァンサン歩道橋、1844年のコレージュ歩道橋、そして1852年のサン・ジョルジュ歩道橋である。後者の2つの吊橋は、1944年9月1日と2日にドイツ軍によって爆破されたが、戦後、アンドレ・モガレーの指揮のもとで再建された。[4]

ソーヌ川に架かる幅員2.8mのサン・ヴァンサン歩道橋は、1832年10月25日の開通以来、リヨンの旧市街と現在の中心地を結んできた。この橋は今も建設当時の姿を残している。その南には、パレ・ドゥ・ジュスティース橋があり、この橋は1983年−84年より斜張橋として存在している。さらに南には、サン・ジョルジュ歩道橋がある。この橋はその美しいプロポーションと、鋼製の主塔が立つ門柱へとつながる階段が訪問者に人気である。ローヌ川に架かるコレージュ歩道橋は、中心市街地の東側に位置しており、河川内の2本の石造の主塔から桁を吊っている。この橋は1996年に改修されたが、ローヌ川の堤防上が車両通行止めとなっているおかげで、現在、歩行者専用の空間としてその美観が保たれている。

リヨンでは世界でも有名な光のフェスティバルが開催されており、都市再生計画の一環として、照明デザイナーらに中心市街地全体に対して美しい照明計画を行うようにとの依頼がなされた。とりわけ、上記の3橋に対する夜間のライトアップ計画は、昼間の親しまれた外観との調和を保ちながらもドラマティックにデザインされた。その際、それらの橋が通行する人々に対して眩し過ぎないように、また、暗すぎもしないように、鮮やかに照らされながらも配慮がなされている。

[1] Marrey, 1990, p.122; Peters, 1987, p.70 f.
[2] L'Art de l'ingénieur, p.328; Pelke, 1987, p.69
[3] For a compilation of the first articles since 1807, see Peters, 1987, p.69
[4] Pelletier, Jean, Ponts et Quais de Lyon, Lyon, 2002, p.21 f.

歴史を振り返って

サン・ジョルジュ歩道橋、1852、スパン87.5m
（右の写真も）

コレージュ歩道橋、1844、メインスパン109m、全体で198m

イルクリー、1934

　初期のケーブル吊橋の多くが崩壊してしまった理由には、(静的・動的な解析手法がまだ不完全であったことに加えて)ケーブルの定着に苦労したというだけでなく、当時製造されていた鉄のワイヤーが疲労に弱く、脆性破壊の影響を受けやすかったということがある。しかも、比較的変形しやすく軽量な上部構造は、振動の影響も受けやすかった。靭性が高く疲労強度の高い鋼材が入手できるようになり、またトラスや重量のある床版、または鋼索の追加によって上部構造が十分に補剛されるようになると、これらの問題を抑制することが可能となった。しかし、19世紀前半の段階では、この新たな形式に対して向けられた懐疑論はあながち不当なものではなかったのである。

　ケーブル吊橋発展の初期に中心となった国は、1822年以降はフランスであると考えられる。フランスで建設された橋の数は、おおよそ300橋から500橋と開きがある。イギリスでは、確かに産業は幅広い分野で発達したが、フランスの工学分野が受けたような理論的サポートをほとんど受けることがなかった。[1] イギリスのエンジニアたちが採用したアプローチは実用的で実際的なものと言えるかもしれない。橋の建設に関しては、彼らは新しく登場したワイヤーケーブルよりもチェーンにより信頼を置いていた。チャールズ・スチュワート・ドリューリー(1805–1881)は、ワイヤーは歩道橋のスケールを上回る構造物にとっては実用的でないと主張した。[2]

　イギリスで知られている初期のケーブル吊橋のほとんどは、スコットランドに存在した。1816年にリチャード・リーは、ガラ川の上に、34mのスパンをもつ実験的なワイヤーケーブル吊橋を建設

ピーブルス、1905

1　Amouroux, Lemoine, 1981, p.63; Peters, 1987, p.144
2　Drewry, Charles Stuart, 1832, cited in Peters, 1987, p.146; Kemp, Emory L., Samuel Brown: Britain's Pioneer Suspension Bridge Builder, 1977, cited in Peters, 1987, p.37
3　Hume, John R., Scottish Suspension Bridges, Edinburgh 1977, cited in Peters, 1987, p.38
＊　古典建築のエンタブラチュアの最下部で柱の上にある水平材、台輪
4　Mehrtens, 1900, p.75

46　　　歴史を振り返って

ダンフリース、1875

した。これに続いて、エテリック川に架かる橋や、キングス・メドウ橋が建設された。キングス・メドウ橋はスパン33.5mで、1817年、ピーブルスの近くを流れるツイード川に架けられた。これはジョン&ウィリアム・スミスによって設計された最初のドライバラ・アビー橋と同じくらいの時期である。この時点で、ワイヤーケーブル吊橋の発展は突然途絶え、1880年以降にようやく再開した。しかし、シンプルなチェーンやケーブルの吊橋は、建築的ボキャブラリーによって不適当な形態が与えられたものも少なくない。イングランドとスコットランドは、フランスと比較して、明らかにアカデミックな工学的伝統に欠けていた。イギリスとスコットランドのエンジニアたちは、美に対する独自の専門的なアプローチを、自分たちでより一層発展させることができるという自信を抱いていたのである。1875年にダンフリースのニス川に架けられた橋の主塔とアーキトレーブ、1905年のピーブルス、そして1934年のイルクリーでのネオゴシック調の金線細工の作品（デヴィッド・ローウェル・エンジニアズ）、1924年にインヴァーコールドのディー川に架けられた橋の城壁風の主塔（ジェームス・アバネシー・エンジニアズ）のように、補剛桁をもつ典型的な吊橋は、歴史的趣きを与えられた主塔によって独特の個性を発揮するようになっていた。つまり、橋をデザインするアプローチが、多分に建築的であったのである。

（工学的な）構造と（建築的な）装飾の関係性は、国際的な激しい論争に発展する可能性のあるテーマであったが、それは今でも継続中である。門柱のデザインは実に奇妙な空想の飛躍に陥りやすく、大規模な橋の場合は特に、多方面からの冷笑まじりのコメントを浴びせられることとなった。

インヴァーコールド、1924

ベルリンのティーアガルテンにあるライオン橋、1838、スパン17.3m

　ドイツの吊橋建設は、先に鉄鎖吊橋との関連で述べたように、あまり進歩していなかった。1900年、メルテンスは吊橋に対して懐疑的な態度をとっているということをはっきりと述べている。彼は、ナイアガラ川の上に架けられたケーブル吊橋のように、重量の大きな当時の鉄道列車を安全に渡すことは吊橋には不可能である、と書いた。[1]それでもやはり、鉄のワイヤーの将来的可能性は確かに認識されていた。アドルフ・フェルディナンド・ヴェンツェスラス・ブリックス（1780-1870）は、鉄のワイヤーを用いた実験を行うよう正式に依頼され、その成果がベルリンのティーアガルテンにある小さな歩道橋、つまり、1838年に完成したライオン橋となった。[2]ルードヴィヒ・フェルディナンド・ヘッセ（1795-1876）により設計され、ボルジッヒ社によってつくられたこの橋は、幅員2mの木製デッキをもつ吊橋で、17.3mのスパンを有していた。これは1958年に復元された後、文化財に登録された。しかし、この橋がサンクトペテルブルクのライオン橋を元にしているのかどうかは定かではない。

　ドイツの大規模橋梁で吊橋が重要な位置を占めるようになったのは、19世紀末以降である。コンペに提出されるデザインが、次第に吊橋であることを売りにするようになっていき、200mから300mのスパンでかつ「対象地において（中略）橋の美しさが考慮すべき主要なポイントであるときに」[3]吊橋は桁橋やアーチ橋に十分匹敵す

1　Mehrtens, 1900, p.31
2　ibid., p.5
3　ibid., p.76

48　　歴史を振り返って

ヴェッター、1893、スパン38m

アッハベルク、1885、スパン48.6m

るということが最終的には認知されるようになった。1898年、キュブラーとライブブラントはボーデン湖のランゲンアルゲンに、幅員6.2m、橋長72mのケーブル吊橋を建設した。この橋は1982年から83年に歩行者専用に制限されたが、建設当時この橋のプロジェクトに従事していた研修生の一人にオスマー・ハーマン・アンマンがおり、彼は後にハドソン川に架かるジョージ・ワシントン橋を設計した人物となったのである。なお、1885年には、すでにアッハベルクのアルゲン川にスパン48.6mのケーブル歩道橋が架けられていた。

多くの場所で、古い歩道橋の価値は意識されていなかった。特に、橋が私有地にある場合には、そこに行くのが困難であったり不可能であったりしたために、なおさらそうであった。例えば、最も初期の歩行者用吊橋のひとつは、1875年、ルール川の中流、ヘングステイ近郊のボルト製造工場の敷地内に建設されたが、後にこの土地が地域の水道会社に売却された結果、橋は1926年から28年の間に取り壊されてしまった。

その他の例としては、北ライン・ヴェストファリア州のヴェッターにあるアム・カルテンボルン歩道橋がある。1893年にルール川に架けられた、スパン38mのケーブル吊橋である。デッキトラスは2本のワイヤーロープから1.5m間隔のハンガーを通して吊られている。2本の主塔は高さ6mのトラス構造で、長方形の石造の橋台の上に立っている。1985年10月、この橋は文化財に登録されたが、その後手入れは行われず、1990年以来閉鎖されている。そうでなくともこの美しい橋が架けられている貯水湖のエリアは1957年より立ち入りが禁止されている。しかし、水道関係の研究者ならば、普通の人には知られていない、この忘れ去られたひと気のない歩道橋をいつでも渡ることができるようである。

鉄鎖吊橋が直面した問題についてこれまで述べてきたことは、当然、ワイヤーケーブルやワイヤーロープの吊橋にも当てはまる。そのためドイツでは、この形式はほとんど発展することなく、鉄やコンクリートで造られたアーチ橋や桁橋が多数を占めることとなった。

20世紀後半にフリッツ・レオンハルト、フライ・オットー、ヨルク・シュライヒらがケーブルの利用を含む軽量構造に目覚ましい進歩をもたらすまで、このような傾向は続いた。特にヨルク・シュライヒは独特の軽さを持つ歩道橋をつくることに成功し、それは世界中で名作と評されてきた。

4 Mehrtens, 1900, p.78; Schlaich, Schüller, 1999, p.114
5 Schmitz, 2004, p.313
6 Schmitz, 2004, p.337 f.; Grunsky, E., Ein Denkmal der Ingenieurkunst – Der Schulwegsteig in Hamm und die Entwicklung der Hängebrücken im fruhen 20. Jahrundert in Deutschland, in: Bauingenieur, 1995, pp.507–514

リンゲナウ、1876、スパン37.20m

イギリスやフランス、ドイツでは、鉄を、後には鋼を、橋の建設に効果的に用いようとする動きが産業化によってもたらされた。一方、アルプス地方には、また別の実用主義が存在した。谷や峡谷には、日常生活のために橋を架けなければならなかったので、はじめは木橋整備の充実に向けて集中的な取り組みがなされていた。しかし、19世紀後半からは、魅力的な小さな吊橋がたくさん建設されるようになった。歩道橋を探して人里離れた谷を登ると、大抵は見つけることができる。スイスでは、景観や文化的アイデンティティが、部分的にではあるが、道路と橋の建設によって形成されていると考えられているのも決して偶然のことではないだろう。

残念ながら、現存しているたくさんの歩道橋の中で、ここで紹介できるのはほんのわずかである。それらの多くは人里離れたところにあり、息を飲むようなパノラマやダイナミックな峡谷といった美しい周囲の景観によって、明らかに長所が引き立てられている。そのうえ多くの場合、ミニマルに建設する必要に迫られていたからこそ生まれた長所があって、オーストリアの村シュタムスにあるカンツラー・ドルフス歩道橋のように巧みな構造を生み出す結果となった。かつては自動車道建設のために取り壊しの危機にさらされたが、地元のコミュニティがうまくこれを退けた。[1] スパンが93.7mで幅員が1.1mしかないのこの橋は、2本のワイヤーロープに吊られているが、木製の横桁がデッキからさまざまな長さで突き出ていて、それらの先端は支承から橋の中央にかけて平面的な曲線を描き、その先端にはU字型の金具がネジで取り付けられており、引張ケーブルがその中を通されることで巧妙に橋を安定化させている。

エークとリンゲナウ近郊のブレゲンツの森にあるズーバーザッハ川に架かる幅員82cmの狭い橋は、もともと、一度に一人しか渡ることを許されていなかった。当初、4本のワイヤーロープで吊られていて、それぞれのハンガーロープの間には斜材が設けられていた

シュタムス、1935、スパン93.7m、イン川に架かる

歴史を振り返って

ドレン、1914、スパン76m

が、1908年に行われた30頭の羊と、その後の最大9人の人間による載荷実験では、それらはうまく機能しなかった。それ以来、メインロープが取り替えられ、1988年には、模範的な方法で改修された。[2]

19世紀後半頃に造られたもう一つの小さな歩道橋は、ヒッティザウとボルゲナッハの間に位置しており、同名のボルゲナッハ川に架かっている。スパン30.6m、幅員86cmで、吊り材である棒鋼のディテールを見ると古風で簡素な構造物として分類されるかもしれない。1985年にヒッティザウの自治体によって補修がなされた時も、この簡素なイメージを保持するのに注意が払われた。今日この橋は絶えず使用に供されており、トレッキングの経路にもなっている。[3]

この橋はフォアアールベルク州とチロル州によって維持管理されている。その他の例でも、地域の橋の文化に対する正しい理解が実際にはっきりと示されている。例えば、1914年のドレンとアルバーシュヴェンデを結ぶワイヤーロープの歩道用吊橋や、1905年のランゲンとブーフを結ぶワイヤーロープの歩道用吊橋のようなものがあり、これらはどちらもブレゲンツァー・アッハ川に架かっている。そのディテールは驚くほどシンプルである。これらの橋を真似ることは当然勧められないし、これらの全てが現代の基準をクリアしているわけではないが、それでもこれらの橋は高い評価を受けるべきである。ただしそれは、これらの橋に歴史的な価値があるからというだけではない。地域固有の建造物は、近年になされたと思い込まれている発明の多くを先取りしていたのである。橋の透過性と制動を改善するための網目状の高欄の利用、光を通すグレーチングの床版の利用、そして軽量構造における徹底した使用材料の削減といった、古典的な歩道橋に見られる驚くほど多くのこれらの工夫に感銘を受けずにはいられない。高機能のコンピューターと最高の解析手法を備えた現代のエンジニアたちも、感嘆のあまり、先人たちに頭が下がるばかりであろう。

[1] Lang, Maria-Rose, Geschichte der Brückenbautechnik, dargestellt am Beispiel von Hängebrücken aus Vorarlberg und Tirol, in: Industriearchäologie, Innsbruck, 1992, pp.161–171
[2] ibid., p.163
[3] ibid., p.165

ヒッティザウ、1885年以降、スパン30.6m（上中央の写真も）

シンプルさはスイスの吊橋にも見られる特徴である。今日のハイキングコースに現れる魅力的な小さな橋を、高所恐怖症の人は純粋に楽しめないかもしれないが、もちろんそれらのすべては、間違いなく安全である。スイス最初のワイヤーロープ吊橋のひとつは、ヴェッティンゲン修道院の近くのノイエンホフにあるグバッゲリ橋であり、1863年に完成した。その思わせぶりな名前（ぐらぐらする橋）には理由がないわけではない。1981年に改修された際には、揺れを抑えるための明確な手段が講じられた。[1]

　チューリヒの工学系の学生は、カール・クールマン（1821–81）の存在の恩恵をあずかっていた。彼は図式静力学の創始者で、彼の後継者であるカール・ヴィルヘルム・リッターもまた優秀な教師であった。構造の挙動を目に見える形で表すことを可能にした図式静力学は、スイスの構造デザインの基礎を形成し、世界に例をみない橋を生み出した。[2] この幸運な学問的布陣は、実際にあらゆる場面で実を結んできたようである。特に土木工事（例えばゴッタルド鉄道とレーティッシュ鉄道など）がスイスのアイデンティティとして重要であると徐々に認識され、最終的にはスイスの遺産運動の目的と一致した。

　アルデツにあるイン川に架かる橋のようなとてもシンプルな歩道橋やトゥージスにあるヒンターライン川に架かる橋のような洗練された歩道橋に加えて、比較的高い水準で建設された吊橋が、コルカーポロやフラスコなど他の多くの場所に存在した。トゥージスの近くのシルス歩道橋は、リヒャルト・コーレイ（1869–1946）によって建設された。彼はエンジニアではまったくなく、経験豊富な大工であった。彼はサルギナトーベル橋をはじめとするスイスの数多くの

アルデツ、イン川に架かる橋、1890年頃

52　　歴史を振り返って

1　Inventar Historischer Verkehrswege der Schweiz, AG 158.0.1, ed. Cornel Doswald
2　Lehmann, Christine, and Bertram Maurer, Karl Culmann und die graphische Statik – Zeichnen, die Sprache des Ingenieurs, Berlin, 2006

トゥージス、1925、ヒンターライン川に架かる吊橋

重要な橋に対して、建設と支保工の設計も手掛けていた。トゥージスの近くの橋は1925年に完成したが、経年後、個々の部材を難なく取り換えることができるように配慮して、構造設計がなされている。ユルク・コンツェットはこのアイデアを彼の最初の橋であるトラファージナー歩道橋で採用している（p.122参照）。

次のふたつの新しいプロジェクトは、多くの吊橋が建設されてきたスイスにおいてさえも、吊橋設計の多様性の可能性が未だ尽きてはいないことを証明している。そのひとつは、ロンゲーレンの近くにあるユルク・コンツェットの二代目のトラファージナー橋であり（p.212参照）、もうひとつはヴァルター・ビーラーによるグラウビュンデンの長スパンの吊橋である。しかし、こちらはまだ建設されてはいない。

コルカーポロ、スイスのメレッツォ川に架かる橋

シャズレ、サン・ブノワ、1875

オッフェンバッハ、ドライアイヒ公園、1879

デュッセルドルフ、博覧会の橋、1880、12m

トゥールーズ、スピール歩道橋、1902、42m

ブレーメン、G. ワイスによるムスター橋、1890、40m

ポワトゥーのシャラント・マリティーム県、サント市、1926-27

コンクリート

　鉄や鋼でできた初期のチェーンとケーブルを用いた斜張橋は、長いスパンと大きな荷重に一様によく耐えていたが、他の分野の専門家たちは、もうひとつの材料がもたらす可能性を熱心に探っていた。水中で固まるモルタルの研究は18世紀中頃に盛んに行われたが、プリマスにあるエディストン灯台を建設したジョン・スミートンの尽力によるところが大きかった。1810年以降、それぞれ個別に活動していたドイツの化学者J. F. ヨーンとフランスのエンジニアであったルイ・ジョセフ・ヴィカーの二人が、同時期に、種々の結合材の凝結の仕方とその仕組みをほぼ明らかにした。1818年、ヴィカーはスーイヤックのドルドーニュ川に架かる橋の建設から得たこの種の実践的な成果を発表した。[1] そして、1824年にジョン・アスプディンによってポルトランドセメントが、1848年にジョセフ・ルイ・ランボーによってフェロセメントが、1847年にフランソワ・コワニエによってコンパクトコンクリートが、新しい結合材として、次々に特許取得されていった。この可能性に満ちた建設材料だが、引張強度がわずかしかなかったことが大きな障害となっていた。ランボーは鉄の網をコンクリートに埋め込み、その成果を1855年にパリの世界博覧会で公開したが、あまり注目はされなかった。[2] 偉大な成果を生んだ実験は、造園家ジョセフ・モニエ（1823-1906）によって行われた。彼は1867年、内部に鉄のワイヤーを埋め込んだコンクリート製の植木鉢に関する最初の特許を得た。1873年にこれが屋根付きの橋、歩道橋、アーチ天井などに拡張された。1875年には、モニエは世界初の鉄筋コンクリート橋を、シャズレのマルキ・ドゥ・ティリエルの私有地に建設した。それはスパン16.5m、幅員4mの橋で、城の堀に架けられ、鉄筋に丸鋼を用いた幅の狭いコンクリート梁によって支えられていた。[3] しかし、厳密に言うと、それは歩道橋ではない。

　鉄とコンクリートを組み合わせることの潜在的な可能性はすぐに理解され、1880年から1890年の10年間に、特許取得が相次いだ。橋の建設はその実験台としての役割を果たしていたが、これらの開発が商業的成功をもたらしていたという側面に着目すると、技術の宣伝という新しい役割も果たしていたといえる。1879年、オッフェンバッハのドライアイヒ公園に、地元のポルトランドセメント工場、フェーゲ＆ゴットハルトによって、スパン16mのアーチ歩道橋が建設された。これは宣伝目的の一時的な構造物と考えられていたが、結果的に残されることとなり、1970年代には基礎と地中のタイ材が修理され、2007年には完全に復元された。幸運にも、この橋は欄干のないオリジナルの状態に復元されたため、小さなアーチの上品さを今もなお見ることができる。[4] オッフェンバッハの橋の一年後の1880年、デュッセルドルフで行われたトレード＆アート・フェアの際、ディッカーホッフ＆ヴィットマンが、階段付きの小さな橋を建設した。スパン12m、ライズ2.25mのアーチは、歴史的様式で贅沢に装飾されており、中央には天蓋のような構造があった。[5] その他の一時的、実験的な構造としては、1883年にチューリッヒで開催されたスイス博覧会のために建設された悪魔の橋がある。これはスパン6mの小さな橋であるが、とはいえ、クラウンでの厚さはわずか10cmしかなかった。[6] これに続いて1890年には、スパン40mでクラウンの厚さ25cmという橋がブレーメンに完成した。[7]

　マティアス・ケーネン（1849-1924）によるモニエ式の鉄筋コンクリートに関する小冊子は、1886年、グスタフ・アドルフ・ワイス（1851-1917）によって発行された。鉄筋コンクリートを用いるための理論的基礎が記されていたが、これはまだ建設施工へと発展させるには程遠かった。「Le béton restait un matériau suspect（コンクリートは疑わしい材料のままである）」との評は、1890年にスイスのヴィルトエックのセメント工場の敷地内に建設された幅員

1　Stiglat, 2005, p.57
2　Marrey, 1995, p.28
3　Stiglat, 2005, p.58;
4　Küffner, Georg, in: FAZ, 6.2.2007
5　Stiglat, 1995, p.26
6　Schindler-Yui, 1995, p.182
7　Troyano, 2003, p.318f.; Straub, 1992, p.259f.

歴史を振り返って

ジローナ、ゴメス橋または王女橋、1916

3.5m、スパン39m、クラウンの厚さ23cmの小さなコンクリート橋について下した冷静な結論だったといえる。1893年、フランソワ・エンヌビック（1843–1921）がT形梁について初の特許を取得し、ギュスターヴ・カンタンが1902年にトゥールーズのミディ運河に架かるスピール歩道橋（スパン42m）の建設にこれを用いた。この新しい建設材料には継続的な利用促進と研究を必要とした。そのため、1898年にエンヌビックは業界紙『鉄筋コンクリート』を発刊したが、それはコンクリートに関するアイデアと知識を国際的に普及するのに貢献した。一方、ドイツでは、興味の主眼が構造計算手法におかれていた。1902年のエミル・メルシュによる構造計算手法の発表は画期的な成果であった。1905年のリエージュの万国博覧会のために小さな歩道橋が建設され、1913年、ライプツィヒのシュヴァルツェンベルクの橋がそれに続いた。フランスのサント（ポワトゥーのシャラント・マリティーム）には、1926年に新しいコンクリート製の歩道橋が完成したが、1929年には、ショーレ（メーヌ・エ・ロワール）に、スパン16.4 + 30.7 + 30.7 + 19.2mのフィーレンディール形式の新しいコンクリート歩道橋が建設された。

初期のコンクリート橋として、スペインの橋も言及に値する。ジローナにあるアーチ橋は、アーキテクトのルイス・ホルムスによって1916年につくられたものであり、スパン中央に向かって極めて薄くなっていく。また、1939年にビルバオに建設されたコンクリートアーチ橋においては、アーチの上から、下の階へ行くための歩道としてアーチ自体を用いた最初の橋のひとつである。

8　Marrey, 1995, p.31;
　　Brühwiler/Menn, 2003, p.8;
　　Troyano, 2003, p.318
9　Marrey, 1995, p.34
＊　"Le Béton armé"
10　Marrey, 1995, p.94

ビルバオ、リベラ橋、1939

ネッセンタール、1931 　　　　　　　ラドホルツの歩道橋、1931 　　　　　　　　　　　　　　　　　　　　　　　　ヴィンタートゥール近くのヴュルフリンゲンにあるテス歩道橋、1934

ロベール・マイヤール

　スイスのロベール・マイヤール（1872-1940）の橋ほど、形と構造が独特な上品さをもって一体化しているものは他になかった。チューリッヒのスイス連邦職業訓練学校でのマイヤールの教師はヴィルヘルム・リッターであったが、彼は学生たちの興味を、機能や構造的安定性や経済性に対してだけではなく、形に対しても目覚めさせた。[1] 1894年に卒業証書を受け取ってから8年間、マイヤールは民間企業で働いていたが、1902年に鉄筋コンクリートを専門とするための会社を設立した。1919年に彼は廃業したが、一緒に仕事をするのに適した優れた建設会社を他に見つけた。マイヤールは、橋梁の技術的伝統の父と称され、ザルギナトーベル橋によって、エンジニアとして世界中からの称賛を浴びた。この比較的地味なプロジェクトが、なぜこれほどまでに影響をもつことになったのか、その内に秘められた理由は、橋のすべての部材に配慮するというマイヤールの論理的デザインの方法にある。このやり方は以前から実行されていたもので、ガドメンの近くのネッセンタールに1931年に建設されたトリフトヴァッサー歩道橋という小さくて地味な桁橋の歩道橋にも確かに見られる。この橋はシンプルな鉄筋コンクリートのT型梁で、幅員1.5m、スパンは21mである。[2]

　ヴュルフリンゲンの近郊にある1934年に完成のテス歩道橋では、マイヤールはW.プファイファーとともに全ての部材が一体となったコンクリート構造物を造ることに成功した。しかもそれは、「荷重を支え、大地から橋を切り離す橋台」を持っていない。つまり、「橋台を省くことは、土台なしに家を建てるのと同様に画期的なことであろう」と彼らが述べているとおりのものとなっている。[3] 彼らは、鉄製高欄の基礎ともなる補剛桁とともに、スレンダーな上路式ランガー橋（ライズ・スパン比 = 1:10.84）を建設した。マックス・ビルはこの38mのアーチの上品さに感銘を受け、「その橋はいかにも軽く、きわめて自然な印象を与える。まるでその橋がここでひとりでに育ち、川を渡る方法を探し求めたかのようだ」と記している。アーチ材と垂直材の厚さはともに14cmであり、補剛桁の高さは54cmである。両端部で床版の縦断曲線がわずかに反転しているため、岸への接続の仕方が特に上品に仕上がっている。残念ながら取り壊されてしまった1931年に建設されたラドホルツの歩道橋と比較すると、[4] テス歩道橋は飛躍的進歩のように思える。マイヤールにとって、非常に重要であった彫刻的なものへのエネルギーが、この作品にはひときわ際立って表れている。2004年に橋は改修されたが、残念なことに、コンクリートの質感を隠してしまう不透明な塗料で塗装されてしまったのに加え、両端に柵をはめこむことによって、大地から橋へとスムーズに移行させることに成功したマイヤールの努力が台無しになってしまった。交通量の多い道路に接続する側には何らかの安全対策が必要であるということは理解できるが、反対側は無用であろう。いずれにせよ、もっと魅力的な柵のデザインにすべきであったことは明らかである。

　マイヤールが設計した小さな歩道橋たちは、コンクリート（鉄または鋼の鉄筋コンクリート）という材料に適した形態を生み出してきた彼の貢献を示す初期の優れた作品例といえる。しかしまた、プレストレスの登場によって、構造特性の改良に向かう決定的な段階が訪れたのである。ウジェヌ・フレシネーは、1920年代の終盤に、この原理についての彼の最初の特許を取得した。彼はそれを1935年の「コンクリートの技術革新[*]」という講義で発表した。[5] 大きな橋を建設するために開発されたプレストレスの可能性は、第二次世界大戦後にウールリッヒ・フィンスターヴァルダーやフリッツ・レオンハルトらによって、本格的に見いだされていく。次章では、この

1　Menn, Christian, Preface Billington, 1990, p.IX
2　Bill, Max, 1955, pp.76–77
3　Maillart, Robert, Einige neue Eisenbetonbrücken, in: Schweizerische Bauzeitung, 11. April 1936, p.157f.
4　Bill, 1955, pp.72–73
*　Une révolution dans le techniques du béton
5　Brühwiler, Menn, 2003, p.24

テス歩道橋、2006年の写真

時代以降の個々のプロジェクトを紹介する。

　歩道橋の歴史についての以上の概説はまだ手短なものであるが、歩道橋の構造、形態、機能の多様性については明らかにすることができたのではないだろうか。とりわけ、エンジニアとアーキテクトが新しいアイデアを試みるために、歩道橋の建設という機会を何度も利用してきたということが、さまざまな事例により明らかとなった。これは20世紀の後半以降も継続され、今やヨーロッパ中にその多様な姿が見受けられるのである。

Konstruktion als ethische Maxime

ものづくりのあるべき姿

Genug der Taten. Wir wollen Versprechungen.   *Eduardo Galeano, Lob der Tapferkeit*

やることはやった。望みある未来のために。   エドゥアルド・ガレアーノ、『勇気を称えて』

2回にわたる世界大戦が建築の歴史の転換点であったことは疑いようもない。しかし、すべてのことが第2次世界大戦後のドイツにおいてまったくのゼロから始まったという説は、建築史学者の間でも今に至るまで受け入れられてはいない。構造工学の世界では、この疑問はほとんど議題としてもあがっていないようである。ドイツだけではないが、特にドイツでは、建築家たちによって政治との関わりや全体主義的な建築表現に関して盛んに議論が行われていた。しかしその一方で、構造エンジニアは相変わらず保守的な姿勢を保っていた。大戦後、ドイツの多くのエンジニアは、大戦前とほとんど同じやり方で活動を続けた。フランツ・ディッシンガー（1897–1953）は、比較的若くして亡くなったが、その後を受けたウルリッヒ・フィンスターヴァルダー（1897–1988）、フーベルト・リュッシュ（1903–1979）、ゴットハルト・フランツ（1904–1991）、ヘルムート・ホンベルク（1909–1990）、ウィリ・バウア（1913–1978）らは、構造工学が国際的な広がりをみせる中において、現在まで連綿と引き継がれる構造工学の礎を築いたのである。アメリカでの長い勤務経験を持つアントン・テデスコ（1903–1994）、オヴ・アラップ（1895–1988）、フリッツ・レオンハルト（1909–1999）らにとって、国境を越えた建設活動を行うことは、当たり前のことになっていた。

　しかしながら、1950年代から1960年代にかけて、形態や表現、構造に合理性があるかどうかという批評、建設事業にまつわる政治的な側面などは、ほとんど議論されることがなかった。当時、経済復興の途上にあったドイツでは、大規模な橋梁建設は、技術の進歩と、自由と富がもたらしたモータリゼーションの発達を象徴していた。そのため、橋の建設が批判の対象になることはなかったのである。エンジニアが社会に対して責任を持つという議論は、過去に国粋主義者のもとで当然のように、フリッツ・トートらによってタムスやボナーツなどの建築家と協力体制をとりながら行われていた。

それが今度フリッツ・レオンハルトによってようやく前進することとなったのである。レオンハルトは、「美」や「優美」といったコンセプトを好んで用いた。彼は、幸福な共同体とは、分別や理性を重んじるものであると考えていたが、それをこれらの2つの言葉（残念ながら正確には定義されていないが）でなし遂げようとしたのである。個人主義は当時の主流とはならず、むしろ、建設行為が正しいものであったと自信を持って言える手ごたえがあれば、おのずと魅力的な形態、つまり良い結果がもたらされるだろうとされたのである。

　一般的には、構造物の形態において、欲を抑えることは美徳とされていた。パウル・ボナーツがそれでもなお部分的には正しいと思っていたようなモニュメンタルな構造物は、基本的には敬遠されてきた。そして、形態の美しさは、建築家と綿密に協働することから生じるだろうと考えられていた。力学と建設の論理にしたがって構造物を設計することは、倫理的な必要条件とされていたように思われる。システマティックに美を評価するというようなことはできないものとされていた。そして、1976年7月に行われたIASS（国際シェル・空間構造学会）の国際会議のしめくくりとして催されたモントリオールのオリンピック施設についてのパネルディスカッションで、決定的な内容が語られたのである。それはアメリカ土木学会の学会誌の1976年12月号に記録されているのだが、エンジニアがデザインへの自信がもてないことによって、自分の好きなようにデザインするアーキテクトにただ仕えるだけの業者としての役割へと陥ってしまっているという内容であった。アーキテクトとエンジニアの関係は、依然論争を引き起こしやすい関係であるが、歩道橋に関して言えば、次頁以降で紹介するエンジニアの世界において、その関係はまだ多少は良い状態が保たれていたといえる。

ルッカ近くのヴァーリ・ソットの橋、イタリア、1954

　フィリップ・ジョンソンは、マイヤール、ネルヴィ、モランディに関する議論の中で、世界で一番美しい屋根をつくったのは確かにネルヴィであると述べた。しかし、リカルド・モランディ（1902–89）は、設計の基本原則により多くの注意を払い、それによって非常に美しい構造をもつ素晴らしい橋を設計したことで、ネルヴィ以上に敬意のまなざしを向けられている。モランディは、29歳の時にはすでに事務所を立ちあげ、建設会社らと協働しながら仕事を始めた。また、建設の実践的な側面や、コンクリートを打つ技術について、できる限り効率的なものにしようと努力した。これら2つの関心は、その当時、設計の本質を突いたものであった。ヴァーリ・ソットの歩道橋ではそれらが真に一体となっていることが見受けられる。アーチの両半分は、足場を用いずに垂直に立てられた状態で建設された後、回転して所定の位置に据えられ、アーチクラウンでピン結合された。この優美な橋は、水面からの高さが40mで、貯水池の狭くなった部分に架けられており、アーチのスパンは70mである。クラウンの結合に関しては、中央の継ぎ目の形がかなり意識的にデザインされ、桁は支承部に近づくにつれて次第に薄くなり、支点の上にまるでレコードプレーヤーの針のように置かれている。極端にスレンダーな構造であるであることから、見た目は弱々しい印象を与える。なお、ほとんど同じ時期に、リカルド・モランディは、同様の見事な施工法によって、南アフリカのストームス川に、支柱が放射状に配置されたスパン100mのアーチ橋を建設している。水面を高く跨いだヴァーリ・ソット歩道橋はトスカーナの緑豊かな風景に見事に映え、貯水池の静かな水面に映るその姿はなんとも魅力的である。

Boaga, Giogrio, Riccardo Morandi, Bologna 1984, Troyano, 2003, p.290; Strutture di calcestruzzo armato e di calcestruzzo precompresso, 1954

60　ものづくりのあるべき姿

時の経過を感じさせない優美な古いアーチ橋

ファイヒンゲンのエンツ歩道橋、ドイツ、1962

　この幅員2.6mのコンクリートアーチの歩道橋は、橋長46.2mで当初水管橋として設計された。美しく、かつ実用的なものとするために、橋を管理する自治体は、歩行者と自転車が通行できるように、この水管橋にデッキを被せることを決定した。鉄筋コンクリートの最も熟練した専門家であるフリッツ・レオンハルトは、その計画を委任され、建築家のパウル・ボナーツや、後になってゲルト・ローマーとも一緒になって、橋の美的な要求を尊重した上で合理的な構造デザインを行った。

　1943年、「建築技法の革命」[*]という記事に魅了された彼は、フランスに、その著者であるウジュヌ・フレシネーを訪ねた。そこで、まだ開発されて間もない複合材料による設計の可能性をすぐに理解したのである。とりわけ、フランスやスイスにおいて、鉄筋コンクリートやプレストレストコンクリートの科学的かつ理論的な取り組みが進んでいた中で、レオンハルトは、1954-55年に、著書『実践的プレストレストコンクリート』[**]によって"非常に大きな重要性"（クリスチャン・メンによる）を持つ仕事をなし遂げたのである。

　エンツ歩道橋の建設中、レオンハルトの野心は、ほっそりとしたアーチ橋、つまり、印象的な優雅さをもつ小さな構造物を設計することにあった。桁にはふたつのウェブとフランジがついており、それらは水道管を覆っている。そして、アーチクラウンの部分はわずか50cmの厚さである。床版は両側に75cmずつ張り出しており、厚さ12cmの非常に薄い庇がエンツ川の上に張り出しているようである。左の橋台では、3本のプレストレストアンカーがアーチの押圧力を地下6mにある岩盤に伝えている。反対側の橋台は、岩の上に直接設置されており、その上がそのまま歩道となっている。

　この橋は今に至るまで何の損傷もなく残っている。鋼製の高欄は、当初は赤く塗られていたが、時々塗り替えられている。最近では歩道の表面に滑り止め舗装が施された。ただ、当初、レオンハルトは後から追加の舗装をしなくてもいいようにするために、歩道の表面をコンクリートで滑らかに仕上げていた。デザインに関するレオンハルトの根本的な狙いは、技術的に妥当な構造物をできる限り優美につくるということであった。それは、今日まで変わることなく残っているこの歩道橋によって立証されている。レオンハルトの小さな歩道橋は、彼が設計技術者の倫理的な責任を自覚して、職務を全うする中で理解したことを具現化したものなのである。

　一方で、時の経過とともに川岸の木々や植物が生長し、残念ながら、今では両側の橋台をつなぐ優雅なアーチの曲線は見えなくなってしまった。これによって歩道橋は周囲の環境の中に浮かんでいるように見えるが、このような変化があっても、この橋は周囲と調和し続けているのである。

[*] "Une révolution de l'art de bâtir"
[**] "Spannbeton für die Praxis"

桁高50cm、床版厚はわずか12cm、支間長46.2mという、きわめて薄いプロポーションのエンツ歩道橋

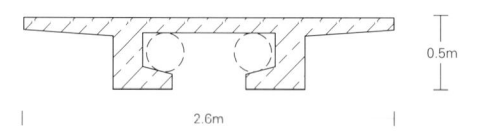

デイッカーホッフ＆ウィットマンは、橋に軽量コンクリートを使用することを試みた

シアシュタイナー歩道橋、ヴィースバーデン、ドイツ、1961

　1964年、ディッカーホッフ・セメント社がヴィースバーデン・アメーネブルクで創立百周年を祝ったとき、同社はヴィースバーデン市への贈り物として、ヴィースバーデン・シアシュタイン港の入り口に架ける歩道橋の建設を申し出た。その歩道橋は、港の入り口を確保するため数十年間途切れていた道をつなぎ、ライン川の河岸の道を以前のように魅力的なものにして、さらにはそれ自体がランドマークとなることが求められた。シアシュタイナー歩道橋は、1960年代半ばに始まった橋梁デザインの歴史を切り開いたということで、構造的見地からすると先駆的な業績とみなされるかもしれないが、この歩道橋はドイツが好景気の時期の工業発展の産物でもあり、その時期には、競争に勝つために技術的な進歩が必要とされていたという背景がある。構造物の技術的な進歩は、機密扱いにまではされなかったが、かといって進んで公開されていたわけでもなかった。この橋梁に関する情報が記された出版物は、1967年のディビダーク社の技報の中にあるのみである。

　橋の当初のデザインは、1964年ヴィースバーデンにある支社で考えられた。フリッツ・レオンハルトと並んで当事一流のエンジニアの一人であったウルリッヒ・フィンスターヴァルダーは、その会社の設計部門であるミュンヘンのディッカーホッフ＆ヴィットマンにおいて、野心的な計画とその事業の市場における重要性を知った。それは特別で、形状的にも高度な要求の多いものだったので、フィンスターヴァルダーはそれまでと同様に、ケルンの建築家で友人のゲルト・ローマーに相談した。同時に、挑戦は多岐に及んでいた。ディッカーホッフ社は橋梁建設において、すでにアメリカでさらなる開発がなされている軽量コンクリートの有効性を探っていた。フィンスターヴァルダーは、1932年にフランツ・ディッシンガーのあとを継いで、ミュンヘンのディッカーホッフ＆ヴィットマンで指揮をとっていた。彼は、軽量コンクリートによる張り出し工法のさらなる改良のために、この機会を利用しようとした。それは橋の下を通る船舶の航行を邪魔しないように歩道橋の建設を行うための工法である。フィンスターヴァルダーは、張り出し工法を使って1950年代に建設したドイツのバルデュインシュタインやヴォルムスに橋を建設し、世界的な称賛を得ていた。ローマーはシュツットガルトで建築を学び、1936年から1942年までパウル・ボナーツのもとで仕事をした。彼は象徴的で魅力的な形態に焦点を当て、動線計画や踊り場をもつ片持ちのスロープの設計を行ったようである。

　白く高強度の軽量コンクリートLB300は、プレストレストコンクリートの張り出し工法によって、ドイツで初めて使用された。普通コンクリートは、スロープや下側のアーチに用いられた。アーチ自体にはプレストレスの必要性はなかったが、キャンチレバーのス

ものづくりのあるべき姿

張り出し工法の試み　　　　　　　　　　　景色を楽しむことができる踊り場

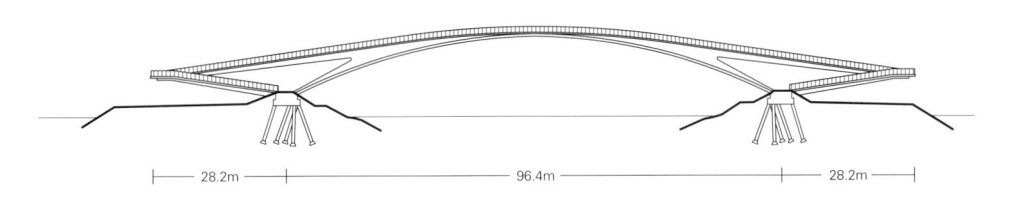

ロープには必要であった。それらはアーチの上に三角形のトラスのように載っている。スロープの上部は引張材として、また下部は圧縮材として働く。床版は幅員約3mで水面からの高さは16mである。アーチライズは12mで、スパンは96.4mである。風荷重は、中央で幅1.5m、基部で3.0mの厚さ50cmの下フランジによって橋台に伝達される。

軽量コンクリートは、重さが普通コンクリートのわずか約2/3ということで道理にかなった設計が可能であると思われた。この歩道橋で使用されたPC鋼材の総重量は、普通コンクリートを使用した場合に比べて20%少ない。LB300のコンクリートはふたつのセグメントを結合するのに十分な強度に1週間で到達した。PC鋼材のアンカーや、軽量コンクリートの変形や収縮の特性には特別な注意が払われた。実験によって、これらの特性は普通コンクリートとほとんど違わないことが示された。しかしヤング係数は大きく異なっており、普通コンクリートは30,000N/mm²であるが、LB300は17,000N/mm²しかない。この結果は、変形がそれぞれについて異なるということを示している。建設中の構造物の風による動的な挙動も研究された。また、供用後でも3ヒンジアーチは安定性が非常に高いということが明らかとなった。

1967年当時、長さ64mの軽量コンクリート製セグメントからなるスパン約100mのシアシュタイナー歩道橋は、おそらく世界で最長の軽量コンクリート製の橋であった。今でいう市場淘汰の競争原理によって、当時の競合他社もさらなる技術開発を余儀なくされたが、彼らはこの橋以上に経済的なシステムを見いだすことはできなかった。シアシュタイナー歩道橋は、軽量コンクリートという新しい材料をプレストレストコンクリートとして、また、張り出し工法として適用した最初の事例となったのである。そして、そこからディッカーホッフ・セメント社もミュンヘンのデイッカーホッフ＆ウィットマン社も、ともに利益を得ることができた。軽量コンクリートによるさらに長いスパンの橋は、1970年代になって初めて、ドイツのケルンにあるフューリン湖にかかる歩道橋で可能になった。そしてその後、1979年に、ライン川にかかる第2ドイツ橋が続き、それは軽量コンクリートを用いたスパン184mのPC道路橋であった。

Alsen, Klaus, Die Dyckerhoff–Brücke in Wiesbaden–Schierstein, in: Dywidag–Berichte, 5, 1967, pp.1–6
Wittfoht, 1984, pp.262–264
Baus, Ursula, Der zweite Blick: Schiersteiner Steg in Wiesbaden, in: DAB, 12, 2005, pp.22–23

ダラムのウェア川にかかるキングスゲート橋、イギリス、1966

　専攻を哲学から土木工学に変える決心をしてから、オヴ・ニュクイスト・アラップ（1895–1988）は、コペンハーゲンのポリテクニスカ・レアンスタルトで鉄筋コンクリート構造物の設計を自らの専門分野として選んだ。クラシックモダンな構造物に好んで使用される鉄筋コンクリートは、ウェア川にかかる歩道橋、キングスゲート橋にも使われている。この歩道橋は、オヴ・アラップが自分自身で設計した最後の作品である。アラップは1946年に自分の事務所を設立し、多方面で才能を開花させ、同じ世代の最も成功したエンジニアになった。1895年生まれと、ディッシンガーやフィンスターヴァルダーに比べてそれほど若くはなかったが、自身の深い教養や、幅広く備わった知識に加え、アーキテクトとの協働が実り多いものになることを早くから認識していたことにより、多大な利益を得た。

　彼は、この橋を自分のお気に入りの作品の一つとみなしていた。というのも、その後、彼は大きくなった会社の経営者として、日々の仕事をどうにかこなせるだけで、自分でデザインすることはほとんどできなくなったからである。彼の才能は、チームを導く能力にあり、良い建築は、施主、エンジニア、アーキテクト、施工者の意向が調整され、つり合いがとれるときにのみ可能となることを早くから認識していた。彼の世代にとっては典型的、もしくはありふれたことかもしれないが、彼の仕事には倫理的な規範が与えられていた。それは、設計は"論理的"、つまり、真実で誠実、自然、経済的、そして効率的であるべき、というものであった。アラップは、フリッツ・レオンハルトのように「設計における真実と誠実」というようなモットーを述べようとはしなかったが、力の流れに一致し、また、適切な構造材料を使用した彼の設計は、説明として十分である。

　31mの張り出しは、その長さによってではなく、潔い形のために印象的で、我々に設計における真、善、美の役割を理解させてくれる。ふたつのV字形の橋脚は、河川敷から上方に高く伸びており、片持ちの長さを効率良く短縮している。橋脚と主桁の接合部にある遊び心あふれるディテールは、お盆を運ぶ執事の細い指先のようでもある。橋へと続く小道のレイアウトは特に興味深い。街の方から来る歩行者は、その途中で、橋の下部の様子を目にすることができる。この眺めは、もし、橋に対してまっすぐアプローチしていたならば見えない眺めである。そのために、小道に折れ曲がりをつけることが必要であった。さらに、橋へと続く小さな下りの階段があることによって、小道はドラマチックに演出されている。

　橋の施工手順は、イタリアにあるリカルド・モランディのヴァーリ・ソットの歩道橋とはまた異なるユニークさをもっている。この橋の場合、橋は両側の河川敷で川に平行に半分ずつ組み立てられ、その後、支点を中心に正規の向きに回転して閉合するという方法が採用された。

Ove Arup and Partners 1946–1986, London, 1986, pp.158–161
Troyano 2003, p.379 and p.472

66　ものづくりのあるべき姿

大学へと通じる水面から37m上にある小道

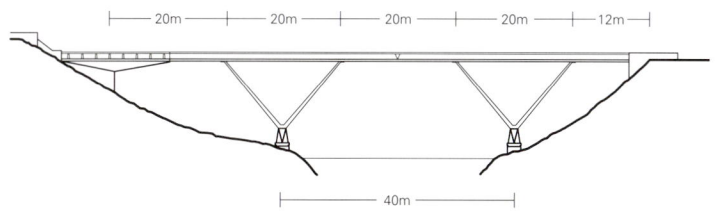

67

マドリッドのM30環状高速道路に架かるアーチ橋、スペイン、1979

　ヨーロッパのほとんどの大都市は、戦後の好景気によって驚くべき速度で拡大した。その結果、自動車が増え、歩行者にとってどう考えても親しみやすいとは言えないような高速道路がつくられるようになった。この一例は、マドリッドのM30環状高速道路で、中心市街地の西側を貫いている。自動車道の完成後、やっとその上を跨ぐふたつの歩道橋の建設が決定された。その歩道橋は、橋脚を用いずに幅約80mの高速道路をひと跨ぎにし、隣接する住宅地域をつなぐために計画されたものである。下を通る自動車交通の妨げを最小限にとどめて短期間で建設する予定であったが、自動車道からの見た目をも考慮した、より美しいものをつくりたいという市側の要望により、建設はより深く吟味しながら行われた。エドゥアルド・トロハの息子で彼の後を継いだホセ・アントニオ・トロハは、スパン103mの扁平な2ヒンジアーチ橋だけでなく、スパン86mの斜張橋についても検討した。彼はその時に、美的な理由からアーチ橋に決めたと記している。コンピュータの繰り返し計算による形状最適化によって、アーチリブの厚みは最小限のものになった。結果として、今日でも細さと優美さにおいて印象的な形態をもつ構造物ができあがった。支間の4分の1点を補強することによって、この歩道橋はロベール・マイヤールの作品を彷彿とさせるものとなっている。
　建設中、橋はM30高速道路に立てられた鋼製のベントによって支持され、その上に、長さ19m、重さ80tのプレキャストのPCセグメントが設置された。セグメント間の幅40cmの接合部は、コンクリートで現場打ちされた。また、アーチの片方の支点はスライド可能な構造となっており、アーチ全体に圧縮力を導入するためのジャッキが取り付けられた。2基の700tジャッキによって圧縮力が導入されると、アーチは機能し始め、橋は型枠から持ち上がる。この圧縮力によって、コンクリートのクリープや乾燥収縮により生じる引張応力もキャンセルさせるのである。

Torroja, J. Antonio, "Dos pasarelos sobre la Avenida de la Paz", in: ATEP, Hormigón y Acero, 3rd trimester, 1979

無駄のない構造体に合うシンプルな高欄。2007年に青く塗り替えられた

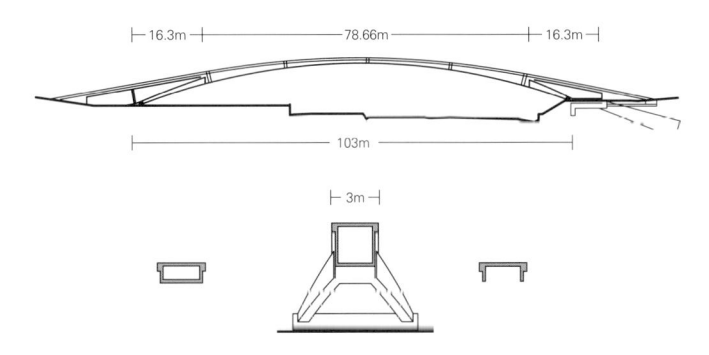

69

Ausreizen der Leichtigkeit

限界までの軽さに挑む

Es war, als hätte er das Nichts in Händen. *Alessandro Baricco, Seide*

まるでその手に何も持っていないかのように。 アレッサンドロ・バリッコ、『絹』

奇跡的な経済成長が終焉を迎えたドイツでは、小さな不安感が漂った非日常的な状況が発生していた。1973年、日曜日のアウトバーンには車がほとんど走っておらず、道路には歩行者が散歩をする姿や、サイクリングを楽しむ人々の姿が見られた。オイルショックである。経済成長の限界が唱えられ、資源は有限であることが認識されるようになると、世界中で経済性と効率性が重要な生産評価基準となった。建築、そして特に土木工学の分野では、"スレンダーさ"が設計の指標となった。それは倫理的根拠に基づいた、いわゆる力学的に正直な設計としての基準、そして材料に正面から向き合っていることを示す基準として、より重要になった。荷重を支える効率性を最大限に引き出した軽量構造物は、環境に対して責任を持つことが政治的な目標として声望を得る時代に適合した。モントリオールのパビリオンやミュンヘンのオリンピックスタジアムの屋根の建設によって、バックミンスター・フラーや他のパイオニアたちによる軽量構造物の建設方法は、建築に新たな勢いを生み出す可能性を示した。橋梁設計は、資源保全やコスト削減を目的として限界まで軽さを追求せざるを得なくなった。吊床版橋や吊橋、斜張橋などのケーブル構造システムは洗練され、設計理論は材料の最適化に応えた。残念ながら、デザインボキャブラリーは、いわゆるどれだけスレンダーであるかということに還元されたが、それはほとんど疑いのない設計品質を保証するものとなった。結局のところ、橋の美的評価として、軽さとスレンダーさと美しさを同一基準とすることでは不十分なのである。

　ケーブル吊構造はさまざまな形態が可能で、かつ美しいデザインの可能性を秘めていることは誰もが認めるところであろう。ケーブルへの信頼性は、サーカスの綱渡りにおける危険性で比喩的に例えられよう。それはつまり、ケーブルが破断する恐れではなくて、ロープの上で演技者がバランスを崩す恐れである。それは大きなリスクである。この文脈において、ヨルク・シュライヒの設計事務所によって設計された、軽量で優雅な曲線を描く一連の歩道橋は傑出したものとして挙げられる。それらは構造物の持つ力強さではなく、場所性から導かれた形態、詩的な情緒を含む輪郭のイメージとして印象付けられる。

　吊床版橋は、引張材として利用されるさまざまな材料の構造原理が検討され実験されるときにはいつでも、そのデザインに固有の質が得られるのである。吊橋や斜張橋でも吊床版橋でも、設計に際してはディテールに大きな注意を必要とする。それは構造的なディテールだけではない。さらに、あまり好ましくない問題がもうひとつある。剛性の低い歩道橋ではしばしば限界荷重まで余裕があるにも関わらず揺れが発生するが、多くの歩行者にとっては、小さな揺れでも受け入れ難く感じるのである。振動は、橋が安定を損なうよりもずっと早く、歩行者を不快に感じさせ始める。しかし、補強部材を入れると、今度はデザイン上の問題が生じる。というのも、如何なる種類の補強部材も、繊細な線から成り立つ詩的な雰囲気を妨げてしまうからである。

初めてのコンクリート吊床版橋。勾配約15%、プフェフィコンのN3道路を跨いでいる。2006年撮影

ビルヒェルヴァイトの吊床版橋、スイス、1965

　最初のコンクリート製吊床版歩道橋は、1960年代の半ば、スイスのビルヒェルヴァイトに架けられた。レネ・ヴァルターとハンス・モリは、その2年前に、バーゼルに自身の設計事務所を設立したところで、この橋の設計においては、美的な問題に対して技術的なアプローチで向き合った。道路の断面図を見ると、国道（現在は高速道路）は上下線で高さが異なっていることが分かる。支間中央に橋脚を置くことは許されなかったので、レネ・ヴァルターは当初斜角のついたπ型ラーメン橋を設計しようとしたが、湖まで見渡せる景観の中で、それは美的に満足できるものではなかった。彼はウルリッヒ・フィンスターヴァルダーが幾度となく吊床版構造を提案していたのを覚えていて、スイスの役所にとにかくこの薄い吊床版の歩道橋を提案してみようと決心した。もし役所に臆病者がいなかったら、世界初の吊床版歩道橋はこのビルヒェルヴァイトに架かるだろう、とヴァルターは同僚に語った。ちなみに、アーキテクトはこのプロジェクトには参加していなかった。

　エンジニアたちは、スパン48mのコンクリート床版において、材料強度を有効に利用している。床版厚は端部でわずか12cm、スパン中央でも18cm、サグはわずか40cmである。吊床版ケーブルに作用する大きな張力は、橋台のサドルで向きを変え、地中にアンカーされている。上側の橋台で5本（P=800t）、下側で6本（P=810t）のロックアンカーが使用され、6本のケーブルが薄い床版の中を通っている。この橋は歩行者によって簡単に揺らすことができ、それゆえヴァルターの友人、クリスチャン・メンにユーモアを交えて「トランポリン」と名づけられたほどであったが、何十年間もこの橋は安全に供用されている。レネ・ヴァルターが言ったように、揺れによって安全性が脅かされることはなく、この地域の"強健な山男"たちは少しもそのような揺れを気にしていない。ただし、スイスの設計コードの変更によって、アンカーの20%を点検および取り替えができるようにしなければならなくなり、その際に、橋はいくらか修繕された。数年前にモニタリングシステムが取り付けられ、絶えずケーブルの張力が測定されている。

　ヴァルターは、ローヌ川のコンペでも多径間の吊床版形式の歩道橋を提案したが、残念ながら勝つことはできなかった。コンペの選定要因としてコストの果たす役割が日増しに大きくなっているが、吊床版形式はコスト面では不利である。それはケーブルを引っ張るための巨大なアンカー基礎が必要となるからである。

限界までの軽さに挑む

1965年当時のビルヒェルヴァイト歩道橋

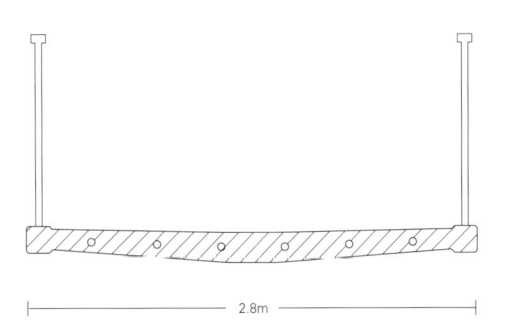

2.8m

ジュネーヴの吊床版橋、リグノン～ロックス、スイス、1971

　パイプラインが添架されているこの橋は、ジュネーブ近郊のリグノンとロックスを隔てるローヌ川を跨いでいる。パイプラインはリヨンとグルノーブルを経由してマルセイユからジュネーブまで続く。ローヌ川はここで全く異なるふたつの地域、つまり、高層建築がそびえ立つ北側と、牧歌的な風景が広がる南側を隔てている。1962年、ジュネーブ市は、30階建てのビルを含む、約1万人が居住する新しい郊外住宅地区をリグノンに建設することを決定し、1971年に完成した。パイプラインとともにこの歩道橋は建設され、リグノンの住民がロックス側の保養地までアクセスできるようになった。

　ジュネーブのH.ワイスとチューリッヒのオットー・ヴェナヴェザー＋ルドルフ・ヴォルフェンスベルガーのエンジニアは、ここに4本のPCケーブル（d=92mm）で支えられた吊床版歩道橋を設計した。サグは5.3mで、デッキは最大で約16%の勾配をもつ。今日では使用性を考慮して、勾配は約4-6%までしか許されておらず、より大きな張力がケーブルに作用する。幅員3.1mのデッキは74個のプレキャストセグメントからなり、5日間でケーブルの上に並べられ、ジョイントにコンクリートが現場打ちされた。コンクリートの硬化後、ケーブルに再び張力が導入された。全体として、この橋は非常に剛性が高く、歩行者によって容易に揺らされることはない。橋の急な勾配を使って、子供のみならず、皆が無邪気に自転車を加速させている。パイプラインは西側の手すりの横に取り付けられている。フリッツ・レオンハルトがエンツ歩道橋（p.62）で設計したように、デッキの下にパイプラインを配置することは、ここジュネーブではメンテナンス上の理由から不可能であった。それゆえに、パイプラインが西側の手すりからの眺めを妨げているのは残念なことである。パイプが高い位置に配置されなければならなかったのは、風洞実験の結果、強風時の振動を避けるためにはパイプとデッキの間に直径のおよそ1.5倍の隙間が必要であることが判明したからである。両端の橋台はふたつに枝分かれしていて、ケーブルからの力を圧縮力と引張力に分離している。

　地盤が良くないため、フーチングは長さ25mのロックアンカーで固定されている。ヴォルフェンスベルガーは、橋台とアンカーが設計上重要な要素であると考えていた。アンカーに作用する力はサグの大きさと反比例するので、ヴォルフェンスベルガーは可能な限りサグを大きく取るように助言し、さらに、吊床版橋は地盤が良いところでのみ架けることを推奨した。30年以上経っても、この橋の穏やかな佇まいにはうなずかされるものがある。改変のない川岸は保全区域となっており、ビーバーたちはボートにさえ邪魔されることなく生息している。ローヌ川の渓谷は、ほぼ完全に、手付かずの自然のままに残されているのである。

最大勾配は16%

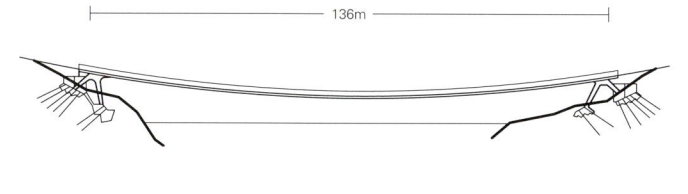

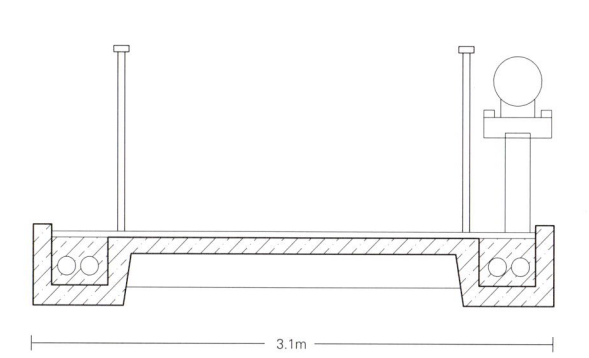

136m

3.1m

デッキの向きが変化する場所に巧みに設けられた階段

メイドストーンの吊床版橋、イギリス、2001

　エンジニア、ストラスキー・フスティー＆パートナーズと地元の建築設計事務所、スタジオ・ベドナルスキーの卓抜した作品には、目を見張るものがある。ロンドンの東南メイドストーンに位置し、中央でデッキの向きを変える初の吊床版橋である。このケント・メッセンジャー・ミレニアム橋と拡張整備された公園によって、それまで鉄道と河川に挟まれてアクセスが困難であった地区が結ばれた。そこは街の中心部からほど近く、自然の環境が広がっている場所である。構想段階において、主塔や橋脚、ケーブルなどによって橋上からの眺めを遮らないようにすることが求められ、デッキがそのまま主構造システムとなる薄い吊床版構造が採用された。全長101.5mのデッキは、途中で平面的に25度折れ曲がっていて、スパンはそれぞれ49.5mと37.5mとに分割されている。しかし、ケーブルの方向が変わることによって生じる大きな水平力の問題には、エレガントな解決策が図られた。つまり、この水平力は、コンクリート製の階段に、圧縮力として伝達されるのである。階段の勾配によって、上部構造が上向きに力を受けるが、これを細長いステンレス製の橋脚で抑えている。上部構造は鋼製のケーブルから長さ3mのプレキャストセグメントを吊り下げながら並べ、セグメントの間をコンクリートで現場打ちした後、ケーブルにプレストレスが導入された。このようなプレストレストコンクリートの吊床版橋は、ジリ・ストラスキーの得意とするところである。剛性の高いデッキは振動が少ないという利点があるが、一方で、橋台近くに大きな曲げモーメントを発生させる。そのため、橋台付近と中央の階段付近にハンチが設けられている。ステンレス製の手摺りとその下のステンレス製のネットは、この橋のまれに見る軽やかな印象に寄与している。それは、いかにもイギリスらしい雨の風景の中でも変わらない。排水は施工の最後に取り付けられたグレーチングでなされ、雨水と日光はそのままデッキを通り抜ける。ジリ・ストラスキーは吊床版橋の大家のひとりであり、すでに1985年には、プラハに支間割りが、85.5 m + 96 m + 67.5 mの多径間の吊床版橋を設計している。このメイドストーンにおいては、スパンではなく、デッキの向きを変化させることが技術的なチャレンジであった。

Bednarski, Cezary M., Kent messenger Millenium Bridge, Maidstone, UK, in: Footbridge, 2002, pp.110–111

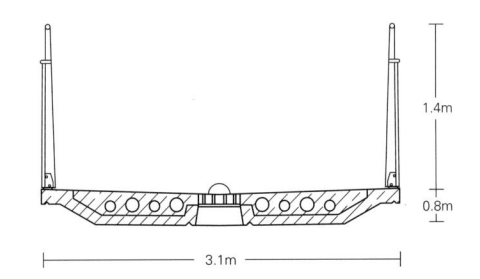

通常の吊床版とは異なり、前方に反対側の橋台が見えない

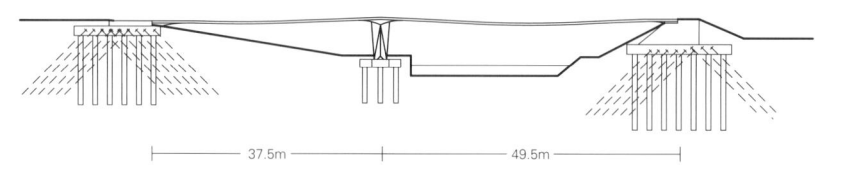

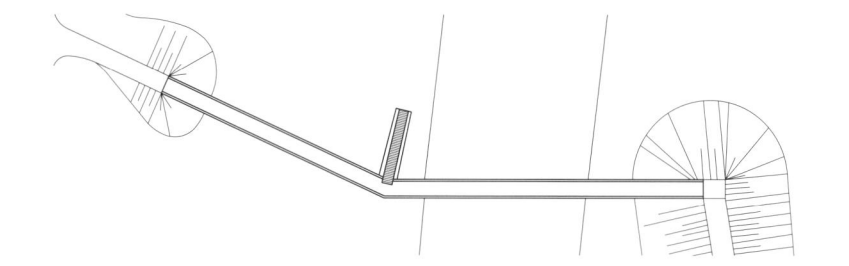

52mのスパンに対してサグはわずか80cm

エンツアウエン公園の歩道橋、プフォルツハイム、ドイツ、1991

　地方庭園博覧会は自動車交通に占拠された街を歩行者のためにもう一度整備するきっかけとなった。エンツ川岸は、いずれにせよ新たに整備されることになっていたので、スパン52mの吊床版橋のための堅牢な橋台を川岸の堤防と一体化させるのは難しくなかった。これ以上にシンプルな解決策は望めないと思わせるようなデザインは、シュライヒ・ベルガーマン＆パートナーの特徴である。2枚の薄い鋼板が橋台間に渡され、その上に直径17mmのボルトで固定された軽量コンクリート床版が載せられている。サグが80cmと小さいのは、障害者のアクセシビリティのために6%以上の傾斜が許されなかったためである。鋼板は3つに分割された状態で輸送され、現場で溶接された。鋼管と金網でつくられた高欄は、揺れを抑えるダンパーとして大きく機能しているが、視覚的にはほとんど邪魔に感じない。橋台の近くでは鋼板の曲率が大きくなるので、床版セグメント長は小さくなっている。吊床版橋では、橋台近くに問題が発生しやすいのである。

　鋼板が橋台に固定された場合、活荷重によって鋼板に疲労破壊を起こすような曲げモーメントが発生する。曲げによる繰り返し応力を疲労限度以下に抑えるため、鋼板は十分大きな半径のサドル上に置かれている。庭園博覧会以降、魅力的な川岸を甦らせるために合計で4つの新しい歩道橋が建設された。

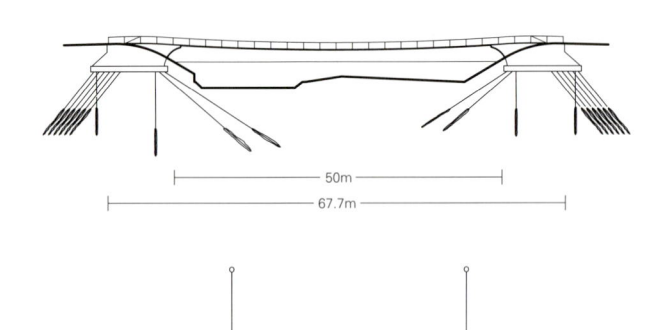

Leicht, weit, 2003, pp.256–257

吊床版の引張プレートにボルト留めされたコンクリート床版

ロストックのノルト橋、ドイツ、2003

　庭園博覧会は、美と実用性をつなぐ絶好の機会であるといえる。それは自然の風景、あるいは控えめに言えば人工の自然を、前向きで行動力のある人々とともにつくることができるからである。一般的に、イベントとして催された庭園博覧会の後には拡張された保養エリアが残される。それは「園芸トップコンテスト」や「園芸のオリンピック」といったインパクトのあるものではないが、それ以上の長期的な影響を与えるものである。2003年のドイツのロストックの場合もそうであって、国際庭園博覧会に際して会場を横断する河川に多くの歩道橋が建設された。シュライヒ・ベルガーマン＆パートナーは、シュマール地区の近くのウンターヴァルノー川支流に架けるノルト橋に、スパン27ｍ（×2）と38ｍの3径間の吊床版橋を設計した。途中で橋脚の上を跨ぎつつ、両端の橋台の間を2枚の高張力鋼（S690）のプレートで渡している。橋脚は弾性サドルとして機能する板バネを持ったペンデル橋脚となっている。厚さ12cmのコンクリート床版は、スチールプレートにボルトで固定されている。

　このような吊床版橋ではデッキが多径間に跨って連続していることを考慮しなければならない。あるスパンに載荷されると、隣接したスパンでは変形に抵抗するために張力が増大する。この橋は、吊床版構造におけるシュライヒ・ベルガーマン＆パートナーの豊富な経験が遺憾なく発揮された作品といえる。

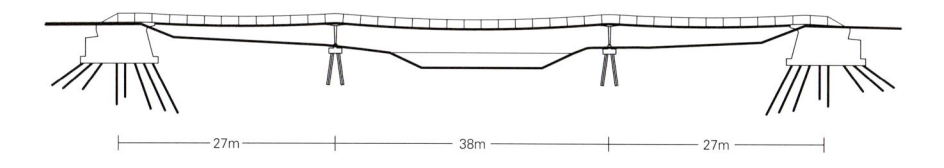

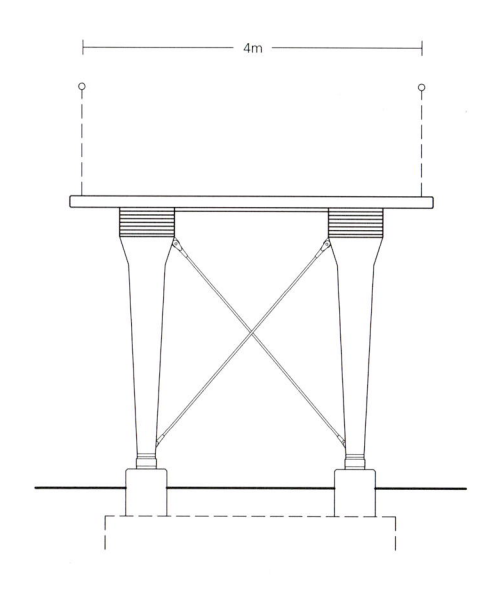

Schlaich, Mike, Die Fußgängerbrücken auf der internationalen Gartenschau IGA 2003 in Rostock, in: Bauingenieur, 10, 2003
Russel, H., Five modest bridges make economic sense for garden show, in: Bridge Design and Engineering, 4, 2003

西側の橋台

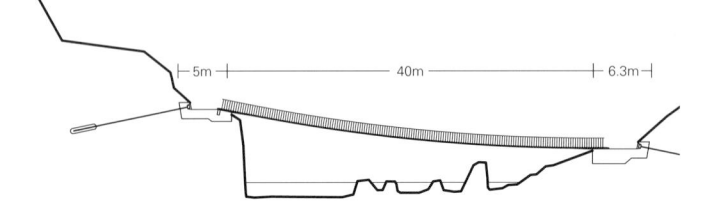

プント・ダ・ズランズンズ、ヴィア・マラ、スイス、1997-1999

　ヴィア・マラの非常に美しいハイキングコースにはいくつかの橋が架かっているが、そのうちの3橋がクールのエンジニア、コンツェット・ブロンツィーニ・ガルトマンの事務所によるものである。そのうちの1橋は残念ながらもう架かっていない（p.122参照）。

　残りのうちの一橋は、国道A13号が深い渓谷で時に急流となるヒンターライン川と交差するところの北側に架かっている。支間長40mの歩道橋というのは結構大きなものであるが、容易にアクセスが可能であることや国道の真下ではないことから、架設位置は適切に選ばれていると言えよう。吊床版構造は主に2つの理由から選ばれた。ひとつはレネ・ヴァルターのビルヒェルヴァイトの吊床版橋のように、両岸での橋台の高さ位置が異なることである。ズランズンズでは、急なところでは約20%の勾配になる。もうひとつの理由は、ハイキングルートの一部として周囲の風景と調和した石の歩道とすることである。ユルク・コンツェットは、50年代にハインツ・ホッスドルフが悪魔の橋の再建のためにプレストレスを使って花崗岩の橋の設計をしたことを覚えていて、花崗岩を床版に使用した吊床版橋を提案した。ユルク・コンツェットはこの橋のために近郊の町アンデアから片麻岩を選定し、全ての鋼製部材にはV4Aステンレス鋼か二相ステンレス鋼を用いることにした。これらのステンレス鋼は、すぐ近くの国道に架かる橋から飛散する塩分に対する

Structure as Space, 2006, pp.224–229
Conzett, Jürg, Punt da Suransuns Pedestrian Bridge, in: Structural Engineering International, May, 2000, 2, 10
Schweizer Architekt und Ingenieur, 1, 2000

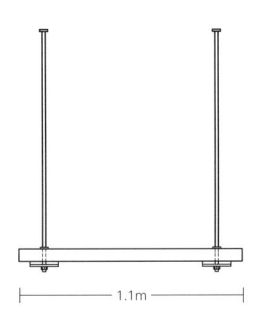

下から眺めると、スチールプレートが手すりの支柱に固定されていることがわかる

防食効果を発揮する。幅85cm、厚さ6cmの花崗岩セグメントの間には、厚さ3mmのアルミニウム板が挟まれている。施工過程は次のようであった。最初に橋台が正確にコンクリート打設された。スチールプレートが固定される平杭は、橋台のコンクリートと一体的に施工された。片麻岩の床版は縦断勾配の低い方から順次とスチールプレートの上に設置された。その仕組みは、まず片麻岩の床版を高欄の支柱を用いてスチールプレートに固定し、スチールプレートに張力を与えた後、ナットと高欄のねじを再び強く締めつけ、高欄を正確に設置するというものである。

特にスパン40mの吊床版橋の垂直方向の振動を予測するのは難しかった。しかしながら、ハイカーはヴィア・マラ渓谷の雄大な自然の魅力や風景を楽しんで、橋の揺れはほとんど気にかけない。スレンダーなシルエットから想像されるほどには大きく揺れないので満足しているのである。橋梁端部では、板バネによってスチールプレートからアンカーレッジへのゆるやかな連続性を確保している。このスレンダーな橋は、上質な美的要素から成り立っている。ヒンターライン川の荒々しいままの岩、平滑できらきらと輝く片麻岩の床版、光沢のあるクロムめっきのステンレスが互いに調和している。この橋は石を主要材料にしているにも関わらず、軽さの限界をすでに超えているように見える。もちろん実際にそうであるということはないが、全体としてこの吊床版橋はミニマルアートの傑作として成熟したものといえよう。

ヒマラヤの植物でできた橋

ヴェントの橋（オーストリア）

技術解説

吊床版橋

　吊床版橋は、橋の原型のうちのひとつである。スパンが大きくて丸太では届かないときに、峡谷の向こうに綱を放り投げてそれを両側の岩や木などに結んだ。この自然で単純な構造システムでは、ふたつの橋台の間にケーブルが張られ、その上を直接渡ることができる。これ以上にシンプルな構造システムはないであろう。その土地に生える天然繊維からなるケーブルが、歩道面と一体となっているのである。現代のヨーロッパの吊床版歩道橋では、ケーブルはPCテンドンか、もしくは、少なくとも2本の隣接したスチールプレートやスチールケーブルからなっている。歩行を可能にするために、それらはコンクリートで覆われるか、その上にコンクリートや石でできた床版が載せられる。このような吊床版構造形式は、高強度鋼が開発されて初めて可能になったものである。その高い強度特性は、すぐに現代の橋梁設計に利用され始めた。ビルヒェルヴァイト（p.72）やフライブルク（p.130）やジュネーブの吊床版橋（p.74）を参照していただきたい。

　道路橋として計画された吊床版橋は少ないが、そのうちの最も有名な例はエンジニア、ウルリッヒ・フィンスターヴァルダーによる1958年のボスポラス海峡の設計計画であろう。しかし、ほとんどの吊床版橋は歩道橋である。それは歩行者のほうが、このまるで生きているかのように応答する橋の振動や、橋梁端部での大きな傾斜に対して、自動車や、ましてや鉄道よりも適しているからである。なお、両側の手すりが引張の主要な構造部材となっていて床版を支えているような場合も吊床版橋と呼ぶことができよう。

　吊床版橋では、高強度材料を理想的な方法で使用することができる。ほとんどの構造物において、高強度材料は完全には有効利用されていない。それは最大許容応力に達する前に座屈に対する安定性の問題や弾性ひずみによる過大な変形が発生するからである。しかし純粋な引張構造である吊床版橋では座屈の問題は発生しない。そのうえ、弾性ひずみによる影響は、同時に発生する構造物全体の変形に比べて無視できるほど小さい。さらには、引張部材の厚さをかなり薄くすることができるので、設計に大きな影響を及ぼす橋台とサ

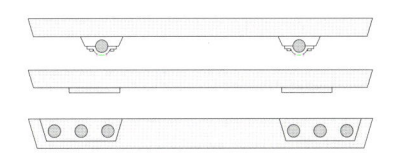

吊床版ケーブルの配置

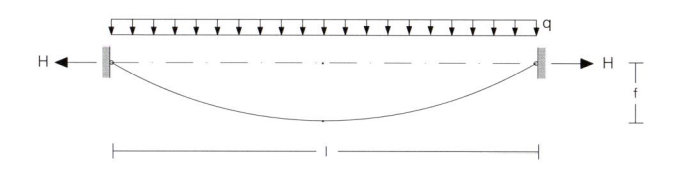

l、q、f、Hで表された吊床版橋

ドル位置に発生する局所的な曲げモーメントは無視できるほどに小さくなる。

解析、力

　吊床版橋は、橋台近くの局所効果を除けば、かなり容易に計算することができる。吊床版ケーブルに作用する張力Sは、径間長l、等分布荷重qとサグfに依存しており、支間中央で以下のように求められる。

$$S = H = \frac{q \cdot l^2}{8 \cdot f}$$

　ケーブル張力の水平成分Hは長さ方向に一定である一方、ケーブル張力Sは端に向かうに従って増大する。支間中央での張力Hは、等分布荷重を受けた単純梁の最大曲げモーメント（$M = q \cdot l^2 / 8$）をサグfで割ったものと一致する。また、ケーブルを完全に水平にすることはできない。それはサグf=0の水平なケーブルでは、張力Hは無限に発散してしまうからである。したがって、橋台の近くに望まれない勾配を作り出すとしてもサグは必要なのである。よって設計者のすべきこととは、コストと歩行者の快適性の妥協点を見つけること、つまりアンカーに作用する張力と勾配角度に折り合いをつけることである。それゆえ、上述したように、この構造形式は道路橋や鉄道橋には適していない。吊床版歩道橋では、通常、勾配を橋台近くの最も大きな箇所でも8％以下にするために、自重によるサグは1／50以下に抑える。

　橋台以外はかなりシンプルなこの形式には、橋台に大きな引張力が作用する。そしてそれは複雑なアンカーレッジを必要とする。橋台の設計とケーブル張力の水平成分Hの地盤への伝達方法の検討は、吊床版橋の設計と施工における最も大きな課題である。他の点においては、吊床版橋の建設は平易である。径が小さくて曲げることのできるケーブルは、大抵巻かれた状態で現場に搬入されるが、硬いプレートの場合は、分割された状態で搬入されるため、現場で溶接して完成形状にしなければならない。通常、ケーブルは緊張作業を行うまでは完成状態より短いため、橋台間に渡すには、張力を加えてケーブルを引き伸ばされなければならない。その後、床版を引張材の上にただ載せるか、その周囲にコンクリートを打設する。引張材の上に載せる場合、引張材となるスチールプレートは支間部よりもサドル付近で薄くする必要がある。注意すべきことは、ケーブル長のほんの少しの誤差でも、サグの値に大きな違いを生むことである。それゆえ、施工の間はそのような誤差をすぐに調整できる状態にしておくべきであろう。

　橋長の長い多径間の吊床版橋の利点は、張力が橋脚を跨いで連続して伝達されるので、両端部の橋台だけにケーブルを定着させればよいことである。この点において、吊床版とアーチの組み合わせは合理的であるといえよう、それは適切な配置を行えば、水平方向のアーチスラストとケーブルの張力でバランスをとることができるからである。

多径間吊床版橋

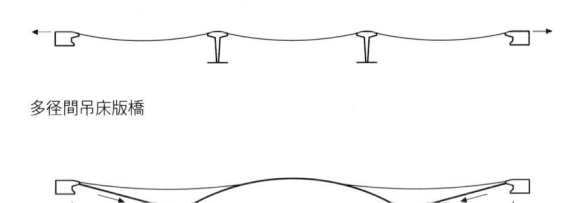

吊床版ケーブルを有するアーチ橋

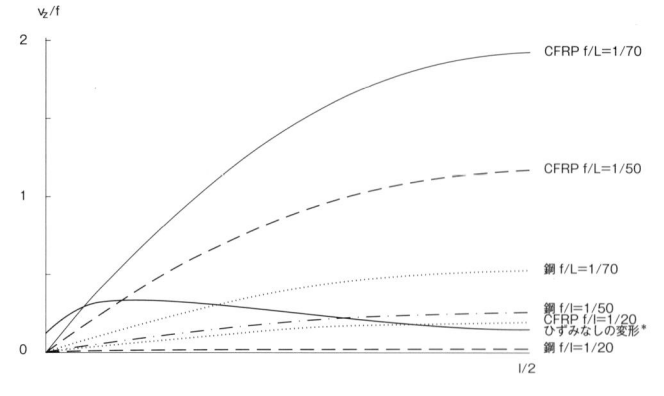

材料やサグ比の違いによるケーブルの変形の割合

* ひずみなしの変形は、端から端へ移動する一点集中荷重によるもの。他は等分布荷重による変形

変形、ひずみ

ケーブルは長さ方向に一定の自重によって懸垂線を描き、等分布荷重下では放物線を描く。小さなサグ比f／l、例えば1／50程度の場合、これらふたつの曲線の差異は微小であり、単純に放物線とみなせる。ケーブルがこの形状にある時は、それは力学的につり合った状態といえる。この等分布荷重の値が大きくなると、ケーブルの応力は増加し、ひずみとサグの増加をもたらす。しかし、放物線であることには変わりがない。荷重の分布が変化すると、荷重がつり合った状態になるまでケーブルは幾何学的に変形する。ケーブルの伸びを無視することができ、その変形のみを考慮すればよいような場合、変形は荷重の大きさによらず、ただその分布状態に依存する。しかし、ケーブルの伸びが無視できない場合、分布荷重による弾性たわみ量は上記の変形と同程度にまで達することもある。右上の表は、材料やサグ比f／lの違いによる、橋台から支間中央（l／2）までの区間におけるサグfと鉛直たわみVzの比を示したものである。吊床版橋においては、ケーブルの弾性ひずみが変位に与える影響は小さいので、薄くてフレキシブルな高強度の材料を用いることができる。

ケーブルの方向変化、曲げモーメント

アンカー付近または多径間の場合の橋脚上のように、ケーブルの方向が急に変化する箇所では特別の注意を必要とする。繰り返しの活荷重によって、ケーブルに大きな曲げ変形が起こり、引張応力とともに疲労破壊を引き起こし得るので、ケーブルを不用意に定着することはできない。それゆえ、ケーブルというよりはむしろ、ケーブルを包んでいるコンクリートを橋台に向かって補強して、曲げ応力が大きくなり過ぎないようにする必要がある。スチールプレートの場合、橋台や橋脚上で変位調整が可能となる円弧状のサドルを用いることにより、この問題に対処できる。適切なサドル半径を選ぶことにより、ケーブルに発生する曲げ応力を制御して疲労限度以下に保つこと、または、変形を弾性域内に留まらせることが可能となる。

サドル付近では、純粋な引張応力σ_Sに加えて、ケーブルの方向変化のために、曲げモーメントによる応力σ_Mが発生する。サドル上のケーブル（幅b、高さh）に発生する応力σの合計はしたがって、

$$\sigma = \sigma_S + \sigma_M$$

ここで

$$\sigma_S = \frac{S}{A} \approx \frac{H}{b \cdot h} = \frac{q \cdot l^2}{8 \cdot f \cdot b \cdot h}, \text{ および,}$$

$$\sigma_M = \frac{M}{W}$$

曲げ応力σ_Mは、サドル上のケーブルの曲率κによって発生する曲げモーメントから生じる。曲率は、サドル半径と反比例する。

$$\kappa = \frac{M}{E \cdot I} = \frac{1}{R} \text{ と } \sigma_M = \frac{M}{W} \text{ より}$$

$$\sigma_M = \frac{M}{W} = \frac{M \cdot h/2}{I} = \frac{E \cdot h}{2 \cdot R}$$

ここで

A：断面積
E：ケーブルのヤング係数
I：断面二次モーメント
W：断面係数（＝2・I／h）
R：サドル半径

曲げ応力σ_Mは、サドル半径に反比例し、ケーブル径（バンド厚さ）に比例していることが

板バネとして機能するロストックの多径間吊床版橋のサドル

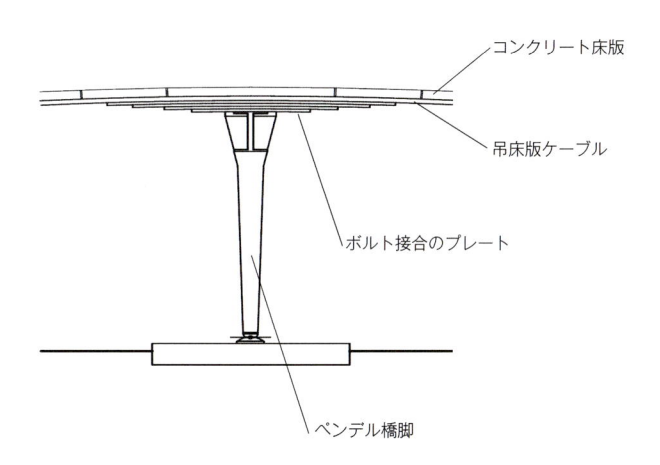

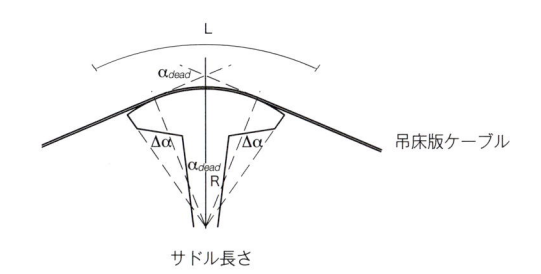

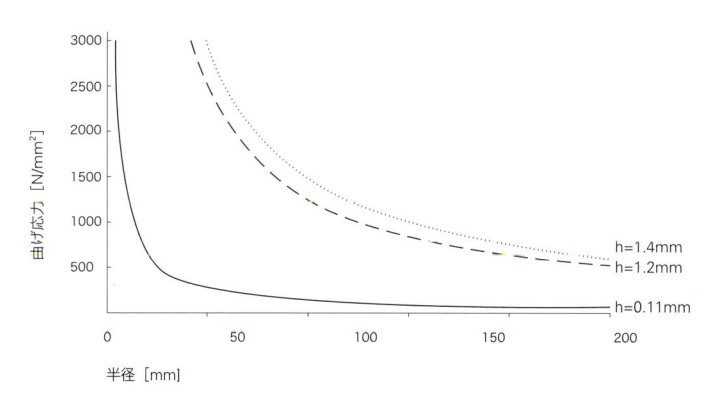

サドル径と曲げモーメントの関係

わかる。曲げ応力を抑えるためには、サドル半径は可能な限り大きく、ケーブル径（バンド厚さ）は可能な限り小さくとらなければならない。必要なサドル半径は、サグやケーブルの径（厚さ）や幅、荷重や支間長に依存し、降伏応力f_{yd}の材料に対して以下のように求められる。

$$R = 4 \cdot E \cdot h^2 \cdot f \left(\frac{b}{8 \cdot f_{yd} \cdot f \cdot b \cdot h - ql^2} \right)$$

以上より、高強度材料の利点が理解されよう。高強度材料はその強度のためにより大きな応力に耐えられるだけではなく、相当に薄い形状とすることができる。これにより、曲げ応力、あるいはサドル径の縮小が可能となる。ページ右上のグラフは、異なる吊床版ケーブルによる必要なサドル径と曲げ応力を示している。

サドルの長さLは、ケーブルが活荷重載荷時にサドルの端で折れ曲がることのないように、大きく取らなければならない。橋脚上のサドルに必要となる長さは以下のようになる。

$$L = 2 \cdot \pi \cdot R \cdot \frac{\alpha}{360}$$

ここで

$$\alpha = \alpha_{dead} + 2 \cdot \Delta\alpha = \arctan\left(\frac{4 \cdot f}{l}\right) + 2 \cdot \Delta\alpha$$

$2 \cdot \Delta\alpha$ = 活荷重載荷や施工誤差によるサドル位置でのケーブルの角度変化

補剛

　吊床版橋は、その軽量さゆえ、揺れに対する抵抗が少ない。通常、吊床版ケーブルは減衰性能がかなり低いので、橋は大きく揺れる。変形特性や振動特性は、吊床版自体をプレストレス構造として曲げ剛性を高めたり、上述のとおり、質量を増加させることにより高めることができる。このようなことから、全体の変形を抑えるために、プフォルツハイムやロストックの吊床版橋では、重量の大きなコンクリート床版がスチールプレートの上に設置されたのである。

　幸いにして、しばしば二次部材の減衰性能も利用することができる。多くの軽量な歩道橋において、高欄の金網の金属同士の摩擦に

85

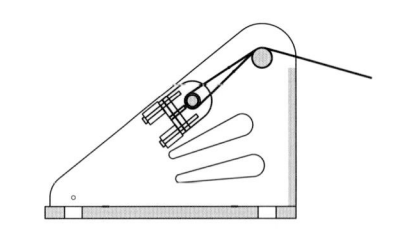

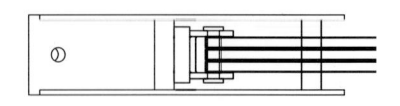

炭素繊維ケーブルを用いた吊床版橋のアンカー部

吊床版の剛性改善の手法

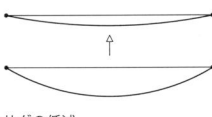

サグの低減

質量の付加

曲げ部材による補強

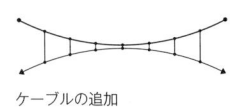

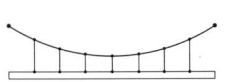

ケーブルの追加

補剛桁の追加

より、振動エネルギーが熱エネルギーに変換され、揺れが減衰することが実証されている。インゴルシュタットのグラシス橋では、金網の設置によって減衰定数がおよそ2倍になった［Fibガイドライン2005］。左図は、吊床版ケーブルの変形を抑える5つの主な方法である。ただし、吊床版ケーブルに補剛ケーブルや補剛桁を追加したものは別の橋梁形式として分類される。

炭素繊維ケーブル
　今日利用できる最も高強度な材料を吊床版ケーブルに用いることを考えるなら、それは炭素繊維である。炭素繊維は、その高い強度（普通のスチールの10倍）と、その軽さ（スチールの5分の1）のために、航空機やレーシングカーなどで活用されている。しかしながら、不思議なことに現在までのところ、建設分野ではほんの少ししか使われておらず、ほとんどが既存の鉄筋コンクリート構造物の補強材に使われている程度である。そこで、ベルリン工科大学では、炭素繊維ケーブルを用いた実験橋が建設された。実験橋は現在の設計コードに従って設計されており、帯状のケーブルの厚さは1mmで、約15mのスパ

ンを架けている。この極めて軽量な橋の振動を軽減するために、厚さ10cmのコンクリート床版が敷かれている。ベルリン工科大学では、さらなる研究が始まっており、次のステップとして、"インテリジェントな"ダンパーの研究が行われている。それはこの非常に軽量で軽快な橋を、質量を増加させることなく効率的に"安定させる"ことのできるシステムである。このようにして炭素繊維は最適な利用がなされ得るのである。

ベルリン工科大学の実験橋

Eibl, Josef and Klemens Pelle, Zur Berechnung von Spannbandbrücken, Flache Hängebänder, Düsseldolf, 1973

Oster, Hans, Fußgängerbrücken von Jörg Schlaich und Rudolf Bergermann, Exhibition catalogue, 1992

Schlaich, Jörg and Stephan Engelsmann, Stress Ribbon Concrete Bridges, Structural Engineering International, 4, November 1996

Schlaich, Mike et al., Guidelines for the design of footbridges, fib, fédération internationale du béton, bulletin 32, Lausanne, November 2005

Strasky, Jiri, Stress ribbon and cable-supported pedestrian bridges, Thomas Telford, London, 2005

幹線道路を跨ぎ、全く異なるふたつの公園をつなぐ橋

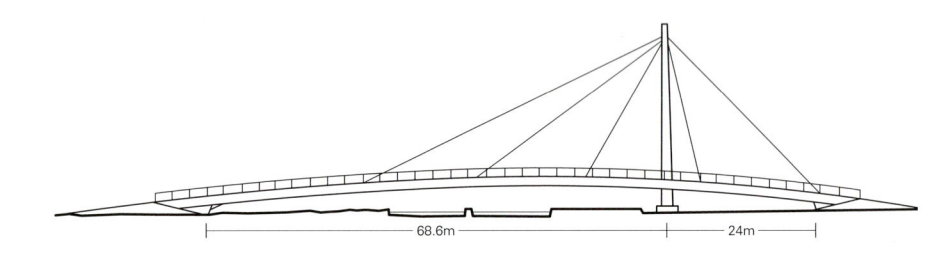

シラー歩道橋、シュツットガルト、ドイツ、1961

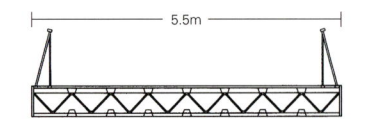

Leonhardt, Fritz and
Wolfhart Andrä,
Fußgängersteg über die
Schillerstraße in Stuttgart, in:
Bautechnik, 1962
Schlaich, Schüller, 1999,
pp.173-174

　第二次世界大戦後まもなく、フリッツ・レオンハルトは、"軽くてスレンダー"な構造へのこだわりを押し通すことにより、橋としてレベルの高いスタンダードをつくりだそうとしていた。軽くてスレンダーという基準は、一般社会との関係の中で根拠づけられたものではなかったが、国家社会主義的なモニュメンタリズムとは異なる、という理由で社会に受け入れられた。鋼やその後のプレストレストコンクリートは、この理想を実際の設計で実現する機会を提供した。62ページのエンツ歩道橋はその素晴らしい一例である。レオンハルト・アンドレ＆パートナー事務所のエンジニアたちは、床版厚を52cmから50cmに低減させることができるまで休暇を取らなかった。斜張橋の構造システムはこの要望に適うものであった。なぜなら、ケーブル支持間隔が短くなるので、曲げモーメントが低減され、床版をより薄くすることができたからである。薄さに対する美的な根拠を明確にはしていないが、フリッツ・レオンハルトの大きな目標のひとつは床版をできるだけ薄くすることであった。しかしながら、この橋の角ばった輪郭線には、レオンハルトの主張する重要なデザイン原理である"優美さ"がない。この橋の側面景は、後の設計に見られるほど洗練されてはいない。

　斜張橋にはふたつのタイプがある。いわゆる「ハープ」型では、ケーブルは互いに平行に張られる。レオンハルトは、1952年以降のデュッセルドルフにおける一連の"斜張橋ファミリー"において、初のハープ型の斜張橋を設計した。ハープ型の採用を主張したのは建築家フリードリヒ・タマスである。これらの橋、とりわけオーバーカッセル橋、テオドール・ホイス橋、クニー橋は、今日までデュッセルドルフのスカイラインを形づくり、街のアイデンティティを形成している。ただし、レオンハルトは、最も"自然で技術的に効率的な"型はファン型であると述べており、シュツットガルトやマンハイムの歩道橋にそれを見ることができる。

典型的な70年代の住居ブロックから市街地へのアクセスのために必要とされた歩道橋

主塔付近で拡幅するデッキ

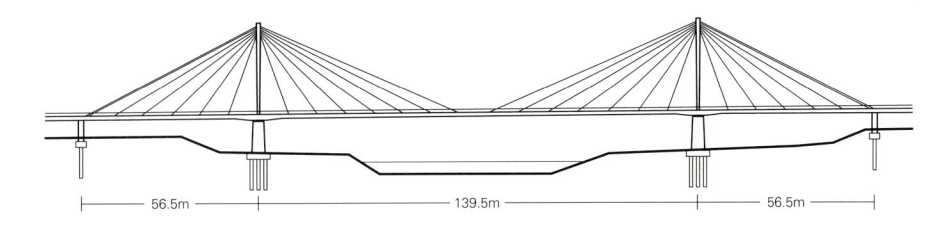

コリーニセンターのネッカー歩道橋、マンハイム、ドイツ、1973

　この構造は両サイドを2本のケーブルで吊られた平らなデッキにより構成されている。ケーブル（パラレルワイヤストランド）は、それぞれ鋼製主塔の頂部に定着されている。桁を9–10mの間隔で吊ることにより、桁はわずか60cmの厚さしかない逆台形のRC断面となっている。桁は主塔の下で縦横断両方向にハンチが設けられ、厚さは1.2mとなっている。スパン中央に伸縮継手があり、主塔は橋脚上に置かれた水平固定、回転自由の支承の上に置かれている。伸縮継手によって、床版の橋軸方向の変位が可能となっており、同時に、せん断力とねじりモーメントが伝達される。鋼製主塔の断面は、基部で1m×1mであるが、ケーブルを定着するため、上に行くほど橋軸方向の厚さが増し、頂部では1.4mとなる。ネッカー川の広々とした高水敷において、メインスパン139.5mの軽快なファン型の斜張橋というレオンハルトの選択は妥当なものといえよう。しかし、全体的に直線的で粗野な外観は優美さを感じさせるものではない。このネッカー歩道橋は、デッキを主塔基部で拡幅しているにもかかわらず、規範となる外観は得られておらず、視覚的な印象は直線的なままである。

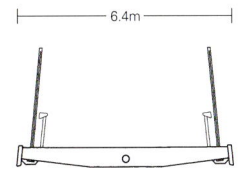

Dornecker, Artur, Eberhard Völkel and Wilhelm Zellner, Die Schrägkabelbrücke für Fußgänger über den Neckar in Mannheim, in: Beton- und Stahlbau, 2 and 3, 1977, pp.29–35 and 59–64
Keller, Giorgio, Ponte pedonale strallato sul Neckar a Mannheim, in: L'industria Italiana del Cemento, 11, 1982, pp.817–825

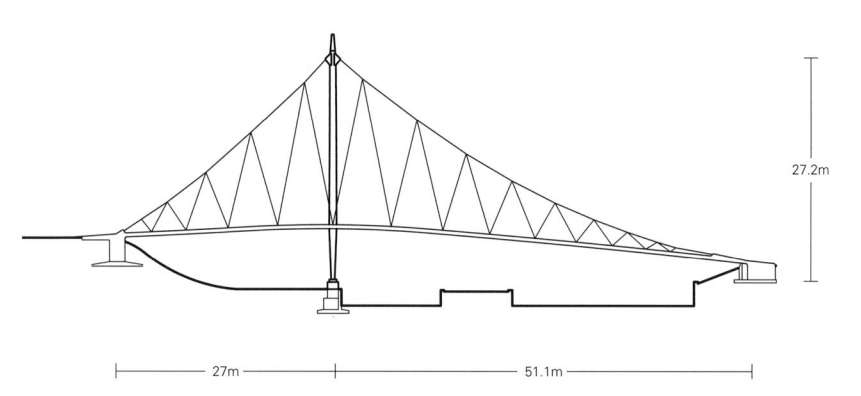

ローゼンスタイン公園の歩道橋、シュツットガルト、ドイツ、1977

　ヨルク・シュライヒは、当時、軽量構造設計の概念が産声を上げたレオンハルト&アンドレ事務所の若きエンジニアだった。1970年代初頭、レオンハルト&アンドレはミュンヘンのオリンピックスタジアムの屋根の建設に取り組んでいた。シュライヒ（1970年よりパートナー）は、限りない好奇心と想像力と知識を持って、権威に対して盲目的に従うことなく、橋梁設計の新たな道を進むエンジニアとして突き進んでいた。国際庭園博覧会に際して、自動車交通に徐々に蝕まれていたシュツットガルトの市街地の再整備が行われた。公園から人気のある入浴施設まで行くためには、多車線の道路とトラムの軌道を安全に越えなくてはならなかった。このようにして初めての現代的な自碇式の人道吊橋が建設された。主桁は鉄筋コンクリート製で、ケーブル張力の水平成分を負担する。主桁は片方の橋台で固定され、もう一方では浮き上がりを防止した可動支承が設置されている。主ケーブル（ロックドコイルストランド $\phi = 75$ mm）は、主塔頂部に設置されたサドルを通り、桁端の4点で定着されている。この橋では、ケーブルアンカーはデッキ部においてコンクリートで一体化されてしまっているため、点検やメンテナンスが困難になっている。主塔は4枚のプレートを溶接したシンプルな矩形断面とすることでコストを抑えている。この橋は、主ケーブルに床版が直接敷かれた隣接するケーブルトラス橋とセットで造られた。

Schlaich, Jörg and H. Beiche, Fußgängerbrücken über die Bundesgartenschau 1977 in Stuttgart, in: Beton- und Stahlbetonbau, 1, 1979, pp.11-16

限界までの軽さに挑む

凹凸の形状で1セットとなっているケーブルトラス橋と吊橋

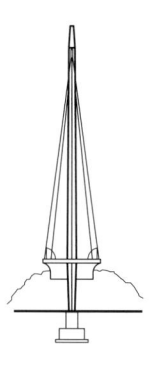

91

マックス・アイス湖の歩道橋、シュツットガルト、ドイツ、1989

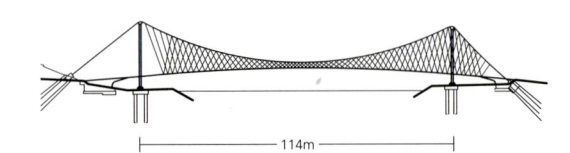

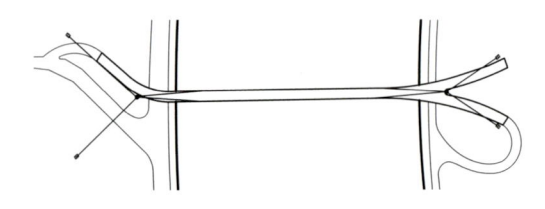

　1980年、このケーブル吊橋の建設を機に、ヨルク・シュライヒは、ルドルフ・ベルガーマンと共にフリッツ・レオンハルトの事務所から独立した。ネッカー川を高く跨ぐこの橋は、住宅地とマックス・アイス湖のレクリエーションエリアを繋いでいる。一方の岸は急峻な斜面がブドウ園になっていて、そこに幅の狭い小道が通っている。対岸はネッカー川の高水敷が広がっている。両岸には川に沿った小道が続いている。シュライヒは高さ約21.5mと24.5mの2本の主塔（鋼管：φ＝711 mm、t＝40-50 mm）を持つ吊橋を設計した。デッキは一方の岸では主塔の右脇を通り、ブドウ園の小道へと続く。対岸では主塔を挟んで左右に枝分かれし、一方は湖へ、もう一方は螺旋を描きながら川岸の小道へと続いている。デッキを直線にして主塔はその脇に立てるべきである、というのがレオンハルトの見解であった。しかし、上の方から歩道のゆったりしたカーブを見ると、この曲線が機能的であることや、全体として控えめな印象を与えるのに寄与していることがわかる。なお、114mのスパンに対して、床版の厚さはほんの30cmしかない。

　高水敷側の主塔は、スパンの半分とアプローチ部を支持している。一方、ブドウ園側の主塔は、スパンの半分だけを支持していて、残りのアプローチ部は、片持ち梁として直接橋台に支えられている。ブドウ園側の主塔は、2本のケーブルで斜面にバックステイされている。ハンガーロープは互いに交差するように斜めに架けられ、薄い補剛桁の剛性を補助するとともに、振動抑制にも有効に機能している。防護柵はステンレス製の金網を単にハンガーロープと手すりのケーブルに固定しているだけである。といっても、普通はケーブルのことを手すりとは呼ばないのであるが。主ケーブルとバックステイケーブルはロックドコイルロープ（φ＝106 mm）で、ハンガーロープはステンレス製のより線（φ＝16 mm）である。デッキを構成するU形断面のプレキャストセグメントの架設は、スパン中央から両側に向かって順に行われた。セグメントの鉄筋同士が連結金具を介して溶接された後、接合部にコンクリートが打設され、デッキとして一体化された。この方法では型枠を使わずに建設することができるが、形状や技術に非常に高いレベルの精度が求められる。

Schlaich, Jörg and E. Schurr, Fußgängerbrücke bei Stuttgart, in: Beton– und Stahlbetonbau, 8, 1990, pp.193–198

限界までの軽さに挑む

初の曲線吊橋。軽量構造であり、なおかつ、細部まで首尾一貫したデザインがなされている

支間長252mの歩道吊橋は、ヨーロッパでも最長の部類に入る

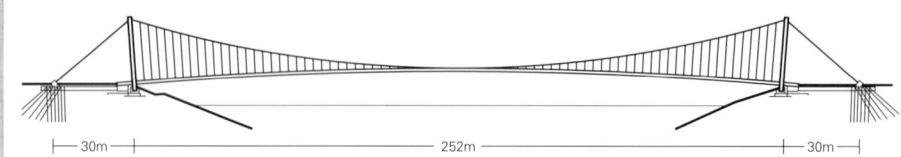

|—30m—|————252m————|—30m—|

ヴラノフ湖の吊橋、チェコ、1993

　1930年頃のオーストリアとチェコの国境近くにあるヴラノフ貯水湖の湖畔は、夏の間、多くの人で賑わう保養地である。この橋は観光客のためのホテルやレストランがある市街地とその対岸を、フェリーに代わって繋いでいる。また、水道やガスのパイプラインも渡している。床版はかなり薄く、252mの主径間と30mの2つの側径間を持つ。

　ジリ・ストラスキーは、とても経験豊かな歩道橋デザイナーである。1970年代に、旧チェコスロバキアで建設された彼の最初の吊床版橋にはプレキャストコンクリートセグメントが用いられており、吊床版ケーブルにはPC鋼材が用いられた。このタイプの橋はDS–Lブリッジと名付けられ1979–85年の間に7橋が建設された。モラヴィア南部のヴラノフ湖に架かる彼の吊橋は、吊橋が1,000m未満のスパンに対しても合理的な構造システムであるという有力な証拠である。床版の幅員は3.4mで、厚さはわずか40cmしかないこのスレンダーな歩道橋は、支間長が252mもあり、世界中の歩道橋でも最長の部類である。技術的な特徴は、半自碇式という点である。つまり、ケーブル張力の水平成分の一部は、主桁に圧縮力として導入され、アンカーレッジに作用する引張力が軽減される。それによって、アンカーレッジのコスト削減が図られているのである。

Strasky, 2005

がっしりとしたアンカーブロック（右）

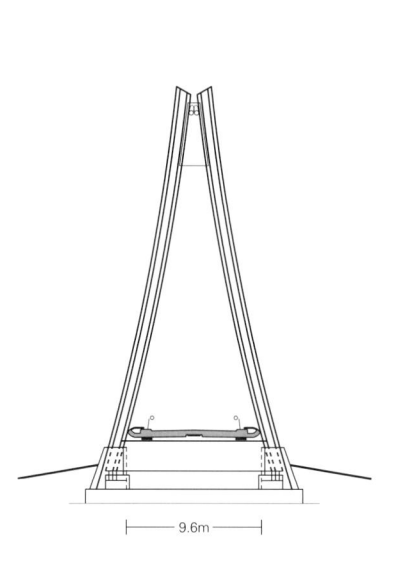

— 9.6m —

プラスチック製の床版と鋼製ケーブルの組み合わせ

ボドミンのハルゲーバー橋、コーンウォール、イギリス、2001

　コーンウォールのボドミン南部に位置するハルゲーバー橋は、ガラス繊維強化プラスチック製の橋としては、イギリスで最初につくられた部類に属する。交通量の多い高速道路に架けるため、交通規制を最小限に留めることやメンテナンスフリーであることが求められた。また、馬が通る道にもなっていたので、馬の糞によって腐食しやすい環境にあった。これらの条件から、新たな構造に果敢に挑戦することで知られるロンドンの構造設計事務所フリント＆ニールと建築事務所ウィルキンソン・エアは、その軽量さ、耐久性、腐食に対する抵抗性から、上部構造にGFRPを用いることを提案した。スパンは47mで、吊ケーブルと主塔は鋼製である。放射状に張られたハンガーロープと、馬が通るために1.8mと高くなっている金網の高欄はステンレス製である。高欄の下には木製の目隠し板が設置されている。幅員3.5mのGFRP製の床版は、チャンネル材からなる高さ50cmの2本のエッジガーダーと、厚さ37mmの複合サンドイッチ床版から構成されている。サンドイッチ床版は、横桁および断面中央を橋軸方向に通された縦桁によって支持されている。床版の剛性は、弾性係数がかなり低いGFRPに依存しており、ハンドレイアップのエッジガーダーではE = 12,800 N/mm^{2}である。一方、引抜成型材のサンドイッチ床版では若干高く、E = 22,000 N/mm^{2}である。床版の剛性が低いので、両端の橋台とコンクリートで一体化されていても大きな応力は発生せず、温度ひずみによる拘束力も生じない。GFRP構造に対する設計コードはなく、ガイドラインも数える程であったので、いくつかの実験によってその安全性が確認されている。ステンレス製ハンガーロープとチャンネル形エッジガーダーのボルト接合部の強度も、実験によって確認された。開通前には、橋の振動特性についても実験が行われ、木製の目隠し板やリサイクルタイヤで作られた柔らかい床版、そして金網の減衰性能によって、許容値を超える振動は発生しないことが確認された。

　31mにおよぶデッキ中央部分のブロックは、たった一晩で架設され、2001年7月に橋は開通した。工期の短縮化と共に、メンテナンスが最小限で済むことが実証されれば、将来、さらに多くのプラスチック製歩道橋が建設されるであろう。

Firth I., Cooper D., New Materials for New bridges – Halgavor Bride UK, in: Structural Engineering International, May 2002, SEI 12:2

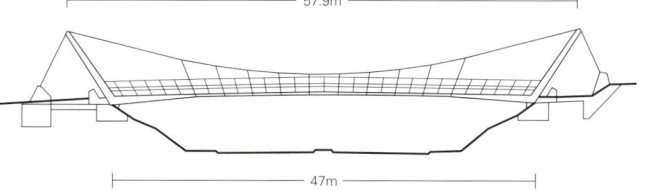

歩行者や自転車、馬などがこの橋を渡る

97

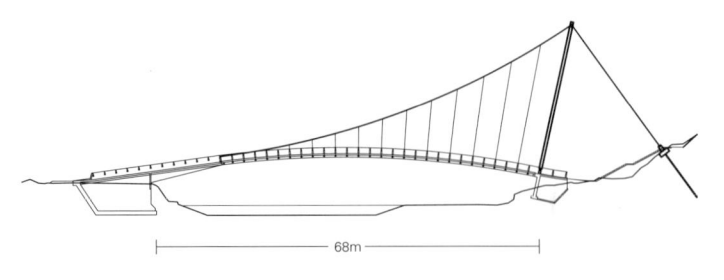

シエレのローヌ川を跨ぐ橋、イレス・ファルコン、スイス、1998

　ローヌ川渓谷一帯の地域は、比較的幅広い産業構造を持つにもかかわらず、他の地域と同じように産業転換の難しさに直面している。置き去りにされた工業地域の荒廃に歯止めをかけるために、再生と転換を図らなければならない。シエレのイレス・ファルコンはそのような地域で、工業跡地を少しずつ自然へ戻しながら、ローヌ川を越えて険しい山道へと続くハイキングコースを整備している。片側から吊られた幅員3.6mの橋は、26.36mという高い主塔を用いてイレス・ファルコンの人々を対岸まで手招きしている。山へと続くハイキングコースは数年以内に完成する予定であるが、その時までこの橋に役目はない。特筆すべき点は、構造設計事務所ダウナー・ヨリアットの演出であり、北側の橋台をデザイン上の大きな制約条件ととらえ、それをハイキングコースの導入部として組み入れたことである。アンカーレッジの巨大なコンクリートの塊がもたらす視覚的な問題はエレガントに解決されている。スパン68m、橋長88.45mのこの橋は、高欄と手すりのディテール、アプローチ部との床材の使い分け、仕上げの精密さなどがよく考えられていて橋全体で首尾一貫したデザインとなっている。アンカーケーブルを山側に引っ張ることにより、アーチ状のデッキに張力が加わる。温度変化によって、橋は冬に固く、夏に柔らかくなるが、常に十分な安定性を有している。ユニークな点は、2本の主塔を黒い梁でつないで橋を安定させている点である。問題なく工事が進めば、ハイキングコースはもうすぐ完成するので、9年間ゴーストブリッジとして存在していたこの橋にも人が通るようになるであろう。

かつての産業地域から自然の環境へ

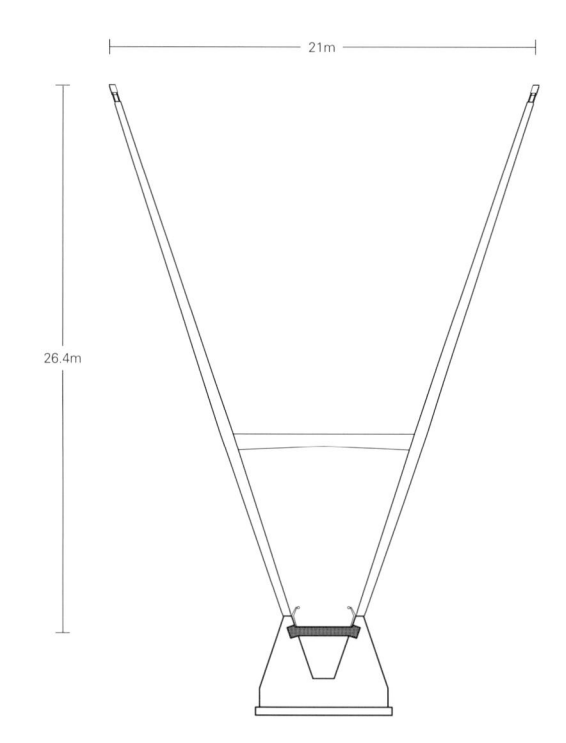

21m
26.4m

もうすぐハイキングコースが完成し、人が通るようになる

ザスニッツの歩道橋での振動テスト

技術解説

ダイナミクス、振動

ドイツ語の"Statiker（静力学者）"は構造エンジニアのことを指すが、この言葉の概念は、構造エンジニアが実際の仕事で取り扱う範囲よりも著しく狭い。構造設計で使われる計算のほとんどが"Statik（静力学）"であるということがその命名の由来であるが、それはほとんどの構造解析において静的な力のみが取り扱われ、構造物の変形はごく微小で振動はしないという前提のもとで計算されるからである。高強度な材料が利用できるようになって、ますます軽量でスレンダーな構造物がつくられている。そして軽量構造物は大抵は見た目に美しく資源も節約できるので望ましいのであるが、同時に揺れやすい構造物でもある。軽量構造物は、重い構造物よりも載荷による変形が大きく、基本的に動的な作用に影響を受けやすい。

石造アーチ橋には静的な解析で十分であるが、軽量な歩道橋には動的な振動解析に正面から取り組まなくてはならない。振動解析については、まだ全ての現象が把握されているわけではない。最近もいくつかの新しい歩道橋が揺れたことがニュースとなり、複雑な振動制御装置の取り付けを余儀なくされている。このことから、橋梁に関する多くの学会や国際会議等において、歩道橋の動的挙動が大きなテーマとなっている。したがって、ここでは歩道橋の振動について取り上げることとした。

一般に、歩行者自身、あるいは、まれに風が橋に深刻な振動を引き起こし、崩壊へと導く。これはすでに昔から知られていることである。ふたつの橋の劇的な崩壊、つまり、イギリスのマンチェスターのブロートン橋（1831年）とフランスのアンジェの橋（1850年）の崩壊は、歩調が合った兵士の行進によって引き起こされたものである。これ以降、兵士が橋を渡る際には歩調を合わせることが禁止された。ロンドンのアルバート橋の看板や、ドイツの交通規則には、今日でも"橋上では歩調を合わせて行進することを禁ずる"と書かれている。

振動数

構造物の設計には、共振の問題が関係してくる。わかりやすい例としてブランコが挙げ

	fs [Hz]	vs [m/s]	ls [m]
遅い歩行	1.7	1.0	0.60
通常の歩行	2.0	1.5	0.75
速い歩行	2.3	2.3	1.00
通常の走り	2.5	3.1	1.25
速い走り	>3.2	5.5	1.75

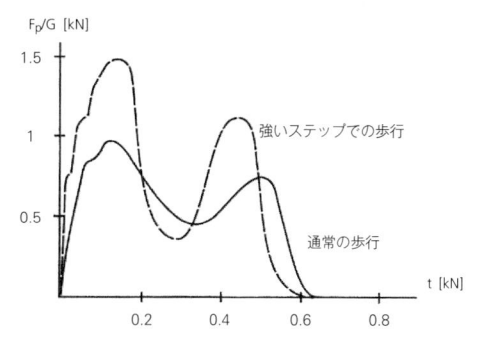

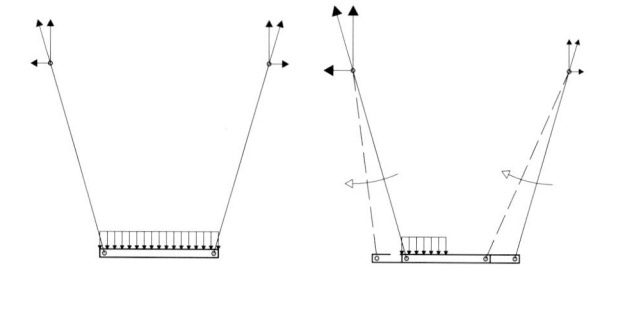

歩行者の歩調

歩行によってもたらされる荷重

斜めのハンガーロープを有するデッキ

られる。ブランコは振り子と同様に、振り子の長さに依存して質量には依存しないただ1つの固有振動数を持つ。最初にどのように押すかには関係なく、ブランコは励起後、常に同じ振動数で振れ、1秒間の振動数の単位、ヘルツ（Hz）で計測される。もしブランコがその固有振動数と同じように規則的に正確なタイミングで押されるならば、わずかな力でも大きく揺り動かすことができる。それはブランコが共振していて励起振動数と固有振動数が調和している状態を表す。ブランコとは異なり、歩道橋は多くの固有振動数を持っているが、そのうちのひとつが歩行者の歩調に近い場合、共振が起こり得る。

歩調は、上述のとおり、歩行者の速度に依存する。しかし、橋の上で飛んだり跳ねたりすると、体重の何倍もの力が作用し、橋はより大きく揺れることにも注意する必要がある。これはペットボトルに入れた1リットルの水とはかりで説明できる。通常は1kgのボトルも、はかりの上で突然手放すと2kgを示し、はかりの50cm上から放すと瞬間で約30kgを示す。

歩行者は、歩くことによって垂直方向の荷重のみをデッキに伝えるわけではない。足を一歩一歩踏み出すことにより、重心が左右に移動する。これによって、水平方向の力がデッキに伝えられ、横揺れが発生する。横揺れは歩行者のバランスを容易に崩すので、特に歩行の妨げになる。歩行者は安全に歩こうとして、船乗り歩行（歩隔を広くして歩くこと）をするようになる。しかし、これによって、歩行周期と横揺れの振動数が調和し、歩行者は無意識的にその揺れを大きくしてしまう。これは専門的にはロックイン効果と呼ばれている。大勢の歩行者がいれば、大きな橋でさえ横揺れを起こし得る。2003年8月、ニューヨーク市に停電が起こったとき、帰宅するために多くの人がブルックリン橋を歩いて渡らなければならなかった。この時、このような大きな橋にも関わらず、知覚できるほどの大きな振動が発生したことが報告されている。そして、ロンドンのミレニアムブリッジは、2000年の開通式において、大勢の歩行者によって大きな横揺れが発生し、閉鎖されてしまった。そして再び開通させるためには複雑

なダンパーの設置が必要となった。この橋は、上部構造が外側に傾斜したハンガーロープに吊られていることもその一因である。つまり、上の図に示すように、鉛直荷重でさえ、揺れを励起する余分な水平力を発生させてしまうのである。

鉛直方向に1.3 Hzから2.3Hz、水平方向に0.5Hzから1.2Hzの固有振動数を持つ歩道橋は、特に振動しやすいと考えておく必要がある。そして多くの軽量な歩道橋は、正にこの範囲に固有振動数を持つのである。

振動の制御

ダンパーは振動を制御する。振動の運動エネルギーは、材料内部、あるいは構造部材間の摩擦を通して熱エネルギーに変化され散逸する。構造体が持つ減衰性能は、ほとんどの場合、十分に大きく、許容値以上の振動は生じない。そのうえ、軽量な歩道橋の場合、歩行者はしばしば事前に揺れることを予期するので、比較的大きな振動でも不快には感じない。一般的に、恕限度（快適限界値）には、歩行者が受ける揺れの加速度が用いられ

快適性レベル	快適度	鉛直加速度	水平加速度
CL1	上	< 0.5m/s²	< 0.1m/s²
CL2	中	0.5 – 1m/s²	< 0.1 – 0.3m/s²
CL3	下	1 – 2.5m/s²	0.3 – 0.8m/s²
CL4	許容外	> 2.5m/s²	> 0.8m/s²

加速度制限

プフォルツハイムの金網を使用した高欄

る。歩行者は重力加速度の10％、つまり、1 m/s²程度の加速度からはっきりと知覚するようになり、2.5 m/s²を超えると受け入れがたいものに感じる。歩道橋の設計では、歩行者が揺れを励起し得るかどうかを確認するために、まず1次の固有振動数を求めなければならない。これは現在市販されているソフトウェアで容易に算出される。固有振動数は質量の増加に伴って小さくなるので、軽量の歩道橋を解析する際には歩行者の重量にも留意する必要がある。

　橋の固有振動数は限界値内に収まっている必要がある、そのため、設計者と発注者は、快適性の基準を決めておかなければならない。それは加速度制限と呼ばれ、予想される歩行者交通量に応じて決められる。例えば山岳地の幅員の狭い歩道橋と、頻繁に利用されるメッセ会場の歩道橋や大都市部の高架歩道橋では、許容される揺れは全く異なる。動的解析では安全性のために以下の事項が確認される。

—通常の活荷重載荷によって生じる鉛直方向の加速度が限界値以下であること

—ロックイン現象が起こらないこと、また、横揺れが生じないこと

—デッキで飛び跳ねたりケーブルを揺するなどの故意の振動によって橋が崩壊しないこと。ただし、当然これらは恕限度の対象範囲外である。

しかし、構造物の減衰性能はあくまで推定しているだけなので、解析結果には不確実性が存在する。実際の振動特性は施工後に計測して初めてわかるが、それさえも一過性のものに過ぎない。なぜなら減衰性能は、例えば材料性能の変化など、時間の経過と共に変化するからである。解析においては経験的なデータを重視し、減衰性能が材料や構造に依存するという点に留意しなければならない。さらには、ディテールの複雑性や、個々の固有振動数や振幅、歩行者の数やデッキの素材、設備品や手すりの種類でさえ減衰性能に影響を及ぼす。プフォルツハイムの吊床版橋（p.78参照）では、手すりの金網によって減衰性能が2倍になった。

解析によって揺れの許容値を超過していることが明らかな場合、設計段階からダンパーやマスダンパーの導入を考慮するべきであろう。そうすると、施工後、実際に許容値を超える加速度が確認された場合に、大きな手間をかけずにダンパーを設置できる。粘弾性ダンパーは比較的大きな変形に対して初めて効果を発揮する。一方、マスダンパーは1次モードにのみ効果的であり、その上橋全体の1-5パーセントに相当する質量が必要なため、相当な重量となる。

　風も歩道橋に揺れを発生されるので、風荷重に対しても振動解析が必要となる。低風速の場合、風は層流をなしてデッキの上下面を通り抜け、風下側で剥離すると仮定できる。ここでカルマン渦列と呼ばれる周期的な渦が発生し、デッキに周期的に力を加えて振動を引き起こす。

　通常、この揺れ幅は小さいので、橋が崩壊に至ることはないが、歩行者に不快感を与える。結局のところ、これは快適性の問題であり、構造エンジニアが"使用性"と呼ぶものである。

　強風や暴風時には、橋は振動して崩壊にまで至る可能性がある。最も有名な例はタコマ・

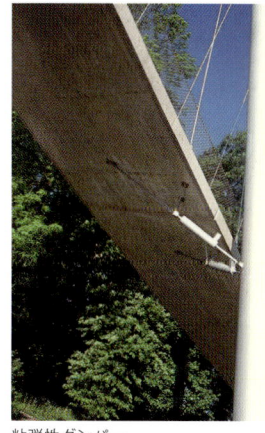

粘弾性ダンパー 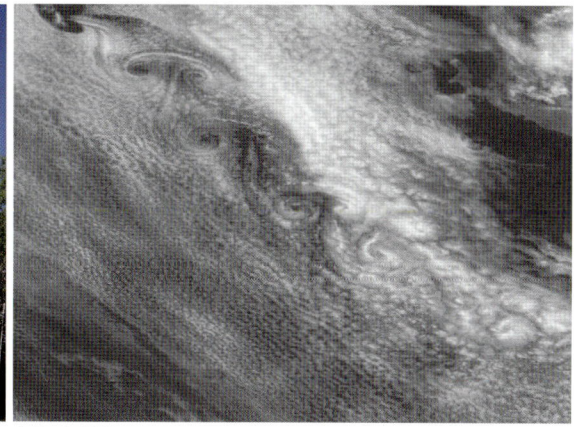　　　カルマン渦列 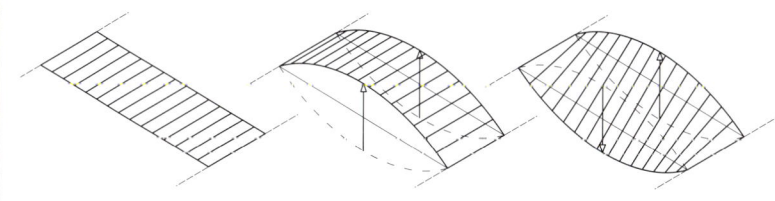　　　たわみ振動とねじれ振動

ナロウズ橋である。このスパン約850mの吊形式の道路橋は、1940年、開通のわずか4ヵ月後に、当時まだ知られていなかった空気力学的不安定性が原因で落橋した。フラッターと呼ばれるこの振動では、たわみ振動とねじれ振動が同時に発現する。そして、減衰効果によるエネルギーの低下よりも、風によってもたらされるエネルギーが大きいため、振幅が増幅し続け、崩壊に至るのである。フラッターを避けるためには、ねじれの固有振動数とたわみの固有振動数が全く異なったものとなるように、桁はスレンダーな流線型断面として設計される。さらに風洞実験によってフラッターが発現する限界風速を測定し、これが現地で予想される最大風速を十分に上回っていることを確認しなければならない。

　吊橋や斜張橋のケーブルは、雨により振動する場合もある。しかし、この現象は、規模の大きな橋においてのみ生じる。それは長大橋のケーブルは、長くて重量が重いため、固有振動数が小さく、減衰性能が低いからである。このようなケーブルの振動は、今のところ、歩道橋ではまだ観測されていない。

European Comission, Research Programme of the Research Fund for Coal and Steel RTD, Technidal Group 8, RFS-CR-03019(2006), Advanced load models for synchronous pedestrian excitation and optimised design guidelines for steel foot bridges (Synpex), Final repott, August 2006

Stera, Footbridges, Assessment of vibrational behaviour for footbridges under pedestrian loading. Stera–Reference 0644A, Paris
http://www.setra.equipement.gouv.fr, October 2006

Konstruktive Experimente ものづくりにおける試み

Am schönsten ist das Gleichgewicht, kurz bevors zusammenbricht. *Peter Fischli, David Weiss*

崩壊に至らぬうちは、均衡には、実に最上の美が宿っている。　ペーター・フィシュリ、ダーフィト・ヴァイス

20世紀の後半、橋梁技術者たちは次から次へと記録を追い求めていった。スパンが2,000mほどもあるような橋が、グレートベルトや日本の本州四国連絡橋において、典型的な吊橋形式であっさりと架けられたのである。ところで、標準的でない方法を試みる設計者があまりいないのは、発注者が馴染みのない構造を採用すると高い建設コストとメンテナンスコストを背負い込むことになるのではないかと恐れるからである。しかし、ありがたいことに、エンジニアやアーキテクトの革新性を求める精神までもが禁じられているわけではない。事実、規模が小さく扱いやすい歩道橋に、エンジニアやアーキテクトの創造的なエネルギーが集まり始めているのである。橋はまっすぐでなければならないのだろうか？　新しく開発された材料は橋の構造や建設を進化させるだろうか？　さまざまな構造システムを、さまざまな材料と合理的に組み合わせることができるだろうか？　設計において、形ありきのデザインをコンピュータを駆使して生みだすような状況がますます見受けられるようになってきた。コンピュータを利用したデザインや種々の計算はデザインの可能性を拡大し、設計者にも大いに利用されている。しかし、ものづくりと設計の基本を学び、経験と情熱をもったアーキテクトやエンジニアによってのみ、コンピュータによる革新が可能なのである。コンピュータは、そのようなデザインの試みのなかで、道具以上のものになることは決してない。
　以上のようなテーマについて、それらを示す良い事例がある。私たちは、曲線橋をはじめ、さまざまな構造システムの組み合わせ、または、それらの部分的操作についてその重要性を強調したい。新しい材料の開発もまた、ものづくりにおける試みのひとつである。構造デザインの創造性に限界はないのである。

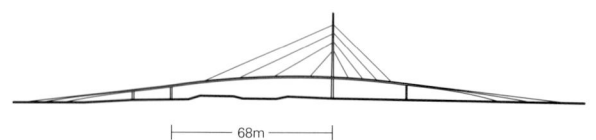

グロリアス橋、バルセロナ、カタルーニャ、スペイン、1974

　レオナルド・フェルナンデス・トロヤノによって、1974年に、グロリエス・カタラネス広場に建設された橋は、難しい敷地条件と複雑な交通条件に応えた歩道橋の一例である。曲線を描く2本のスロープは、その曲線の外側を斜張橋の鋼製の主塔からケーブルで吊られている。また、その反対側は、高速道路上のスパン68mのスレンダーな鋼箱桁を吊っている。

　建設当初は赤く塗装されていたこの橋は、1992年のバルセロナオリンピックの際に場所をあけなければならなくなった。現在は、新しく創設されたバルセロナの文化施設であるフォーラム・ビルディングの少し北側に移設されている。移設の際に、そのままではケーブルを取り外すことができなかったため、ケーブルが取り外しできるように橋全体がジャッキアップされ、仮設の架台の上に置かれた。このような状態は、1974年の建設時以来である。新しい場所に移されてから、新たなケーブルの取り付けと緊張作業が行われた。普通、斜張橋は張出し工法で建設されることが多いが、この橋は片面吊りの曲線橋であるため、そのような工法を用いることはできなかった。また、直線のデッキを新しい敷地に適合させるため、設計者レオナルド・フェルナンデス・トロヤノによって、鉄筋コンクリート製の対称形のスロープが設置された。

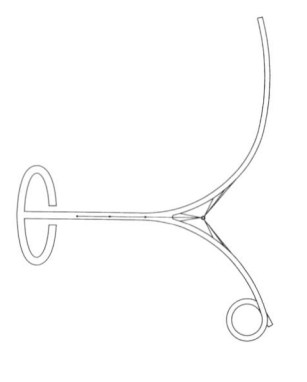

Troyano, Leonardo Fernández, Tierra sobre el agua, in: Colegio de Ingenieros de caminos, canales y puertos, Madrid, 1999

　現在、この橋はグレーに塗装され、きちんとメンテナンスもされているが、数年前より、その設置位置と周辺歩道との都市計画的問題によって、まったく利用されていない。このような悲しむべき状況や、完成後30年以上という橋自体の古さにも関わらず、このエレガントな橋は、今日でも強い印象を与える力をもっている。そのうち再び多数の利用者を楽しませることを期待したい。

ものづくりにおける試み

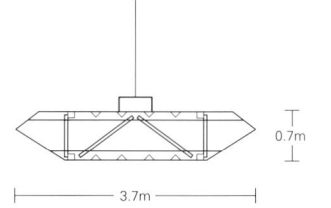

移設後の状態：新しい場所に移され、橋の色も変わった

107

ケルハイムの歩道橋、ドイツ、1987

　ケルハイムの歩道橋は、まさにものづくりにおける試みと呼ぶにふさわしいものである。この橋は、ねじりモーメントを発生させることなく、全長にわたって片面吊りのリングガーダー（p.116参照）を実現したはじめての構造物である。

　航路確保のために拡幅されたアルトミュール川がライン・マイン・ドナウ運河の一部となったことによって、牧歌的で美しい河川風景は傷つけられてしまったが、ケルハイムは、よく保存された中心市街地をもつ歴史地区であり、街を見下ろす丘の高いところには、バイエルンの王、ルートヴィヒⅠ世がナポレオンからの独立戦争を記念してレオ・フォン・クレンツェ（1842–63）に建設を命じた解放記念堂がそびえている。

　シュライヒ・ベルガーマン＆パートナーは、アーキテクトのクルト・アッカーマンとともに、トールハウス広場の近くの歴史的にも環境的にも重要な場所に吊橋を設計した。その構造システムは、弧を描く長いスロープを有する自碇式とバックステイ方式の混在した吊橋である。歩道橋は、約60mのスパンを跳んでいるが、デッキ自体はカーブしているためそれよりも長い。この橋によって、リングガーダーはそれ自体が効率的な構造システムであることが実証された。両岸の主塔はメインケーブルを支え、ハンガーロープはデッキの内側に沿って配置されている。主塔はケルハイムの歴史的建造物の塔よりも低くすることが求められた結果、塔頂部は幾分ずんぐりし、バックステイケーブルも太くなったが、水面の上高くに吊られたデッキの曲線は、いつまでも印象的な風景を残している。

Leicht, weit, 2004, p.246
Oster, 1992, pp.38–39

4.2m

108　ものづくりにおける試み

塔頂のメインケーブルとバックステイ・ケーブル

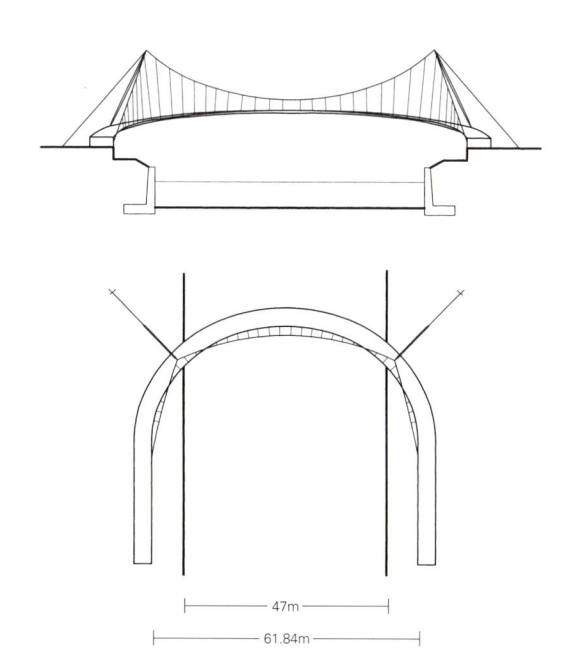

47m
61.84m

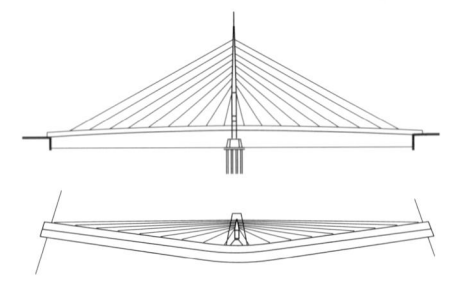

スワンシーの歩道橋、ウェールズ、イギリス、2003

　ウィルキンソン・エアは、フリント＆ニールのエンジニアと協働してこの橋のデザインを行った。建築的な意図は、周囲の港に停泊するセールボートのマストをイメージさせるというものだが、それに加えて、印象的なランドマークになることでもあった。この歩道橋は、デッキが「くの字」に曲がった片面吊りの斜張橋であり、古い港地区と新しい市街地とをつなぐものである。

　長さ約140mのデッキは、主塔位置で平面的に折れ曲がっており、断面の片側のみを吊られている。また、リングガーダー（p.116参照）としては設計されていないため、桁には大きなねじりモーメントが発生する。

　その代わり、桁は橋台と主塔位置でねじりが固定されている。主塔位置では、桁のねじりモーメントは水平方向の一対の偶力に変換されており、下側の力は主塔に圧縮力として伝達され、上側の力は桁の近傍のケーブルで引っ張られている。必要な幅員を確保するためデッキから張出している部分は、自重およびデッキに作用するねじりモーメントを軽減するために軽量なアルミ製とし、鋼製の箱断面とフラットに接続されている。マストは基部で固定されているが、曲げモーメントを最小化するために傾斜している。

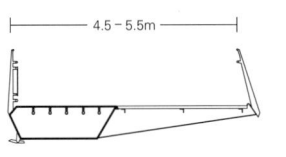

Sanders, P., Firth, I., Design and Construction of the Sail Bridge, Swansea, UK, Bridge Engineering 158, Issue BE4, 2005

110　　ものづくりにおける試み

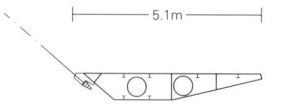

効果的に照明されるユニークな構造

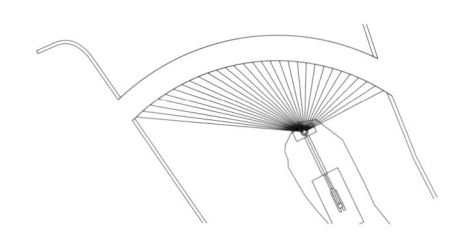

マレコン歩道橋、ムルシア、スペイン、1996

　カルロス・フェルナンデス・カサード事務所のハビエル・マンテローラは、現在のスペインにおける最も経験豊富なエンジニアである。1983年のバリオス・デ・ルーナ橋は、貯水池の上に架かる高速道路の橋で、建設時は世界一長い斜張橋であった。マンテローラは、ファン型に張られたケーブルによって生み出される空間を自在に楽しんでいるかのようである。1978年にエブロ川に架けられた、有名なサンチョ・エル・マヨール橋、および、1995年のポンテベドラのレレス橋の後、1995年、彼はもうひとつの橋をこの地に建設した。マレコン歩道橋は、曲線を描くデッキと、デッキから離れた場所に屹立する主塔をもつスパン59mの斜張橋である。この橋は、非常に美しくファン状に張られたケーブルを有するが、通常の斜張橋とは異なり、デッキを吊るケーブルの水平成分を塔頂部でつり合せるためのバックステイ・ケーブルを必要とする。この力は基礎に伝えられ、さらに地盤にまで伝達されるが、アンカーレッジに作用する力を最小化するために、桁には軽量な鋼箱桁が採用されている。架設の際には、3つに分割して製作された橋桁のブロックが、河川内に置かれたベントの上に設置され、その後、溶接で一体化された。片面吊りのリングガーダーは、桁内部に対になって生じる圧縮力と引張力によって、まったくねじりを発生させることなく荷重に抵抗することが可能である（p.116参照）。

111

ウェスト・パーク橋、ボーフム、ドイツ、2003

　一世紀もの間、ルール地方はドイツの石炭および鉄鋼業における経済発展の中心地とみなされてきた。その一方で、環境は傷つけられ、また、鉄鋼産業や他のエネルギー資源に関する国際的な競争も激化していった。ルール地方がサービス産業の中心に変化したのは、IBAエムシャー・パーク[*]のプロジェクトからであり、この流れはまだ数十年は続くであろう。ボーフムはこの変化の中心にあり、かつての重化学工業の遺構が新しく生まれ変わり、新たな生命を与えられている。そして、住宅地区とレクリエーション地区をうまくつなげるルートが必要となり、この問題を解決するため、シュライヒ・ベルガーマン＆パートナーのエンジニアたちは、現場の複雑な地形条件に対して、ふたつのカーブをもつ橋を設計した。そのS字形の幅員3mの自転車歩行者専用橋は、それぞれ66mのふたつの長い円弧状の部分からなり、ガーレンシェ通りと鉄道が立体交差する上を斜めに跨いでいる。デッキは2本の主塔から吊られており、円弧を描くデッキは、弧の内側に沿ってケーブルで吊られている。主構造の断面はハンガーケーブルの向きにともなって変化する。通常の直線桁であれば、断面方向に少なくともふたつの支承で支持されなければならないが、リングガーダーは1本の軸に沿って支持されるだけでよく、断面の構造を簡素化することができる。ケルハイム橋のリングガーダーは、ひとかたまりのプレストレストコンクリート桁であったが（p.108参照）、その後のリングガーダーは、圧縮力と引張力をそれぞれ鋼管とケーブルで受け持たせられるようになった。ボーフムの歩道橋の主塔はバックステイケーブルが不要であり、フーチングの上でリジッドに固定される必要もない。主塔下部のフーチングが、メインケーブルのアンカーレッジよりも低い位置にあれば、主塔はケーブルによって安定が保たれる。しかしながら、各荷重ケースに応じて橋のたわみが変化するため、主塔に曲げが作用するのを避けるには、フーチング位置でのピン接続が必要となる。変革を遂げた都市景観の中で、この橋の形態は、周辺の歩道の効果的な接続だけでなく、都市再生のシンボルとしての役割も果たしている。

[*] 産業構造と工業景観として保存・再整備した公園

Göppert, Klaus, A. Kratz and P. Pfoser, Entwurf und Konstruktion einer S-förmigen Fußgängerbrücke in Bochum, in: Stahlbau, 2, 2005, pp.126-133

120m

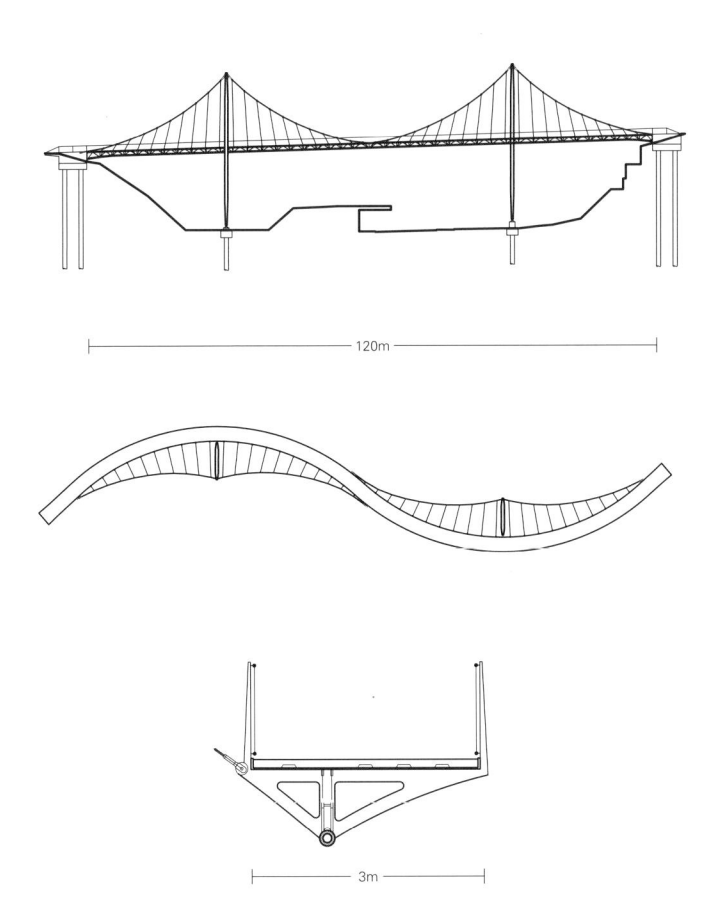

3m

透過性の高い高欄が、海を眺めるバルコニーとしての機能を引き立たせる

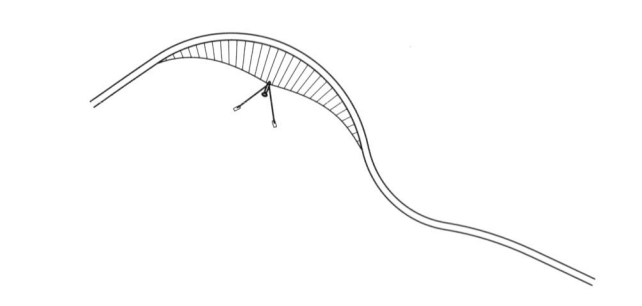

バルト海を望むザスニッツの歩道橋、ドイツ、2007

　リューゲン（Rügen）島の最北端に位置する街、ザスニッツから、かつては巨大な船が東西に行き来していた。今、その港には、海洋博物館として使われている歴史ある美しいホールをもつガラス張りのターミナル、バルト海を望む高い丘にある一部の旧市街地だけが残っている。リューゲン島は人気のある観光地となったが、2006年、ザスニッツの街にも観光客を呼び込むために、また、旧市街と港を結ぶために、自転車歩行者専用橋が建設された。橋は25mの落差を跨がねばならず、また、現地に保存されているかつての駅舎や複雑な道路、小道などにも配慮する必要があった。橋のデッキを曲線とすることでこれらをすべてクリアし、さらに、橋長が伸びることで勾配を小さくできた。それにも関わらず、勾配の許容値を守ろうとすると、さらに長いスロープが必要であり、橋を港にうまく接地させることが困難な状況にあった。港のターミナルから、地上7mの高さにデッキが張り出しているが、これはドイツ再統一後、輸送交通路としての橋が取り壊されて残った部分である。ターミナルに接続することは、旧東ドイツへの友好のしるしとしてだけでなく、橋が既存のターミナルのデッキを利用することと、"たった"240mの長さで、勾配を7%以下に抑えることを可能とした。

　幅員3mのデッキは、長い弧を描きながら港の上に架けられ、海に張り出したバルコニーを形成している。そして、立体感のある新たな眺めをつくりだしている。この眺望は、弧の内側に沿った片面吊りケーブルのおかげで、何からも妨げられない。このバルコニーは長さ130mの吊橋であるが、カーブの曲率と地形の勾配が減少するにつれて、多径間の連続桁へと変化する。

　構造的に際だった特徴としては、ハンガーケーブルが、デッキの弧の内側に並ぶキャンチレバーの先端に取り付けられていることである。キャンチレバーの高さは、ハンガーケーブルに作用する力の作用線が桁の重心を通るように設計されている。この原則によって、桁には桁の自重や等分布荷重による転倒モーメントが発生しない。このことは、桁に生じる応力を低減させる（「曲線橋」の技術解説を参照）。一般には、ボーフムのウェスト・パーク橋（p.112参照）のように、バックステイなしで40mの主塔を立てることも可能であるが、この橋では、活荷重たわみをできるだけ小さくするために、4本のバックステイケーブルが設置された。バックステイはメインケーブルと同様、ガルファン・コートされた直径95mmのロックドコイルロープである。また、急ぎの利用者のために、吊橋の端部には階段が設置された。それは、デッキからの水平力を受けもつアバットメントとしても機能している。

Dechau, Wilfried, Seebrücke. Fotografisches Tagebuch, Berlin/Tübingen, 2007

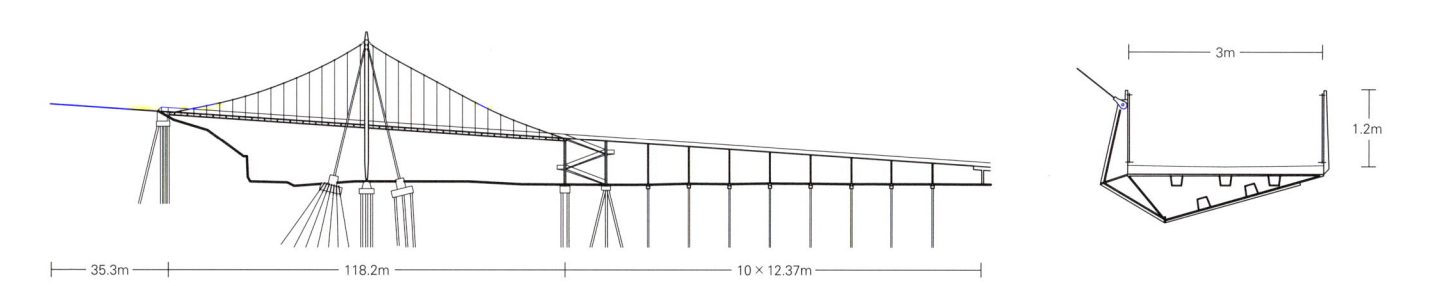

回転ブランコのようなケーブルの向こうには、海へと向かう歩廊が続く

3m
1.2m
35.3m　118.2m　10×12.37m

115

ザスニッツの歩道橋、2007

ドイツ博物館の橋、ミュンヘン

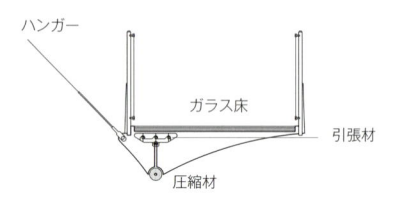

技術解説

曲線橋

高速の交通にさらされる道路橋や鉄道橋に比べると、歩道橋ではデッキの線形にかなりの曲線を用いることができる。利用者の速度はゆっくりとしているため、空間的な次元と形態の多様性が拡大される。デッキはなめらかに既存の歩道へと続き、両側の地形にもうまく接続する。その構造は、歩道のネットワークを形成するための、スロープやデッキの多様性を含んでいる。アプローチ部のスロープが、渡ろうとする主な障害物と平行につくられるなら、こちら側から向こう側へとシームレスに変化する曲線橋は自然な解答であろう。ある場合には、デッキの曲率と、結果的に生じる橋長の増加は、らせん階段のように、路面の勾配を少なくするのに役立つかもしれない。このようなことが、設計の自由度というものを、まったく新しい段階へと引き上げてくれるのである。たとえば、デッキがただ曲がっているというだけでなく、傾いた主塔や、傾いたアーチ、立体的な形状を生み出す吊橋のケーブルなどとして表れるのである。以下に、曲線橋の複雑な力学的挙動について述べていきたい。

リングガーダー

リングガーダーは、構造エンジニアにとって非常に興味深いものである。リングガーダーとは、平面的に円形、または、円弧を描く桁で、桁の片側のみを吊橋形式や斜張橋形式で吊られたもののことをいう。そして、この構造にはとくに興味深い技術的な挑戦が含まれており、ホーリスティック・アプローチ*が必要な格好の事例といえる。つまりこれは、構造のコンセプト、力学的挙動、たわみ、製作、架設などの問題が非常に密接に絡み合い、設計者はすべてを最初から同時に検討しなければならないのである。

直線橋には2列の支点が必要だが、曲線橋は1列の柱で支持することができるという原理を設計者は応用することができる。次ページの図で説明すると、直線橋が1列の支点で支持された場合には、デッキはすぐに落ちてしまうが、右の2つの図のように、曲線橋であれば安定する。デッキの下面で支持す

* holistic approach：全体を俯瞰的に把握しながら、構成要素の相互連関性を踏まえた最適解を求めようとすること。単なる要素の足し合わせとは異なる。

116　ものづくりにおける試み

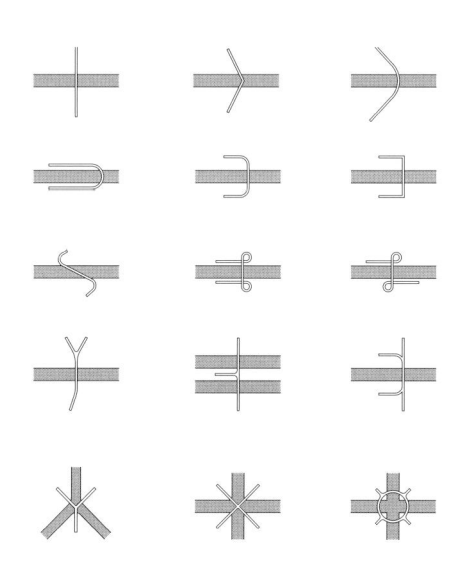

曲線橋の平面図

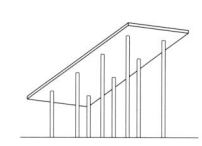

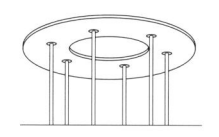

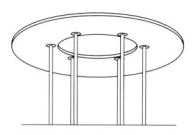

直線橋と中央支持および偏心支持されたリングガーダー

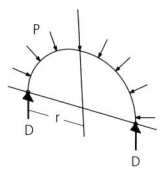

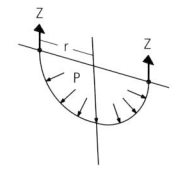

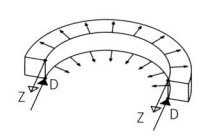

圧縮リング、引張リング、リングガーダー

るのであれば、その中央を支持することは問題ないが、ハンガーロープがデッキ上面の中央に取り付けられた場合、通行の障害となってしまう。リングガーダーなら、桁を不安定にすることなく、その片側のみを支えることができる。

片側のみが支持されたリングガーダーの力学的挙動は、2次元的な思考に慣れ親しんでいる限り、はじめは理解が難しいと思う。リングガーダーの場合、力学的挙動はまさに立体的である。このコンセプトを理解するために、はじめに圧力容器（ボイラー）の式（薄肉円筒の式）を見てみよう。それは、円を描くケーブルがその半径方向に力を受ける場合のケーブルの引張力を計算することと同じである。引張力Zは、半径方向に分布する荷重をp、ケーブルが描く弧の半径をrとすると、式Z = p・rとして表される。この式は、初期の蒸気機関のボイラーに作用する引張力を求めるために利用されたことから今もその名前がある。同様の原理が圧縮力を受けるアーチにも適用できる。圧縮力Dは、半径方向に分布する荷重をp、アーチが描く弧の半径をrとすると、式D = p・rとして表される。もし、圧縮リングと引張リングが互いに上下に重ねて並べられ、ひとつの構造体を形成する場合、弧に直交するあらゆる断面において、ふたつのリングは大きさが同等で符号が反対の一対の力pを形成する。ふたつのリングの距離をhとすると、断面には、m = p・hなるモーメントが作用していることとなり、構造体はそれに抵抗するのである。もし、リングガーダーが、桁の中心から偏心した位置で支持される場合、死荷重をg、偏心距離をeとすると、転倒モーメント m = g・eが発生するが、上述の圧縮リングと引張リングによって形成される一対の力によって、このモーメントに抵抗するということが、読者には理解されよう。転倒モーメントは、一対のリングの半径方向の力によってつり合う。それは、p = g・e / hという式で表される。これを圧力容器の式に代入すると、圧縮力と引張力は、D = Z = g・e・r / hとして求められる。つまり、鉛直荷重を受けるリングガー

グリーンビル、サウスカロライナ、アメリカ、2004

118　　ものづくりにおける試み

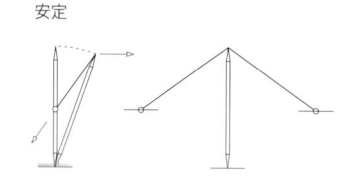

主塔、ケーブル、桁の組み合わせ

主塔、ケーブル、桁の組み合わせ

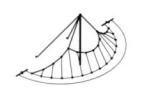

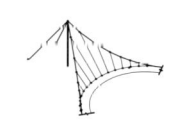

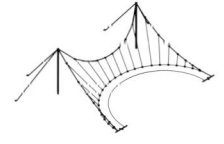

不安定　　　安定

バックステイのある主塔　　フリーな主塔

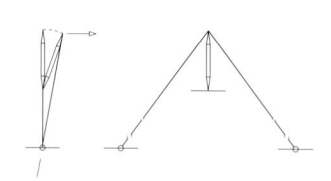

ダーが偏心支持されることによって生じる転倒モーメントではねじりは発生しないが、そのかわり、水平軸まわりの曲げモーメント、$M = D \cdot h = Z \cdot h$を生じさせる圧縮力と引張力が発生する。

　桁の死荷重などの等分布荷重、あるいは、これに類した荷重ケースは、以上のようなメカニズムで支持される。集中荷重や不均等な活荷重のケースでは、これとは異なり、引張および圧縮リングに曲げを引き起こす。この曲げに抵抗するためには、水平軸まわりに適度な曲げ剛性が必要である。また、転倒モーメントによってデッキ全体が回転しようとするため、それを抑制するためにもある程度の剛性が必要である。リングがその内縁に沿って支持される場合、下側のリングには圧縮力が発生し、上側のリングには引張力が発生する。この論理でいくと、外縁に沿って支持される場合、下側のリングには引張力が、上側のリングには圧縮力が作用するということが明確になろう。

　リングガーダーの力学的挙動は、ミュンヘンのドイツ博物館に展示されている橋長27mのリングガーダー橋において、大変分かりやすく示されている。その橋は、博物館の橋梁工学部門における中心的な展示物である（p.116の写真と断面図を参照）。引張リングはケーブルで構成され、圧縮リングは充実の円形断面で構成されている。ボーフムのウェスト・パーク橋（2003、p.112）もまた、上述した橋の力学的挙動を明確に示している。これは、下側の圧縮リングが円筒断面で構成されている。ボーフムの橋では、ミュンヘンの橋とは異なり、桁を構成するふたつのリングが、曲げ剛性を付与するための斜材によって連結されている。もちろん、圧縮リングと引張リングを分離せずに構成することも可能である。p.114に紹介したザスニッツの歩道橋では、リングガーダーは1本の鋼製の箱断面で構成されている。この桁の下側は圧縮、上側は引張となっていることがわかるであろう。吊橋として最初にリングガーダーを利用した橋は、ケルハイムのライン・マイン・ドナウ運河に架かる歩道橋（1988）であり、それはコンクリートのデッキを用いている（p.108）。ケルハイム橋では、引張力は断面上方に配置されているPC鋼材によって受け持たれている。リングガーダーを利用した最初の橋は、バルセロナのグロリアス橋（1974、p.106参照）であり、鋼製の箱断面を有する斜張橋である。以上に述べたすべての橋は、傾斜したハンガーロープにより吊られている。ハンガーの傾斜はデッキに水平力を引き起こす。それによって、内縁を支持された場合にはさらなる圧縮力が、外縁を支持された場合にはさらなる引張力がデッキに作用する。左上の図に示されたケーブルのパターンは、考えられるデザインのごく一部である。しかし、この方法によって生み出されるさまざまなデザインの可能性を示している。

　内側に主塔をもつ自碇式吊橋はとくに効率的な解答を与える。つまり、ハンガーとメインケーブルの傾斜を適切に設定することによって、メインケーブルを定着する力とデッキに作用する圧縮力をつり合わせることが可能となるのである。これは、等分布荷重で、かつ、メインケーブルのアンカーがリングガーダーの接線と一致する場合にのみ有効である。それでもやはり、不等分布の荷重パターンは避けられないので、デッキの鉛直軸まわりに作用するモーメント、および、デッキ端部での水平方向の反力を考慮しなければならない。リングガーダーの外縁にハンガーを取り付ける場合、リングガーダーには引張力が作用するため、自碇式吊橋とすることはできない。もし、非常にユニークなデザインが認められ主塔のフーチングをデッキの平面の重心と一致させることができるなら、ミュンヘンやボーフムで見られたように、弧の内側にある主塔はバックステイを省略できる。主塔のフーチングがデッキの下にある限り、構造は常に安定を保つ。

立体アーチ

　一般的な吊橋を、放物線アーチを反転させたものとして解釈できるのとまったく同じように、曲線のデッキをもつ吊橋もまた反転させることができる。曲線吊橋のメインケーブルは、おもしろい興味深い3次元的な形状でつり合いが保たれる。この引張部材を反転すると、圧縮力を受ける立体アーチが生まれる。オーベルハウゼン近郊のライン・ヘルネ運河に架かる橋長77mの橋は、この構造原理を実際に用いたものであり、曲線デッキを支持する鋼アーチ部材には圧縮力が作用している（p.120参照）。そのような構造的解答は、最も経済的なものではないかもしれないが、このエンジニアリング・アプローチは、莫大なコストをかけることなく、非常におもしろい解答を与えることができるということを示している。

1　この場合、閉断面のリングガーダーであってもサン・ブナンのねじりは発生しない。しかし、一対の力を、そりねじりと解釈することは可能である。

オーベルハウゼンのリプショルストのライン・ヘルネ運河に架かる橋、1997

エスリンゲン近郊のメッティンゲンを流れるネッカー川に架かる橋、2006

120 ものづくりにおける試み

ダイチザオ橋のデザイン

さらに話を進めて、このふたつの構造コンセプトを組み合わせることもできる。それは立体アーチから吊られた片側支持のリングガーダーである。リングガーダーの外縁をハンガーロープで支持することにより、リングガーダーの下縁には、リングガーダー本来の引張力とハンガーロープで斜めに吊られることによる引張力が同時に生じ、それによってアーチ・スラストの一部を補うことができる。シュライヒ・ベルガーマン＆パートナーは、ダイチザオの歩道橋の設計において、立体アーチの考え方を用いている。

Keil, Andreas, The design of curved cable-supported footbridges, Venice footbridge conference, 2005

Strasky, Jiri, Stress ribbon and cable-supported pedestrian bridges, London, 2005

Schlaich, Jörg and A. Seidel, Die Fußgängerbrücke in Kehlheim, in: Bauingenieur, 1988

Schlaich, Jörg, Der kontinuierlich gelagerte Kreisring unter antimetrischer Belastung, in: Beton und Stahlbetonbau, January 1967

手前に構造体が見えることによって、峡谷の深さがより実感される

トラファージナー歩道橋（オリジナル）、ロンゲーレン、スイス、1996

　ヴィア・マラの古いハイキング道は、スイスアルプスの中でも最も美しい場所のひとつである。ハイキング道を再び蘇らせるために、ヴィア・マラ文化協会は、ハイキング道でも最も危険な峡谷のひとつに小さな歩道橋を建設した。残念ながらその歩道橋は、1999年、落石の衝突により、谷底へと崩れ落ちてしまった。数年後、もとの場所よりも少し上流側に、新たな橋が架けられた（p.212参照）。
　しかし、最初に架けられた橋は、今後も記憶に残されるべき優れたものである。スパン47mのデッキ下の補剛構造は、ヘリコプターで輸送された後、現場に架設された。この架設方法を採用するためには、構造システムの重量を最大4.3tまでに抑えなければならなかったが、ユルク・コンツェットは、木材と鋼を用いて、非常に軽量な魚腹型の三角トラスを設計した。さらに、がっしりした高欄をもつ比較的頑丈なつくりの幅員1.2mのデッキを設けた。このトラスの上弦材は圧縮力を受けるが、下弦材のケーブルは、横からの風荷重に対してデッキがぐらつかないように、幅4mにまで広げられた。そして、その点支持のような構造によって、全体が横揺れすることのないように、ねじりモーメントを橋台へ伝達するがっしりした高欄が取り付けられたのである。こうして、ふたつの構造システムが重ね合わされた。なお、カラマツ材とニッケルクロム鋼は耐候性に優れた材料である。また、個々の圧縮ストラットはさまざまな

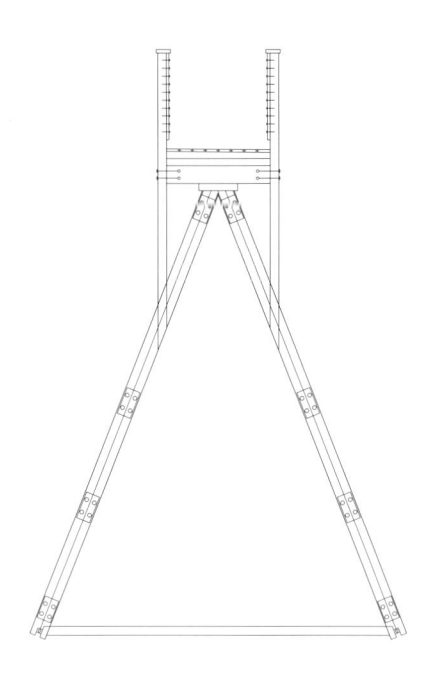

荷重伝達経路を有する高いリダンダンシー（冗長性）のおかげで負荷が軽減されている。

　この橋はきっとその目的を何十年にもわたって全うしたであろうが、落石のような自然作用には抵抗できなかった。この橋はハイカーたちの記憶に残り、さらに、その歴史的重要性が忘れ去られないようにと専門家のために撮影された写真の中にも残されるだろう。

Structure as Space, 2006, pp. 120–125
db deutsche bauzeitung, 5, 1998, pp.62–69
Detail, 8, 1999, pp.1483–1486

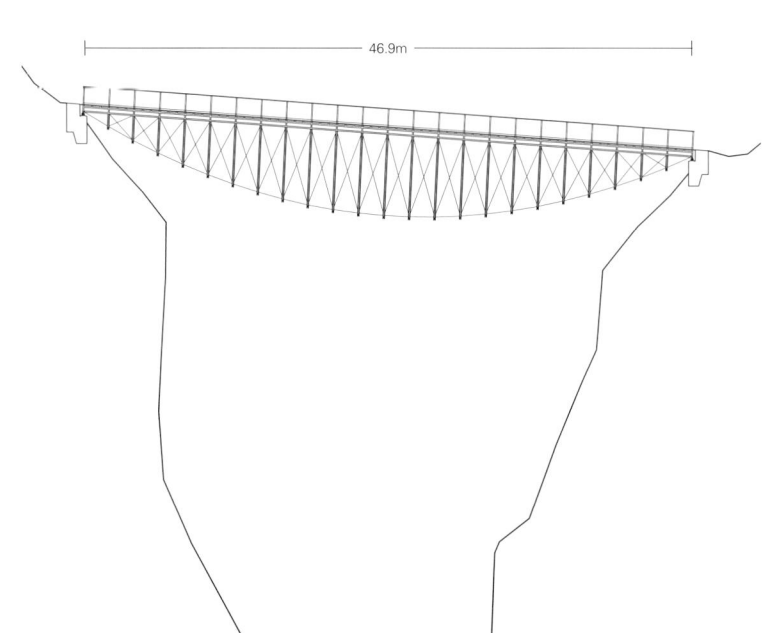

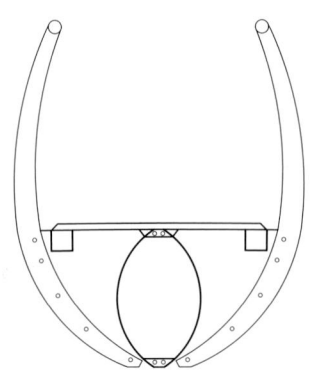

プラスチックの橋、ヴィンタートゥール、スイス、2001

　新材料を用いること、とくに高性能プラスチックを用いることは、建設という行為における試みのひとつである。どの時代にも、新しい材料に対する適切な施工方法や構造システムの開発が望まれるが、はじめてつくるものには、つねに少しばかりの不確かさがある。プラスチック製の吊橋、あるいはそのアーチ橋、トラス橋など、これらは建設材料の最適な用い方を決定することがいかに難しいかという例である。1992年のイギリスのアバーフェルディー、1995年のスイスのポントレジーナ、1997年のデンマークのコリング、2001年のフランスのリェイダ（Lerida）、そして、2001年のスイスのヴィンタートゥールなど、初期のプラスチック製の橋は、みな小さな歩道橋である。

　高強度で軽量、耐候性に優れるという、繊維補強プラスチック（FRP）の利点は、橋の建設材料として非常に魅力のあるものである。FRPは応急橋や可動橋にぴったりの材料である。しかし、残念ながら、建設されたほとんどの事例は、とくに材料に適合したものとは言えない。プラスチックは接着や溶接が容易であるにもかかわらず、ハンドレイアップのFRPは、金型で成型され、鋼構造と同じようにボルト締めされる。ほとんどのFRP製の構造物は、それがプラスチックであるようには見えない。ロベール・マイヤールは、彼の時代の新しい建設材料、つまり、鉄筋コンクリートのポテンシャルに気づいていただけでなく、それに適合する構造的アプローチの開発にも挑戦していた。これは、新しい構造システム、新しい建設方法、そして、新しい彫刻的表現形式さえも、開発に導いたのである。高コストであることと耐熱性に劣ることは、確かに、橋にプラスチックを使用することの、構造および施工面での障害となっている。ロングスパン屋根のような他の領域では、FRPの膜部材のように、FRPに適合する構造形態が見つけられている。したがって、そう簡単にあきらめてはならないのである。

　スイスのヴィンタートゥール近郊のケンプト川に架かる16mの小さな歩道橋は、90%がガラス繊維であり、重量は850kgしかない。ボルトと緊張材だけが鋼製である。この橋の構造的に興味深い部分としては、その形態がとくに材料の特性に適っていることが挙げられる。これは、上に述べた事例とは対照的である。シュタオブリ・クラート＆パートナーのエンジニアらは、イヴェルドンのExpoブリッジに向けての経験を蓄積するために、この実験的プロジェクトにおいて、スイス連邦工科大学チューリッヒ校（ETHチューリッヒ）とFRPメーカーと協力して仕事をした。歩道橋は、緊張材を4本だけ必要とする。2本は桁の上側に、もう2本は下側に必要とす

Knippers, Park, 2003;
Sobrino, 2002
On Aberfeldy, Pontresina, Kolding: Structural Engineering International, Volume 9, SEI 4, 1999
On Lerida: Structural Engineering International, Volume12, SEI 2, 2002

スパン16m、総重量850kgのFRPの橋

る。これらは主として架設時に必要となるものである。すなわち、FRPの板が、のちに曲げに抵抗するのである。プラスチック製の部品は、円形に近いダイヤフラムに接合される。せん断力は高欄を兼ねたウェブによって伝達される。コンクリートの基礎は不要である。FRPは腐食しないため、桁の端部をただ土に埋めるだけでよい。そしてある種の風格が橋に宿ってきたのである。デッキに響く足音はやや独特だが不快というほどではない。

桁内からの照明は、プラスチックだからこそ可能である。

フレディクシュタットの可動橋、ノルウェー、2006

　このスパン56mのプラスチック製の可動橋は、ノルウェーのデザイン事務所のグリフ社と技術を担当するフィレコ社のエンジニアによって設計されたものであり、とくに材料に適合したデザイン的アプローチがなされた事例である。この橋は、ヴェステレルヴェン川に架かる。2基の油圧ジャッキが、橋の片方ずつを上げ下げする。それぞれ長さ28mの片持ち梁の重量は20tであり、カウンターウェイトなしで動かすことができるほど軽量である。ベアリングにのみ鋼が用いられており、高い局部応力を伝えている。桁は2方向に曲がりをもった箱断面であり、内部には横方向にGFRP（ガラス繊維補強プラスチック）製のダイヤフラムが入っている。他の部分は、CFRP（炭素繊維補強プラスチック）である。箱断面の下側は、10–38mmの厚さのラミネートで構成されている。デッキの表面は、バルサ材を挟んだサンドイッチパネルである。このパネルは、軸重2tまでの車両の重みに耐えることができる。サンドイッチパネルには、冬季の凍結防止のための熱線が組み込まれている。桁の外面は半透明である。つまり、桁の内側から照明することができる。
　この橋は、FRP橋のなお続く発展の可能性を明確に示している。

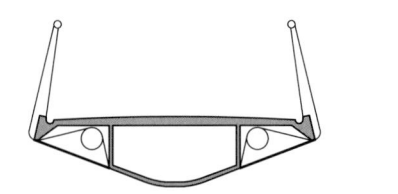

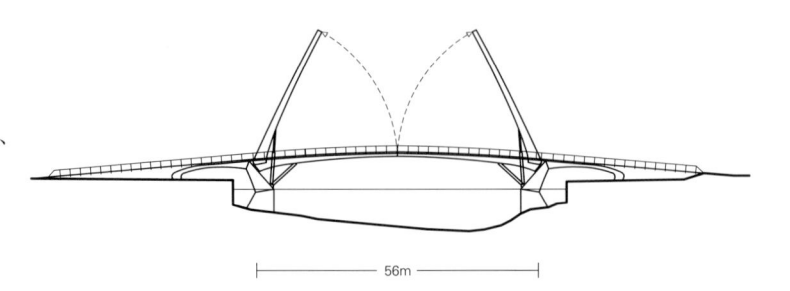

軽量なプラスチックは動かすのが容易

Stadterweiterungen und -reparatur

都市の拡大と再生

Die Autos sind die eigentliche Bevölkerung unserer Städte geworden. *Marshall McLuhan, 1964*

自動車は、われわれの都市の事実上の住人になってしまった。 マーシャル・マクルーハン、1964

自動車によって、全ての歩行者が完全に街から追い出されたわけではないが、第二次世界大戦以降、自動車の増加は多くの歩行者を環境の悪い歩道や、薄暗い地下道へと追いやった。交通に適した都市というのは20世紀初頭から構想されてきたもので、世界大戦後、都市計画という名の政策の下に実行されてきた。それは随分早くから構想されていたにも関わらず、過ちに気づくには遅すぎたのである。その結果、多くの都市は傷つけられ、住みにくくなり、元来の精神を失ってしまった。高速道路の出現によって地域は分断され、歩行者がそこを横断するためには歩道橋を建設する以外に方法は無くなってしまった。都市の中心部では問題はさらに複雑で、6から10車線もある道路によって、かつてひとつに結合していた地域が分け隔てられてしまっている。地下よりも地上を好む歩行者が多いので、1970年代以降、歩道橋は地下道よりも好まれるようになってきている。交通が衰退していくなどとは誰も思ってはいないだろう。むしろ現状はその反対である。自動車と歩行者を同じレベルで共存させる方法があれば、どんなものでも歓迎されるだろうが、交通が発展し続けている現代において、それを維持することはほぼ不可能といえる。とはいえ、この問題によってアーキテクトとエンジニアは歩道橋を建設する機会を得るようになったのである。

　多くの都市では、都市内の河川にあまり関心を示してこなかった。河川を輸送路として活用していたかつての工業地帯や、貨物港は、1990年代より再開発が行われ、都心に近い住宅地や商業地域へとその用途を変え始めている。川沿い地区の質をより良くするためには、歩行者の負担を少なくする短いルートが選ばれるべきである。都市の拡大と再生によって、そこに住む人々の生活環境が改善されなければならない。このような開発によって、歩道橋は単に通行するための道としてだけでなく、人々にとって魅力的な公共空間になるだろう。

フライブルクの吊床版橋、ドイツ、1970

　レネ・ヴァルターが、ビルヒェルヴァイトで歩道橋における吊床版構造の合理性を実証した少し後、ヴァルターよりも先に吊床版のコンセプトを研究しつづけていたウルリッヒ・フィンスターヴァルダーは、ドイツのフライブルクで最初の作品をつくる機会を得た。ここフライブルクでは、街の中心が交通量の非常に多い道路を渡って公園と接続することになっていた。マストもしくは主塔をもつ橋を、世界的に知られたフライブルク大聖堂が見える風景の中に置くというのは適切でないので、平坦で多径間の吊床版橋が理想的であると考えられた。公園からのアプローチ部は今日でも美観が保たれているのだが、それに比べて、街からのアプローチは見劣りがする。つまり、バス駐車場や周辺地域の質の低い整備によって、この場所の雰囲気は壊され、そのような周辺環境の中に置かれた橋は本来の魅力が損なわれている。設計はディッカーホフ＆ウィットマンが行い、「この特殊なデザインに発生する余分なコストが認められたのは、橋の軽快さや優美さ、そして難しい都市環境におけるその統合性が評価されたからである」と述べている。今日、多くの発注者は事業の予算に主眼を置き、橋の価値に重きを置かないが、当時は土木事業の文化的責任がよく理解されていた。この3径間の吊床版橋は、内部に通されたディビダーク鋼棒でプレストレスされた厚さ25cmのコンクリート床版でできていて、ふたつのサドル上で方向変化し、橋台でアンカーされている。床版は、中間橋脚と橋台にあるサドル上の薄い支持板の上に置かれており、プレストレスによって上方向に持ち上げられている。荷重が増加しても、ケーブルは支持板の端部で折れ曲がることはない。それはこの支持板がとても薄いので、ばねのように機能するからである。サドルの支持板先端からの支間長は、25.5m、30m、そして34.5mである。橋脚のフーチングはコンクリートのジョイントによってヒンジ結合されているため、橋脚はジョイント位置で、さまざまな荷重状態に応じて回転することが可能となっている。

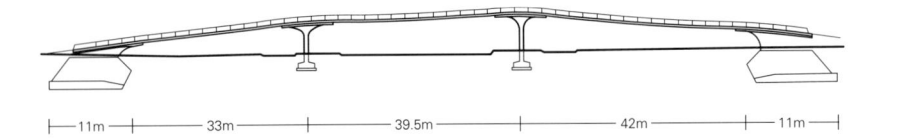

Batsch, Wolfdieter and Heinz Hehse, Spannbandbrücke als Fußgängersteg in Freiburg im Breisgau, in: Beton- und Stahlbetonbau, March 1972, pp.49-52

都市の拡大と再生

カンシュタッター歩道橋、シュツットガルト、ドイツ、1977

　フライブルクの例で見たように、都心の多くの道路は、歩行者が渡るには危険である。シュツットガルトも同様で、ここでは1977年に連邦庭園博覧会が開催され、宮殿庭園のうち、中庭園と下庭園を結ぶ歩道橋が新たに建設されることになった。歩道橋の設計に携わったランドスケープアーキテクト、ハンス・ルッツは、設計にあたって、歩行者が橋の上にいるということさえ気づかないような橋とすることを目標とした。そのため、植栽を橋の通路に沿わせる予定であった。当時まだレオンハルト・アンドレの事務所に勤務していたヨルク・シュライヒは、あたかも利用者を吸い込むかのようにアプローチの幅が広がった橋長51.2mのアーチ橋を設計した。橋に向かって公園の地面は盛り上げられ、両端に植栽が生い茂っている。平坦でスレンダーなアーチは、（右図のように）断面の両サイドが軽く曲げられることによって、3つの面で構成されたシェルのように機能している。この橋の最終的な形状は、橋の上に載せられた植栽用の土の重量で決定されている。土の重量は、橋の構造を安定させる役割を果たしているのである。
　竣工後まもなくして、成長した植栽に覆われて橋は見えなくなった。土木構造物というよりむしろ、空中に浮かんだ庭園か緑の橋の下を通過しているという印象を受けるドライバーも多いだろう。もちろん、植栽が自動車交通を完全に遮断してくれるわけではないが、人間と乗り物の間に、ある種の緩衝材として機能しているのである。これはすべての都市にあてはまる解決方法ではない。というのも、都心部で植栽を青々と茂らすことは、時には過剰なことだからである。しかし、このカンシュタッター歩道橋は宮殿庭園の一部として評価されている。それは、利用者がほとんど橋だと気づかないような橋である。1977年に開かれた連邦庭園博覧会の開始当初、植栽は青々と生い茂っていたのだが、生真面目な植木職人は、それを単なる雑草と思い刈り込んでしまった。

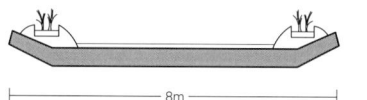

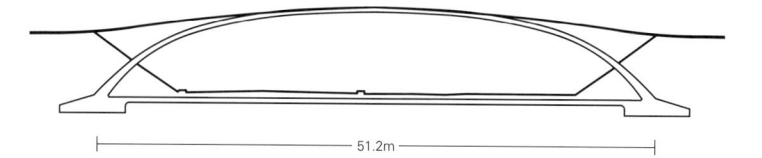

ショッピングセンター側への眺め

フラウエンフェルトの歩道橋、スイス、2003

　この小さな歩道橋は、効果的かつ歩行者に優しい都市整備計画の一環として建設されたものである。この歩道橋は、新しく建設されたショッピングセンターに隣接し、ムルク川を臨む高台に位置する城の下という印象的な場所に架けられている。木構造の専門家であるヴァルター・ビーラーによる設計は、構造体に優美さを与え、洗練されたデザインにすることで、歴史的な街の中心部と、現代的な商業地域をつないでいる。城のある街を眺める方向とは反対側の高欄は1.3mの高さがあり、非対称的な断面形状をなしている。城側の高欄は、城への眺めを阻害しないように低くなっており、スチールのカバーが取り付けられている。そのため利用者は、窓辺に寄りかかるように高欄によりかかることができる。この歩道橋の高欄と路面は、カラマツ材の細長い薄板（120×60mm）が細かい隙間で敷き並べられているため、下の川面が見えて不安に思うほどではない。ヴァルター・ビーラーは木構造の基本的なルールに注意を払いながら、ホーリスティックなデザインアプローチを行っている。歩道橋はあらゆる側面に打ち当たる風雨から守られた桁によって支持されている。高さ65cmの6本のトウヒの集成材で構成された幅115cmの桁は、張力ボルトを使って締めつけられており、スパン20mのコンパクトな主桁を形成している。また、主桁の上には2%の勾配をもつ鋼製パネルが敷かれている。床を構成する部材は、鋼製の部品と木材から構成されており、主桁の上に設置されている。この歩道橋は夜間ライトアップされ、その姿はなんとも優美である。

Seraina, Carl, Schlossmühlesteg in Frauenfeld. Fragile Körperhaftigkeit, in: architektur aktuell, 10, 2003, pp.122–129
Engler, Daniel, Brücke und Balkon, in: tec 21, 33–34, 2003, pp.7–9

—1.2m—

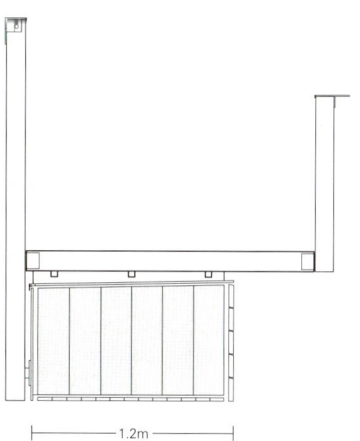

グローセンハインの橋、ドイツ、2002

　無駄なものを省いてただシンプルに設計することが、デザインの洗練につながると本当に言えるだろうか？　小さな村の歩行者用の道も、可能な限り最短距離を通るようにつくられるべきである。それは、連邦庭園博覧会のためにグローセ・レーダー川を渡るいくつかの歩道橋が架けられたここグローセンハインにおいても見られる。建築家のマルチン・ザオエアーツァッフェは、ifbベルリンのエンジニアと一緒に、スパン9.5mの小さな歩道橋を設計した。その橋は、5tまでの緊急車両の通行が可能である。構造システムは、高欄を形成する2つのトラス桁からなっている。これらのトラス桁は8枚のパネルから構成されており、各パネルはほぼ正方形で一辺の長さは約1.15mである。このパネルの端部は、工場で2度折り曲げられている。上弦材（U100）と下弦材（U160）の役目を果たす溝形鋼は、トラスのパネルにボルトで固定されている。トラスの垂直材と斜材は、厚さ4mmの鋼板にCADで自動制御されたレーザー切断機を用いて作り出され、魅力的な装飾の中に組み込まれている。そしてこのパネルは亜鉛メッキされている。装飾は構造体のせん断力に忠実であり、斜材は支点に近づくほど、少しずつ太くなっている。

　手すりとして機能する溝形鋼は、普通の向きとは反対に取り付けられており、桁の上弦材にボルトで固定されている。この橋は遊び心いっぱいに装飾と構造とを結びつけている。このデザインは、見る人になるほどと思わせる説得力を持っており、光と影の相互作用を含めた全体の視覚的な効果は、装飾と構造の組み合わせから生み出されている。

構造と装飾がこのように一体化することはめったにない

135

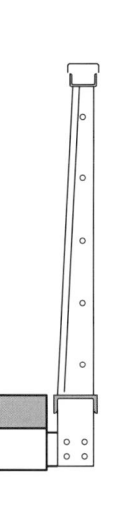

廃れていた場所の再生の象徴

スムーズに橋へとつながるアプローチ

マンチェスターのマーチャンツ橋、イギリス、1995

　ウィットビー＆バードはひとつの会社の中で、デザインと構造の両方を扱っている。マンチェスターのキャッスルフィールドでは、古くからある工業地域が再開発されることになっていた。ウィットビー＆バードは、この再生事業の一環としてのコンペに、大きく湾曲したダイナミックなアーチ橋を提案（設計）し勝利した。この橋は大きく湾曲した片持ちの円弧によって運河と波止場を横断している。この橋のエレベーションは高く、絶えず下からの歩行者の目にさらされるため、橋の底面は特に注意してデザインされた。橋台はコンパクトにうまく収まっており、橋の形態にもマッチしている。白く塗装されたこの橋は、工業地域の生まれ変わりの象徴である。

　近年、アーチが傾けられた橋が増えているが、それらのアーチは、まっすぐなデッキに対して、片側に取り付けられて傾けられていたり、両側に取り付けられて外側に開いたようなものであったりする。しかしそれらは、多くの場合、審美的な理由でそのように設計されているのだということに注意すべきである。この場合、歩行者の荷重によってアーチに作用する応力は、アーチが鉛直にある場合とほとんど変わらず、ただ、デッキを吊るハンガーの傾きが変化している。アーチの死荷重の作用線は、もはやアーチの面内には存在しておらず、アーチ両端の基部を結んだラインから偏心している。それゆえに、アーチはその基部に作用するねじりモーメントに抵抗するため、基部でしっかりと固定されなければならない。なお、基部にねじりモーメントを発生させない方法としては、ほかにも、カーブしたデッキを懸垂ケーブルで吊ったときに生まれるケーブルの形状を反転させたようなアーチ形状とするという方法もある（p.121参照）。

　片面だけのアーチはとりわけ問題が多い。ハンガーの傾きによって水平力が生じ、デッキには鉛直軸まわりの曲げモーメントが発生する。加えて、支点の偏りによって床版にねじりモーメントが生じる。マーチャンツ橋では、そのねじりは鋼製の管によって橋台まで伝達される。このような構造は効率の良いものではないが、これらはしばしばデザインに興味深い解決策を生み出し、現代の多くの歩道橋デザイナーがこのようなデザインを取り入れている。本書では、サンティアゴ・カラトラバ、ジリ・ストラスキー、ウィルキンソン・エアとフリント＆ニール、ハビエル・マンテローラらによる傾いたアーチを紹介している。

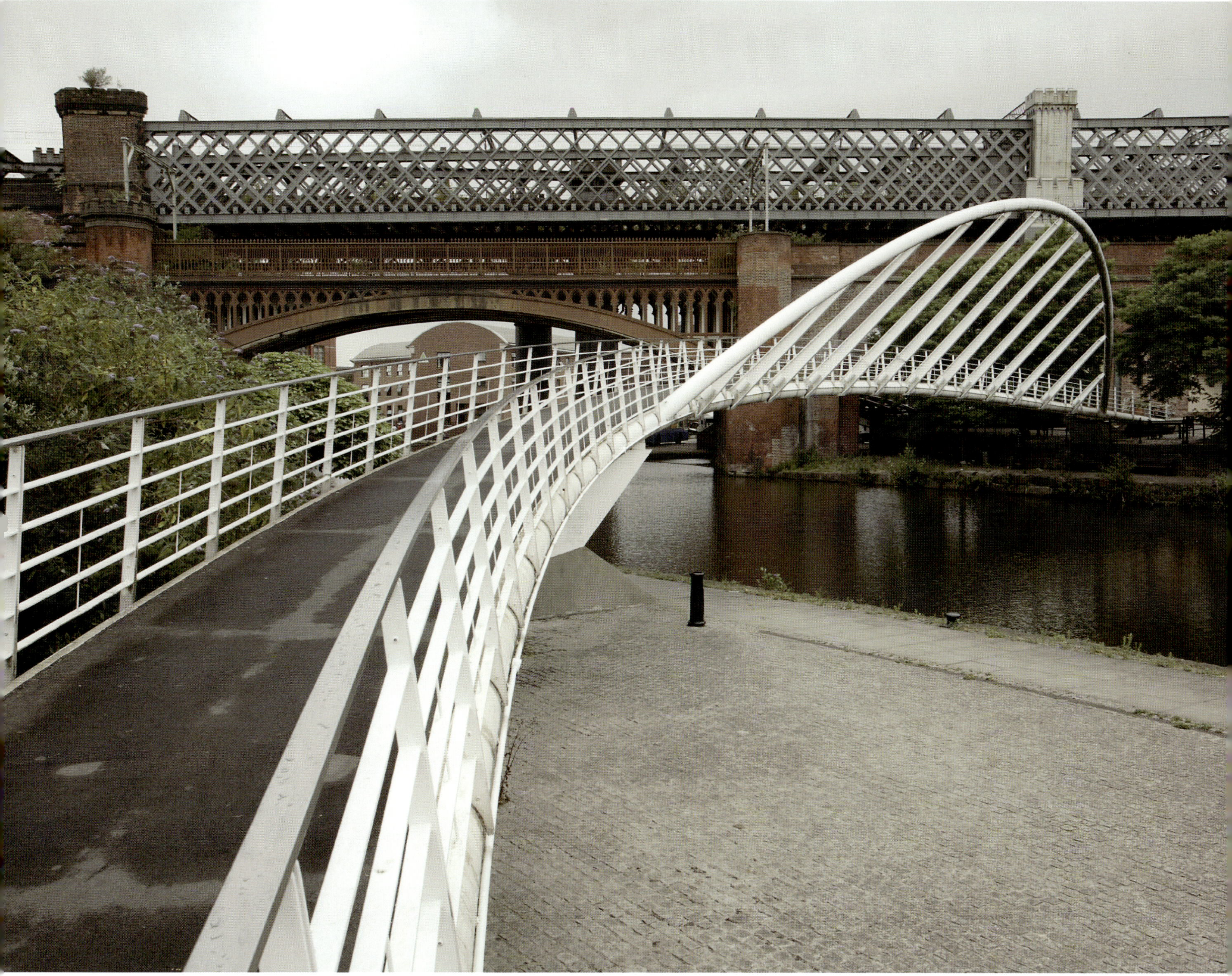

ロイヤルビクトリアドック橋、ロンドン、イギリス、1998

　1980年代、あるいはそれ以前のロンドンのドックランドを知っている人で、今のドックランドがその場所であるということに気づく人はいないだろう。そこではドックランドの中心的な交通機関であるDLR（Docklands Light Railway）が建設され、北から南の地域にかけて、生活の質は非常に向上してきている。そのような中、ロイヤルビクトリアドックでは、隣にあるセーリングクラブからのヨットのマストの非常に高いクリアランスの要求を満たしながらも、どのようにして歩行者に港を横断させるかという問題が浮上してきた。リフシュッツ・デヴィッドソン・サンディランズのアーキテクトとテクニカーの構造デザイナーは、19世紀のデザインにヒントを得た案でコンペに勝利した。それは40人乗りのゴンドラが、高くて開放感のあるデッキの下を運行するというものであった。全体のデザインは印象的で、ビクトリアドックに実にふさわしいスレンダーな構造物であった。スパン128mの上下逆さまのフィンクトラスが水面上15mの高さでデッキを吊ることで、さらにこの橋を個性的なものにしている。アルベルト・フィンクはドイツで生まれ、1850年にアメリカへ移住し、特許を取り、アメリカの市場に彼のトラスを持ち込んだ。彼は1897年に亡くなるまでの間、膨大な数のフィンクトラスをアメリカに建設した。なお、その中で最大のものはスパン38mであった。しかし、現存するものはそのうちのわずかひとつしかない。[1]

　ロイヤルビクトリアドック橋において、高い位置にあるデッキへのアクセスには、階段とエレベータが有効と考えられた。箱桁断面は支柱間の真ん中で厚みを増している。この突出部はウッドデッキを突き抜けていて、それはまるでひっくり返された船のようである。

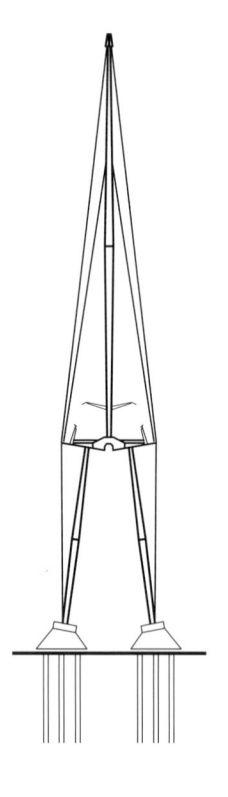

1　Plowdon, David, Bridges, Norton & Company, 1974, pp.63-64
Detail, 8, 1999, pp.1474-1478
Architectural Review, 5, 1999, vol. CCVII, No.1239

都市の拡大と再生

スパン128mの上下逆さまのフィンクトラス

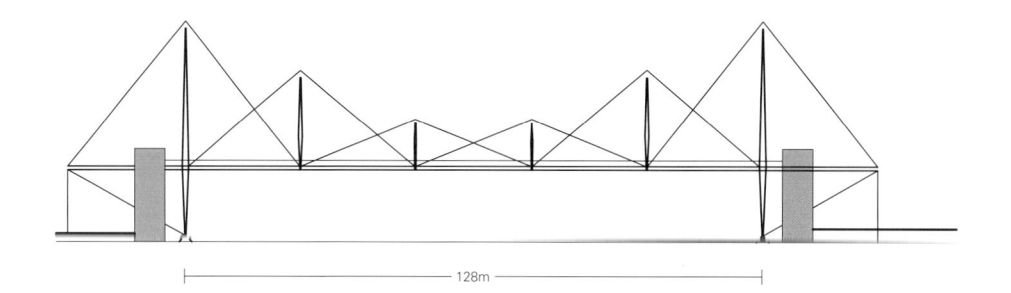

ペドロとイネスの橋、ポルトガル、2006

　ポルトガルのコインブラでは、歩道橋は、旧市街の中心部と新しい住宅地域を、その間にある公園を通してつないでいる。構造の独特な形態、素材の選択と色彩は、贅沢でユニークなイメージをもたらし、それは簡単な表現をすれば象徴的と言うことができる。この歩道橋は橋の中央で互いにずれたような形態をしている。お互い最後まで添い遂げることができなかったペドロ王とイネスの悲劇の恋物語によく親しんでいる人ならば、この橋のデザインにそれを思い起こすかも知れない。中央にあるこのずれは、橋に小さな舞台を創出している。この歩道橋は鉄筋コンクリートと鋼製のデッキからなる複合構造である。中央にある放物線状のアーチと、各アプローチにあるふたつの半分のアーチによって橋は支えられている。アーチをずらすことと、アーチの外にデッキを片持ちで張り出すことによってねじりが生じてしまうため構造的な意味はほとんどないのだが、構造物の挙動への悪影響も実はほとんどない。この歩道橋は、橋長が274mあり、中央のアーチの支間長は110mである。この歩道橋は、アラップ社のセシル・バルモンドと彼が率いる設計部隊、先端幾何学ユニットが、構造エンジニアであるアントニオ・アダオ・ダ・フォンセカと、AFアソシアドスの所員と一緒に設計したものである。この橋の目を引く部分はもちろん高欄である。さまざまな方向に傾いたカラフルなガラスのパネルが、屈曲したスチールの枠に収められており、光を反射し輝いている。夜には、結晶のように見える。手すりはデッキの路面と同じく木材でできている。このように近くからの視線にもデザインへの配慮がなされているということは、都市交通において歩行者がますます重要な参加者であると考えられていることを示している。ドイツ語圏の国々のように、構造物のデザインとプロダクトデザインの境界は曖昧なものになってきているのである。

Adão da Fonseca, António, Cecil Balmont, Conceptual design of the new Coimbra footbridge, footbridges, 2005, 2nd International Conference, 2005

中間地点でのアーチのずれによって約275mの橋長は視覚的に半分になる

パリのセーヌ川に架かるソルフェリーノ橋、フランス、1999

　パリほど、川に沿って美しい風景を持つ街はない。そこには橋にまつわるさまざまな伝説がある。パリの橋は映画の題材にもなっている。例えば、レオス・カラックスの1991年の映画に、「ポンヌフの恋人」がある。その映画の中で、改築のために封鎖されたポンヌフは、ひどく貧乏な大道芸人の男と眼病から視力を失いつつある画学生の女の避難所になっている。封鎖をされたポンヌフはあたかも歩道橋のようであり、見た人に新鮮な感動を与える。都市再生というテーマは複雑なものである。ポンヌフから下流側に向かって、歩道橋のポンデザール、道路橋のカルーゼル橋とロワイヤル橋があり、チュイルリー公園とアナトール・フランス波止場の間に架かり橋の名前と同じ名の通りに続いているソルフェリーノ橋がある。エンジニアでありアーキテクトでもあるマルク・ミムラムは、デザインの質への挑戦を夢見てフランスとアメリカで教育を受けた。ミムラムはアーチ橋を設計したが、それはアルコル橋やアレクサンドルⅢ世橋でもそうであるように、その場所の固有性に呼応するものであった。それは単純なことだが、セーヌ川に橋脚を立てないこと、セーヌ川両岸の異なった高さを遊歩道に効果的に接続すること、セーヌ川の眺望の阻害を最小限にするために軽い構造物をつくること、というものである。なお、異なる高さを遊歩道に効果的に接続するというのは、実際に行おうとするとかなり困難な仕事である。上側の動線と下側の2つの動線とが橋の中央で接続されるという形態は、アーチのシルエットに完全に従っており、非常に洗練されたデザインである。道路レベルと高水敷の歩道を接続するという考えはうまく実現されている。つまり、都市再生の挑戦に取り組み、それを解決したわけである。この橋はこの付近の歴史的に発達してきた歩道のネットワークを最適な方法でつなげたのである。

　この橋の建設は、単に点と点を結ぶという橋の1次元的性質を超えて、いかにして魅力あふれる形態にまで昇華し得るかということについての美しい事例のひとつである。スパン約110mの軽量な鋼のアーチ橋で、マルク・ミムラムはアーチとデッキの双方が歩行者用の通路になっている構造物をつくり出した。アーチの作用力を許容値内におさめ、下を通る船とのクリアランスを確保するためには、一定のアーチライズが必要である。この必要なアーチライズによってスロープの勾配は10％を越えてしまうため、アーチ上に階段を設けなければならなかった。上側のデッキの幅員は11mから15mでほぼ水平である。橋の上部構造のウッドデッキは船の甲板を連想させる。ふたつの歩道を互いに貫通させたことによって、理想的な動線が得られ、光と影の演出が生まれた。道路レベルのデッキは、アーチ上の歩行者にとっては屋根となる。実は、この橋はロンドンのミレニアムブリッジ（p.168参照）と同じ運命をたどった。それは、開通直後の振動により、制振装置が取り付けられるまで閉鎖していたということである。しかし、この出来事はすでに過去のことであり、現在この橋に歩行者の姿が絶えることはない。

Fromonot, Françoise, Marc Mimram/Passerelle Solferino, Basel, 2001
La passerelle Solferino, in: Ouvrages Metalliques, N° 1, OTUA, Paris, 2001

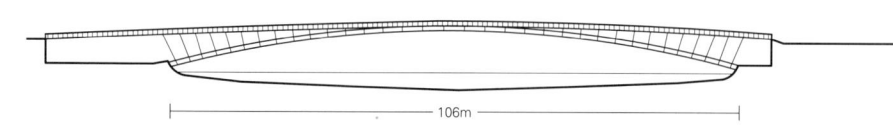

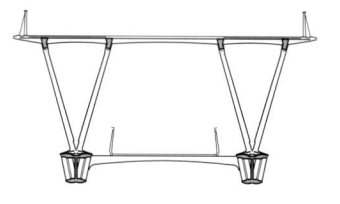

ふたつのレベルでセーヌ川に架かる橋長約100mの橋

143

国立図書館、大蔵省、バレ・オムニスポール、そして新しい歩道橋。これらは都市改造の象徴的存在となっている

シモーヌ・ド・ボーヴォワール橋、パリ、フランス、2007

　ベルシーはセーヌ川の南側にあり、ワイン大国フランスの中にあって、何世紀にもわたってワインを貯蔵してきた歴史の香り高い地域である。1990年代、フランス大蔵省がルーブル宮からベルシーの新しい建物に移転し、豪華な催しなどができる大きな体育館が建設され、ベルシー公園が整備され、そして最終的に4つのタワーがそびえる国立図書館の建設が完了した頃までには、この地域はかつて備えていた静寂を失っていた。セーヌ川両岸は、交通量の多い新たな場所へと変貌し、シモーヌ・ド・ボーヴォワール橋の建設へとつながった。この仕事は、1998年のコンペで勝ったオーストリアのグラーツ出身でフランスを拠点に活動する建築事務所ファイヒティンガー・アーキテクテンと、ライス・フランシス・リッチーのエンジニアに委託された。ベルシーでの都市再生は、近隣の雰囲気を一変させている。

　両岸における、高水敷、道路、駐車場および図書館という3つの異なるレベル差を連結するということは、並大抵のことではない。この橋は、歩行者に幹線道路を横断することなく図書館から公園まで渡ることを可能にするという点で、それだけコストをかける価値のあるものである。この橋はスパン194mもの長さで、扁平なアーチと吊床版が連結して軽やかに川を跨いでいる。引張力を受ける2本の張弦材と、圧縮力を受ける2本のアーチが、断面方向に見て、5.2m離れて平行に走っている。アーチリブは、50cmから70cmの高さがあり、幅1mの溶接された箱断面で構成されている。張弦材は、幅が1mで厚さが10cmから15cmの鋼板である。アーチと張弦材は7mごとに4本の鋼製ロッドからなる柱で連結されていて、ラーメン構造として機能している。アーチと張弦材は、スパンの4分の1点付近で互いに交差しており、橋を3つの主要なセクションに分けている。その3つとは、中央の106mのレンズ状の部分、北側の長さ47mの片持ち部、それと南側の長さ41mの片持ち部である。橋の建設は、まず、片持ち部が橋台に固定され、次に、アルザスで製作された550tのレンズ状の部分がライン川から北海経由で台船を用いてセーヌ川まで輸送され、そして、ふたつの片持ち部の先端より吊り上げられるという手順で行われた。

Feichtinger Architectes, Passerelle Simone de Beauvoir, with texts of Armelle Lavalou, Françoise Lamarre and Jean-Paul Robert, Paris, 2006
La passerelle Simone Beauvoir, in: Travaux, 833, September 2006
Kieran, Rice, La passerelle Simone de Beauvoir, in: Construction Métallique, 4, 2006

川岸の3つの高低差に対応した橋

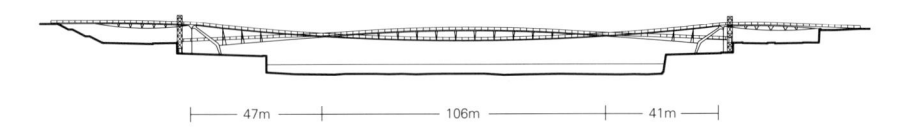

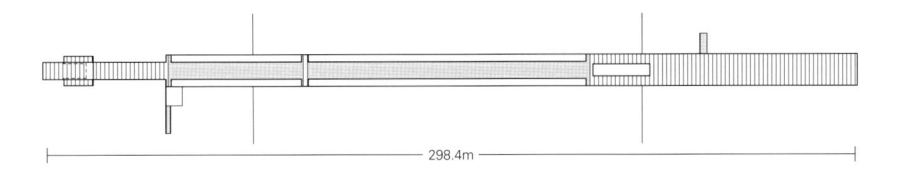

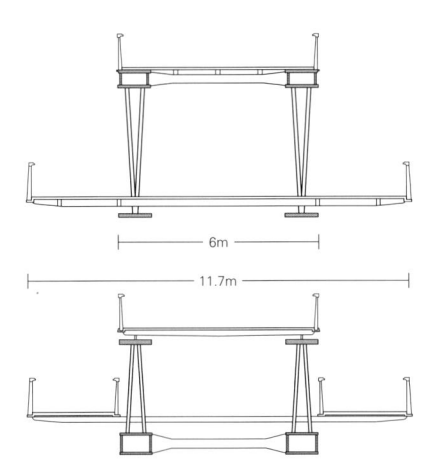

バルセロナの港橋、カタロニア、スペイン、2004

　他の多くの都市のように、バルセロナはここ数十年、海が近いという特権的な地位をおろそかにしてきた。1992年のバルセロナオリンピックと2004年の国際フォーラムは、街の中心部と浜辺を、歩行者に優しい方法でつなげる触媒となった。都市のマスタープランが展開され、人々を港湾に呼び込むために、約1,000もの船台が建設された。ヨットハーバーの主要なビルと、遊歩道とリストラル・ノレステ公園を結ぶ歩道橋は、アーキテクトのマメン・ドミンゴと、エルネスト・フェレ、エンジニアのアンゲル・C.アパリシオが設計を行った。

　その歩道橋は、橋長197mで、148mの支間長を持つワーレントラスである。多くのエンジニアは、この構造に対して納得はしないだろうが、部材で囲まれた空間が、何か建築の内部にいるような視覚的印象を与えるのである。平均6mのさまざまに変化する主構の高さは、構造物が極端に堅苦しい管状の通路として見えることを阻んでいる。張り出されたバルコニーとベンチによって、この橋は憩いの場としての特性も有している。さらにこの地域が発展すると、橋のバルコニーから見えるものがますます増えるようになって、その橋に来ることが目的そのものとなるかもしれない。

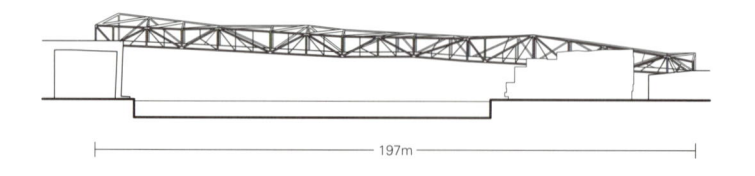

Aparicio, Angel C. and G. Ramos, Footbridge over the Sant Adria Marina in Barcelana, Spain, in: Proceedings of the Institution of Civil Engineers Bridge Engineering, 158, 2005, pp.193–200

がっしりとした門構えによって、新しい港エリアに圧倒的な存在感を持つ

Die Brücke als Innenraum

インテリア空間としての橋

Im Inneren spricht der Ernst des tragenden Sprengwerks. *Paul Bonatz, Fritz Leonhardt*

トラスの緊張感はその形態に由来する。　パウル・ボナーツ、フリッツ・レオンハルト

住居と同じように屋根や壁を持つ橋がある。元来、それらには橋を環境から守るという機能があった。これは、劣化しやすい部材接合部を天候から守るための合理的な方法であったし、今でもそうである。そう考えると、カバードブリッジが天候の厳しい山岳地帯で標準的な橋の形式として発展したことは当然のこととともいえる。
　カバードブリッジは、人口が密集した都市にも有効であることが多い。道路を跨いで建物をつなぐとき、橋は事実上、建築の内部空間の延長となる。つまり、橋はロビーにも廊下にも会議室にもなり得るのである。約90階建てのめまいがするような超高層ビルが二つ並んだクアラルンプールのペトロナスタワーには、40階部分を接続する歩行者用のカバードブリッジがある。しかし、ヨーロッパでは、まだそこまでの高さのものは造られていない。他に重要なものとして、空港の搭乗橋がある。これは旅客を雨に濡らさずに機内のシートまで導くため、高度な技術を用いて方向を変えたり伸縮したりすることが可能な歩道橋である。
　このような橋の構造や形態の本質は、今日では内部空間にある。確かに構造は内部空間を決定するが、それでも利用者にとっての快適さは、橋からの眺めや内部の照明に依存するのである。そのようなカバードブリッジにおいて、どのような空間を創出するかというのは、エンジニアの仕事というより、むしろ建築家の仕事と言った方がよいであろう。ある状況では、歩道橋には店舗や複数の経路が求められることがある。サラゴサのExpo2008のためにつくられたザハ・ハディドの意匠を凝らしたデザインもその一例である。橋の上に店舗を持つベネチアのリアルト橋とカバードブリッジの境界は、より曖昧になってきているのである。

Baus, Ursula, Verdichteter Weg. Brücke über die Areuse bei Boundry, in: db deutsche bauzeitung, 5, 2003, pp.62–67

インテリア空間としての橋

アルーズ川に架かる橋、ボードリー、スイス、2002

　アルーズ峡谷は、ヌーシャテルのジュラ山脈南部に位置している。ここは、大自然の美しい風景に囲まれた場所であるが、冬は危険なため注意が必要である。多くの道が完全に氷で覆われ、通行不能となるためである。この小さなカバードブリッジは、アルーズ峡谷の高く切り立った狭い場所を抜けるハイキングコースにあり、それは大きく開けた谷へと続いている。デッキの平面は緩やかなS字カーブを描き、そのカーブにしたがって側面の高さも変化する。この変化が空間の優雅な移り変わりを生みだしている。これは、アーキテクトとエンジニアのコラボレーションの一例である。アーキテクトはヌーシャテルのゲニナスカ・デレフォルトリエであり、エンジニアはエスタヴェイエ・ル・ラックのシャブレ・ポフェである。

　優秀なパイロットと馬力の強いロシア製のヘリコプターによって、プレファブ化されたトラス桁が建設現場の峡谷に運ばれた。この橋梁はスパン 27.5m で、水平に並んだ木製の薄板は、鉛直方向の鋼製フレームと一体化している。なお、架設は、二日間で行われた。

　断面の変化は、利用者にはほとんど知覚されないほど緩やかなものである。2.5m から 3m に高さが変化し、1.15m から 3.5m に幅が変化している。人々は橋の一端が閉じているように見えるため好奇心を抱く。つまり、橋の一端は、デッキを 2、3 歩進むまでその水平方向の屈曲によって隠されているのである。しかし、この内部景観はそれほど不安感を与えない。というのは、薄板は視線の抜けを作るので、利用者が自分の位置を把握することができるからである。この橋は囲まれてはいるけれども、ほとんど雨をしのぐことはできない。この橋の空間デザインは、ただ利用者の知覚に訴えかけるものである。

反対側の端は見えないが、内部からのどこからでも外を眺めることができる

カバードブリッジの内部からも構造が見える

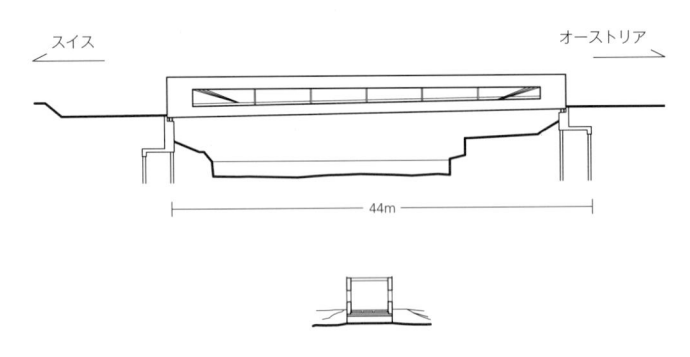

ガイサウのカバードブリッジ、オーストリア、1999

　カバードブリッジの本来の目的は橋の構造体を守ることであるが、木材工法の専門家であるヘルマン・カウフマンは、そこに非常に質の高い内部空間を実現した。橋のほとんどの部分は、利用者が自由な眺望を得ることができるように大きく開口がとられている。それにより、橋の内部はとても明るい空間となっている。このシンプルな直方体は、現代建築のデザインボキャブラリーのひとつであるフラットな屋根により実現されている。これは古典的なカバードブリッジで見られる切妻屋根（p.24参照）と同様、橋の建築的側面である。この橋はアーキテクトのヘルマン・カウフマンとエンジニアのフランク・ディックバウワーの協働によって設計されたものである。

　この橋は、スパン44m、幅員4.5mで、オーストリアとスイスの国境を横断する。スイス側の岸の高さは、オーストリア側よりも低く、そのため、側面図ではスイス側に行くにしたがって構造高が高くなっているが、屋根は水平のまま保持されている。2枚の主構は接着合板で構成され、橋の側壁を形成している。また、4枚の鋼板からなる引張部材と鉛直材によって、全体で吊構造となっている。

インテリア空間としての橋

木材と鋼材の接合部は、材料に適した方法で処理されている

フローヤッハにあるカバードブリッジ、オーストリア、1992

　この歩道橋は、ヨハン・リーベンバウワーとリグナムコンサルト・アンジェラー＆パートナーによって設計された。これはフローヤッハとカッチュの間に架かっていた廃橋が架け替えられたものである。スパン20mの3連の単純トラス橋は、それぞれが高張力鋼を用いた斜材によってプレストレスを与えられている。経済的な無垢材集成パネルを使用すると、堅く強度の高い木材を容易に一体化することができる。

　この橋の構造はフィンクトラスに分類されるため、2枚の主構には下弦材がない。床版は横桁端部の金物によって垂直材に接合されている。なお、この金物は、垂直材を貫通しないことで接合部の腐食を抑えている。構造部材に作用する力は、スパン中央に向かって増加する。斜材は支点部でプレストレスを与えられ、その結果、構造系全体の剛性が高められている。冬には気温が低下し斜材が収縮するため、雪荷重を支えるためのプレストレスが増加する仕組みとなっている。

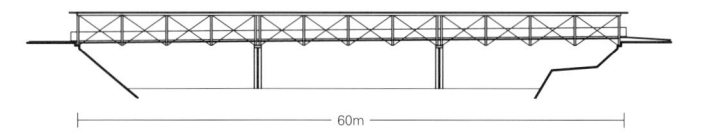

60m

ロイヤルバレエスクールの橋、ロンドン、イギリス、2003

　ロンドンのコベントガーデンにあるロイヤルバレエスクールと指定文化財のロイヤルオペラハウスは、ほんの数メートル離れているだけである。しかし、この数メートルのために、将来有望なダンサーやバレリーナはいったん外に出て道路を渡らなければならなかった。この橋は、フローラルストリートの上空に架かり、ふたつの建物の移動をより快適にするものである[*]。5つのチームが参加したこの橋のコンペが目指したものは、「ダンス」を橋のデザインによってどのように表現するかということであった。

　スパン9mの橋は、一見簡単そうであるが、実は複雑な条件を備えている。というのは、橋の両支点部が、縦断においても平面においてもずれているからである。ウィルキンソン・エアは、明るいシンプルな橋梁によって審査員達を唸らせた。それは、洗練されたデザインのカバードブリッジである。23個の正方形のフレームは、橋の軸線方向にしたがって4度ずつ回転し、最終的に90度回転する。つまり、橋の支点部でフレームが斜めに傾くことはない。フレーム間にある半透明のガラスパネルは、明るく透明な外観を創出している。また、大きくうねるような形態は、ダンサーの動きを思い起こさせる。このフレームのデザインは、外観においても、内観においても、この橋を魅力的にしている。このフレーム自体は構造的にはほとんど二次的な役割を果たしているに過ぎないが、内観と外観の相互作用において、そのことが気になるようなことはほとんどない。

* そのためこの橋は Bridge of Aspiration（大望の橋）とも呼ばれている。

Firth, Ian, New Materials for Modern Footbridges, in: Footbridge 2002, Proceedings, OTUA, pp.174–186
db deutsche bauzeitung, 6, 2004, pp.82–83

非日常の空間を創出する洗練された形態とミニマルな構造

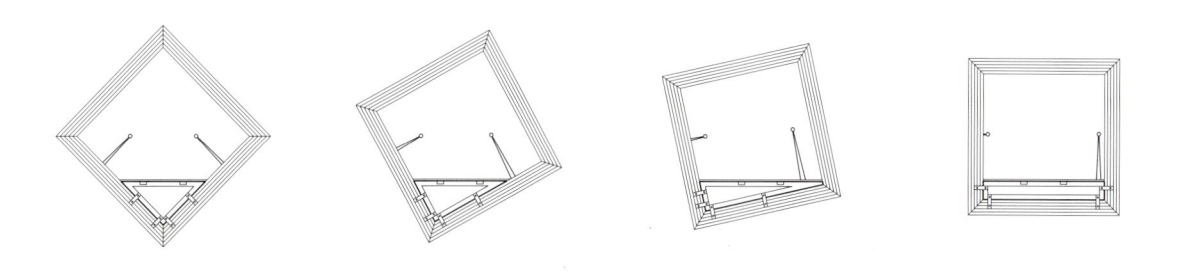

155

科学博物館の橋、ロンドン、イギリス、1997

　厳密に言うならば、これはカバードブリッジではない。しかし、この橋は屋根で覆われた空間の中にある。この橋はロンドン科学博物館の中にあり、風雨にさらされることはない。橋は重厚な周囲の建築から軽やかに吊されている。「材料への挑戦」というセクションにあるこの橋は、ウィルキンソン・エアにとって初の美術館のプロジェクトであった。そして、きらめく蜘蛛の巣のように中央のアトリウムを横断し、このギャラリーの象徴的存在となっている。鋼材やガラスの性能は最大限に引き出されている。この素材志向のデザインアプローチは、エンジニアであるウィットビー＆バードとウィルキンソン・エアのチームの協働によるものである。歩行者と橋の関係を強化するために、音響アーティストのロン・ギーシンは、コンピューターを用いて、橋と歩行者の動きに反応する音響効果プログラムを作り上げた。
　スパン16mのこの橋は、186本の非常に細いステンレスのワイヤー（d＝1.58mm）で吊られている。そのワイヤーは、橋に沿って一部クロスしている。床版は、合計828枚のガラス板で構成され、それらは5枚ごとにひとつに接着され、桁端のラインに平行に敷き並べられている。下向きのステイ・システムによって、構造は振動に対しても十分に安定している。ステンレスのワイヤー群は、ギャラリーの空間内に伸びていき、橋と周囲の空間に溶け込んでいる。

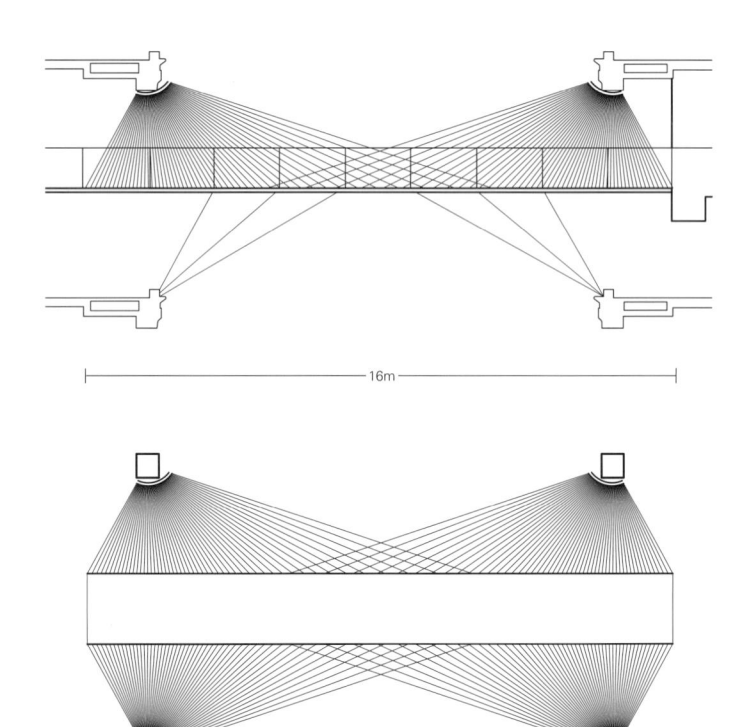

Detail, 8, 1999; Pearce, 2002, pp.204-209

156　　インテリア空間としての橋

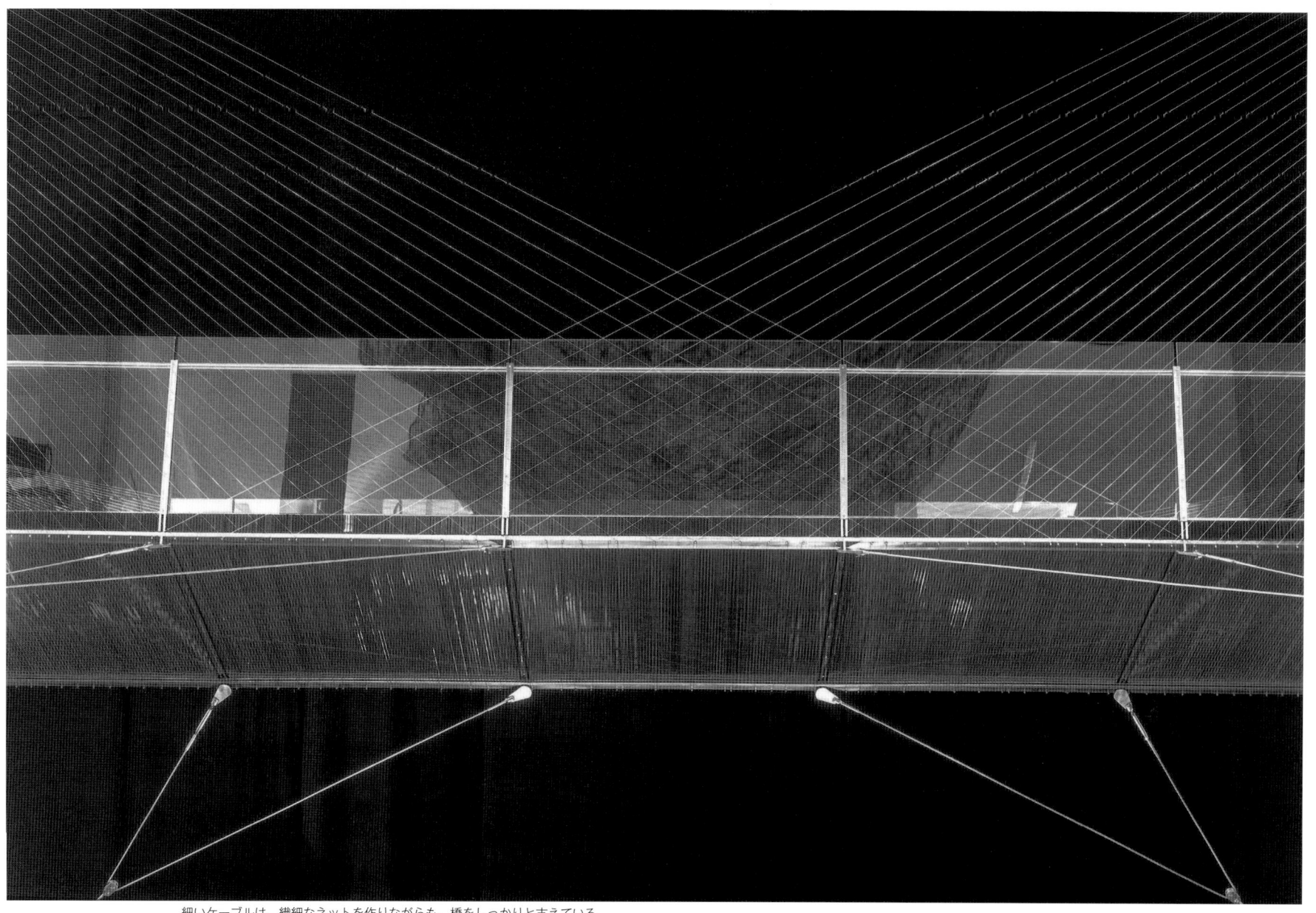

細いケーブルは、繊細なネットを作りながらも、橋をしっかりと支えている

ブリッジ・パビリオン、サラゴサ、ザハ・ハディド、2008

技術解説

カバードブリッジ

ここでは、現代のカバードブリッジが、伝統的なアルプスのカバードブリッジや家屋つき橋梁をはるかに超える多様性をもつものであることを示そう。カバードブリッジの新しい可能性は、たえず模索し続けられている。特に、床版、屋根、側壁が一体化され、チューブのように荷重を支える構造において、それは顕著である。このようなカバードブリッジは、他の橋梁形式よりもかなり大きな主構高／スパン比となるため、ここからデザインへの新たなアプローチが導かれるのである。

橋上の建築

初期のカバードブリッジも、単に屋根で覆われていたり、小さな料金所があったりしただけではない。それらは、完全に住居に覆われていたのである。テムズ川のロンドン橋は、1176年から1209年にかけて建設され、19連のアーチを持ち、完全に都市の一部となっていた。それは、中世の都市における住宅不足に加えて、さらに水の上に住居を設けるということは衛生上有利でもあったからである。水上の住居は、天然の下水設備を持つようなものである。このようなとても美しい橋の事例が、今もいくつか残っている。1293年に建設されたエアフルトのクレーマー橋、フィレンツェのポンテ・ベッキオ、ベネチアのリアルト橋がそうである。これらの橋のデザインはコンペによって決定されたが、当時すでに、そのような威信をかけた橋のコンペに勝つことは容易なことではなかった。例えば、リアルト橋のコンペは1551年に行われたが、実はあのミケランジェロとパッラーディオも参加していたのである。しかし、コンペに勝ったのは、スパン28.8mのアーチ橋を提案したアントニオ・ダ・ポンテであった。

機能

古典的な木橋は、主として環境から構造を守るために屋根などで覆われていた。アルプスの木橋にある板葺き屋根は、その急な勾配で雪が滑り落ちることによって大きな雪荷重から構造を守っていた。この屋根は、同時に

インテリア空間としての橋

屋根の最大勾配は45度

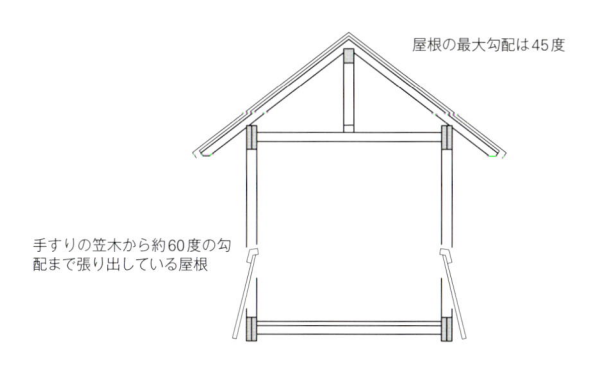

手すりの笠木から約60度の勾配まで張り出している屋根

典型的な橋の断面

ヒッティザウのクンマ橋　1720

雨からも構造を守っていた。つまり、屋根と側壁によって、木材は何世紀もの間保護されてきたのである。絵のように美しい初期の頃の事例が、ルツェルンのカペル橋である。これは、多数の杭橋台によって支えられた多径間連続の橋である。この橋は最初1333年に建設されたが、たび重なる火災により幾度も再建されている。

　幸運なことに、スイスの大工であるハンス・ウールリッヒ・グルーベンマン（p.24参照）の作品が、今も3橋現存する。彼は350年も前に、マルチストラットのトラスとアーチの構造で、118mものスパンに橋を建設した。

　台風が襲来するような地域においては、道路橋や鉄道橋の上部工や桁が緊急車両の避難場所となるような高い主構高をもって設計される場合がある。騒音公害もまた、都市内の高架橋に側壁や屋根をとりつける要因となる（その一例が、シュツットガルトのネーゼンバッハタール橋である）。このように例外もあるが、カバードブリッジは、一般に、歩道橋にのみ見られる構造である。歩行者のためのカバードブリッジは多様な用途を満たす。このような橋の多くに見られるのは、建物を連結するものであり、囲まれていることによりさまざまな要因から歩行者を保護している。歩行者は、駐車場からスタジアム、また、ショッピングモールやオフィスビルから別の建物へと風雨にさらされることなく移動することができる。多くの場合、囲まれていることにより、単に風雨を防ぐことができるというだけでなく、空調の効率も高まる。快適な環境をつくりだすためには、橋梁管理者の意図と利用者の心理の両方を考慮すべきである。ベネチアのドゥカーレ宮殿に架かる溜息橋を渡る投獄者の心境とロンドンの大望の橋（p.154参照）を渡るバレリーナの心境には雲泥の差があることは明らかであろう。

　空港の搭乗橋もまた、この種の橋に分類される。これらは、飛行機と搭乗待合室を結ぶものであり、天候から乗客を守るということに加えて、防音という機能も満たさなければならない。可動装置のない部分には、これから空の旅をする乗客に期待感を抱かせるた

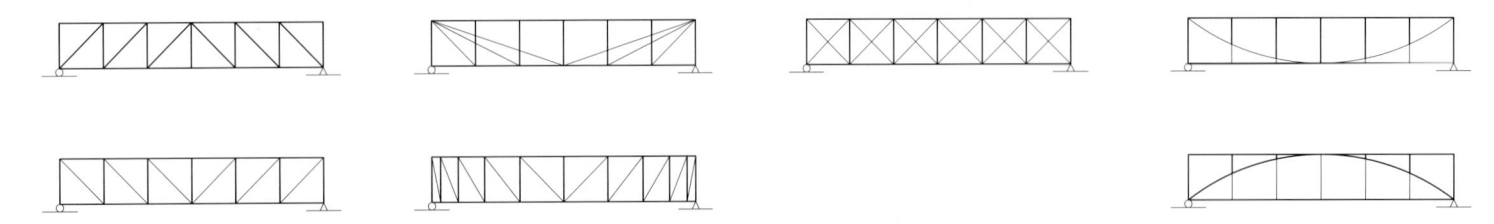

構造と囲いが統合された代表的な橋梁形式

め、壁にガラスが使われていることが多い。マドリッド空港のように気温の高い地域の空港において、カバードブリッジは太陽光を遮るという役割もある。そのため、半透明の素材が使われ、橋内部の温室効果を防いでいる。大型船舶に乗船するための塔乗橋は、完全に囲まれているか、少なくとも風雨から乗客を守るために屋根がつけられているものが多い。

残念なことだが、アメリカでよく見られるように、道路の立体交差部には高欄に沿ってフェンスが設けられることが多い。陸橋を渡る歩行者は、下を通る交通を脅かすと同時に、彼らもまた脅かされている。フェンスは、歩行者が下にものを投げたり、彼ら自身が飛び降りたりすることを防止するために設けられる。

荷重

カバードブリッジは、多くの荷重を支えなければならない。通常の橋では、雪荷重で断面が決定されることはない。雪荷重は一般的に活荷重に比べると小さなものであるし、最大雪荷重と活荷重が同時に発生することは、ありえないからである。しかし、カバードブリッジでは、これらの荷重は同時に発生しうる。そして、構造は屋根のある分余計に荷重を支えなければならない。さらに、囲いは受風面積を増加させる。英国規格BD 29/03では、カバードブリッジの内部空間に対して2.3mの建築限界を定めているが、主構高が増えればその構造体に作用する風荷重も増加する。建物をつなぐカバードブリッジにおいては、建物に伝達される荷重は建物の設計の最初の段階で考慮されていなければならない。そして、橋の構造的なふるまいによって、建物にどのような変形が作用するのかを分析しなければならない。

構造形式

以上のことを総合的に考えると、橋上の空間が囲まれるというのは構造上の負担となっているように思われる。そして、すべてのカバードブリッジが今まで挙げた古典的な橋のように美しいというわけではない。囲いと橋本体の構造が独立している場合においては、構造は囲いの余分な重量を支持することになり、しばしば不格好に見える。しかし、カバードブリッジは、この不利な点を美しさへと昇華させようとしたり、囲いを橋全体の荷重を支える構造の一部として一体化しようとするデザイナーに対して興味深い設計対象になり始めている。屋根が橋の構造部材として機能するとき、主構高はかなり高くなり、その結果、軽量で透過性の高い経済的な構造が可能となる。側壁は、圧縮材として働く屋根と引張材として働く床の一部を構成すると同時に、トラスの斜材としても働く。引張材の代わりにケーブルを使うとき、多数のヴァリエーションが可能になる。

チューブという形態は、構造であると同時に囲いでもあり、デザイン案としてしばしば考えられてきた。エンジニアでありアーキテクトでもあったフランス人のロベール・ル・リソレは、1962年にチューブ型のケーブルネット構造の実験を行った。その構造は、剛

ル・リソレの橋　　　　　　　　　　　　　　　　空気膜の橋　1970

な圧縮リングの周囲にバンドが巻かれた剛性の高いものとなっていた。しかし、隣接するビルは、これらのケーブルにプレストレスを導入するための大きな力に抵抗しなければならない。ヨルク・シュライヒは、1992年にケーブルで巻かれたガラスチューブ構造を提案した。それは、「曲げを受けるチューブにおいて、ケーブルは幾何学的な応力曲線に従うためである」（オスター）。橋が接続する建物は、プレストレスケーブルのアンカーとして働いている。さらに革新的だったのは、ケーブルの引張力によって、ガラスに圧縮力を導入したことである。ガラスを構造体として利用することは、最近の技術進歩により不可能ではなくなってきている。より一般的な方法は、ケーブルの代わりに剛な部材、つまり水平の鋼材でつり合わせることである。この方法は、マンチェスターのコーポレーションストリート歩道橋で採用されている。しかし、これは比較的重量のかさむ構造となる。

囲いと構造の一体化に成功したとても美しい事例に、1970年、芸術家集団のイベントストラクチャー・リサーチグループによってつくられたものがある。長さ250mの水に浮かぶ空気膜構造の橋が、ドイツのハノーバーにあるマッシュ湖に架けられた。その透明なチューブの直径は4mもあるが、ポリ塩化ビニル製の膜は、厚さがわずか0.4mmであった。チューブ内部の歩行部は、強化繊維で補強され、その下には、回転を防ぎ安定性を強化するために、水の入ったチューブが取り付けられていた（オットー、ヘルツォーク）。この仮設構造体は、「空気膜構造」というシンポジウムのために、同じチームによって1972年に再びつくられた。チューブの安定性のためにある程度の空気圧が必要である。その空気圧は、曲線橋の技術解説で述べた圧力容器（ボイラー）の式を適用することにより求めることができる。（p.116参照）

Herzog, Thomas, Pneumatische Konstruktionen, Stuttgart, 1976, p.69

McCleary, Peter, Robert Le Ricolai auf der Suche nach der unzerstörbaren Idee, in: Archplus, 5, 2002, pp.64–68

Murray, Peter and Mary Anne Stevens, Living Bridges, Munich, 1996

Oster, Hans, Fußgängerbrücken von Jörg Schlaich und Rudolf Bergermann, exhibition catalogue, 1992

Otto, Frei and Bodo Rasch, Gestalt finden, Fellbach, 1995

Schlaich, Mike et al., Guidelines for the design of footbridges, fib, fédération internationale du béton, bulletin 32, Lausanne, November 2005

Wörner, Sven, Überdachte Brücken, Diplomarbeit, Ilek, University of Stuttgart, September 2001

Der Ruf nach Zeichen

シンボル性を求めて

Hable con ella. Sprich mit ihr. *Aus dem gleichnamigen Film von Pedro Almodóvar, 2002*

トーク・トゥー・ハー、ペドロ・アルモドバル

この章では、世界的に見られた現象、つまり、非常に多くの都市において、千年紀の変わり目をミレニアム記念の公園や塔、そして橋の建設などの特別なイベントで祝ったことに関して述べる。シンボリックな建造物によって重要なイベントを祝おうとする試みは、なにも新しいことではない。特に、19世紀から始まった万国博覧会はその好例であるが、今回の新しいミレニアムのために熱望された建設プロジェクトのいくつかは、歩道橋だったのである。

　あらゆる構造物は、それがドラマティックに演出され広く宣伝されるとき、象徴的な形態をもってデザインされる。近年、背の高いアーチをシンボリックに使用したものが多いことは注目に値する。それは、可動式であったり、傾いていたり、彫刻的であったりもするが、アーチは積極的に人々に訴えかける効果があり、構造も比較的扱いやすいものである。このような新しいタイプのアーチの巨匠といえば、間違いなくサンティアゴ・カラトラバである。彼の作品は、当初、世界中のエンジニア達の間で議論を呼んだが、このスペインのエンジニア・アーキテクトの功績には反論の余地がない。彼の作品は、1970年代からずっと橋梁デザインに新しい風を吹き込んでおり、衝撃を与え続けている。彼のアプローチの特徴は、彫刻として構造システムを読み解き、常に現地特有の形態を見つけ出すことである。さらに彼は、構造体の照明計画をプロジェクト全体に組み込んで考えている。これらのアプローチは既に世界的に認知されている。イギリスに拠点を置く建築設計事務所ウィルキンソン・エアや、フランスのファイヒティンガー・アーキテクテンは、さまざまなエンジニアとの協働によって手の込んだ象徴的な橋梁をいくつも生み出している。歩道橋におけるこのような構造の象徴性は、歩行者が再び街の主役となるのを祝うものでもある。ユニークなデザインの橋梁は、地域のアイデンティティを創出するのに役立ち、ポストカードになったりして旅行者を惹きつける。莫大なコストは、地域の象徴性の向上で埋め合わされる。ヨーロッパの都市では、地域のアイデンティティは不可欠なのである。

テル川に架かるデベサ橋、リポール、カタルーニャ、スペイン、1991

　カラトラバのプロジェクトすべてに見られるように、川の上に架かる雪のように白く孤立した形態は、両岸の性質の違いによって説明される。高さに5mの差を有する護岸の形状は、特徴的な階段を生み出し、バルコニーのようにデザインされた踊り場は、さらなるアクセントを与える。傾いたアーチは視覚的圧迫感を和らげる。検討模型の段階では、傾いたアーチがデザインを支配しているようであったが、実際の構造物では、低い方の岸にある橋台が視覚的に大きな役割を果たしている。この傾いたアーチは、ライズ6.5m、スパン44mである。古びた感じの床版の木材は、アーチと115度の角度をなし、鋼製ブラケットの上に敷き並べられている。

　片方に傾いたアーチは、橋台部分でデッキと剛に接合されているだけでなく、それぞれのハンガーとも固定されている。そのハンガーはねじりモーメントをパイプ桁に伝達するように固定されている。デッキには、アーチの傾きによって発生する水平力に抵抗する横構が設けられている。

（傾いたアーチに関しては、p.136参照）

Calatrava, Santiago, Des bowstrings originaux, in: Bulletin annuel de l'AFGC, 1999, 1 Frampton, 1996, pp.122-131

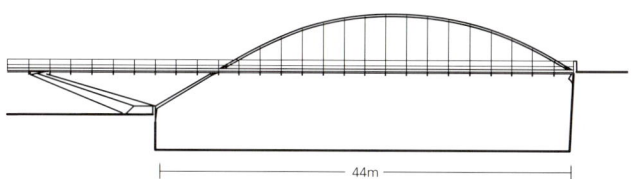

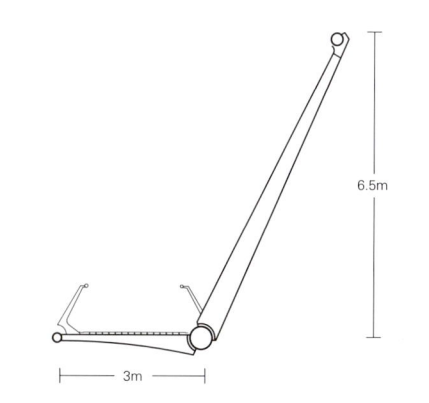

どの方向からも印象的に見える橋梁

165

大胆な形態。スパン75mの橋のデザインでシンボル性を獲得するには勇気がいる

カンポ・ボランティン歩道橋、ビルバオ、スペイン、1997

建築におけるフランク・O・ゲーリーのいわゆる「ビルバオ効果」は、サンティアゴ・カラトラバによって再び話題となった。彼は、美術館に対置するように橋を設計し、エンジニアたちを驚愕させた。カタルーニャ出身の建築家でありエンジニアでもある彼は、1951年に生まれ、バレンシアとスイス連邦工科大学チューリッヒ校で学んだ。すでに確立されたと思われた技術の思想に風穴を開けた人物として、彼以上の人物はいないであろう。

カラトラバは、ホセ・エウヘニオ・リベラからエドゥアルド・トロハ、カルロス・フェルナンデス・カサドまで、スペインの橋梁技術の伝統に精通している。そして、ドイツと同様に構造と形態の不一致がそれほど大きくないスイスの橋梁の伝統にも通じている。ドローイングを非常に得意とする彼は、1980年代に自分の事務所を設立した。パリは彼にとって第2もしくは第3の故郷となった。多彩な能力を発揮するエンジニアを邪魔するものはなく、彼は一気に世界の舞台に活躍の場を広げた。国境を越えて仕事をするというスタイルは、デザインよりもエンジニアリングの分野においてより多く見られるのである。

カラトラバの作品において、傾いたアーチは不可欠のものとなっている。ビルバオでも見られるように、ネルビオン川の上に架けられた活き活きとしたプロムナードは、かつての倉庫地帯へとつながっており、工業地域に新たな活力を与え、活性化させようとする試みのひとつである。ビルバオは、スペインの都市の中で変化の雰囲気を創出する象徴的な形態を橋に求めたが、カラトラバは見事にそれに応えてみせた。印象的なアーチの形態、まばゆいほどの白、劇場のような照明が混然一体となって橋の力強い視覚的イメージを生み出していた。これらはシンボル性を生み出すために必要なもののすべてでもある。

この橋の構造を独特なものにしているひとつの重要な点は、アーチとカーブした床版が同一平面内には存在せず、互いに交わっているということである。片側のハンガーはデッキの上空にあり、幾分か歩行者への囲まれた空間をつくっている。スパン75mの傾いたアーチは、吊ケーブルとともに安定した3次元的な構造をつくっている。直径45cmというアーチの細さは、その形態が偶然によるものではなく、アーチの曲げモーメントを最小化するために複雑な形態発見の過程を経た結果であることを示している。

橋のアプローチ部を構成する両岸の斜路つき橋台のために十分なスペースが確保されているということが、この彫刻的デザインに大きく貢献している。橋台は単に橋を支持するためだけにあるのではない。アプローチから橋へと移り変わる場所は、連続した都市空間に劇的な変化を与える場所であり、同時に、構造形態の変化とも共鳴しなければならない。

このデザインが生まれるためには途方もない計画のプロセスが必要だったと思われるが、カラトラバはそのような努力を恐れていないようである。

Frampton, 1996, pp.205–213; Torres Arcila, 2002, pp.256–267; Wells, Pearman, 2002, pp.58–63

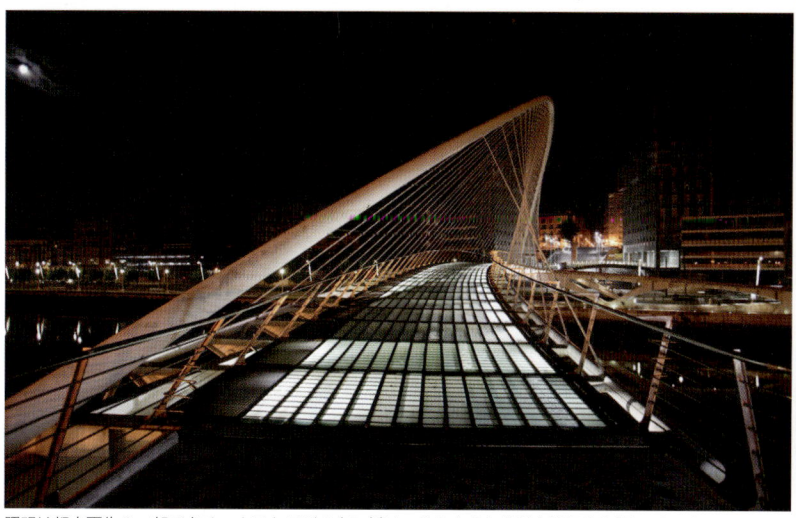

照明は都市再生の一部である。カラトラバの白い橋は、そのような役割を当初から担っている

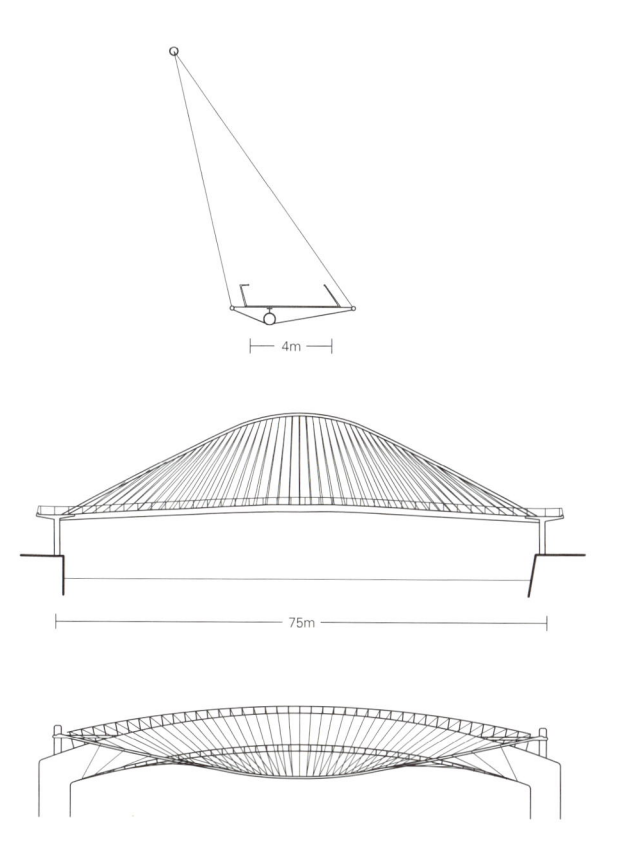

ミレニアムブリッジ、ロンドン、イギリス、2001

設置されたダンパー

「歩行者のみ通行可能。自動二輪、自転車、ローラースケート、ローラーブレード、スケートボードは進入を禁ず。」ロンドンのミレニアムブリッジの入口には、このように渡ることを禁止されている人々のリストが掲示されている。このような掲示がなされている理由に関して疑問が生じる。この橋は、2000年のオープニングセレモニーの後、振動のため、数日後に閉鎖されることとなった。しかし、構造自体は熟達したデザインの所産である。テート・モダンができたことで、この周辺地域はアイデンティティを獲得したが、この橋によりそれはさらに強化された。テート・モダンはヘルツォーク＆ド・ムーロンのデザインによるプロジェクトで、古い発電所を改修したものであるが、この橋が、その川の南側と市の中心部を結んだのである。上の2枚の写真は、ランドマークのひとつとして、また、都市再生の一部として、多くの歩道橋が直面する挑戦的状況を示している。それらの橋は、川の両岸の性質が全く異なる地域をつなぐということに対する何らかの解答を示すものでなければならない。ノーマン・フォスター事務所とアラップ社は、すばらしいスレンダーな構造でこの問題に答えたのである。

1894年のタワー・ブリッジ以来、初めてロンドンに架けられる橋、しかも歩道橋である。この橋は新しいミレニアムにふさわしく技術的に洗練されていることが求められた。この橋の長さは、330mであり、中央のスパンは144m、床版の幅員は4mである。この橋は、「おそらく現時点において最も繊細な構造を持つ吊橋」といわれているが、その小さなケーブルのサグがこの効果を高めている。通常の吊橋ではスパン・サグ比は10程度だが、なんとこの橋では60である！

これは、より高い張力がケーブルに作用するため、コストが非常に高くなることを意味している。また、吊材が傾いていることによって、橋は水平振動に影響を受けやすくなっている。この橋は、前にも述べたとおり、歩行者により発生した水平振動のために一度閉鎖された（「ロックイン効果」p.101参照）が、多数のダンパーを取り付けることによって、ようやくこの問題は解決された。

Wells, Pearman, 2002, pp.86–89; Millennium Bridge, London: problems and solutions, in: The Structural Engineer, 17 April 2001, n. 8 vol.79

テート・モダンからの眺め。アプローチのスロープは見晴らしのよいデッキへとつながる。橋は、スパン144m、橋長370m、ケーブルのサグは、2.30mである

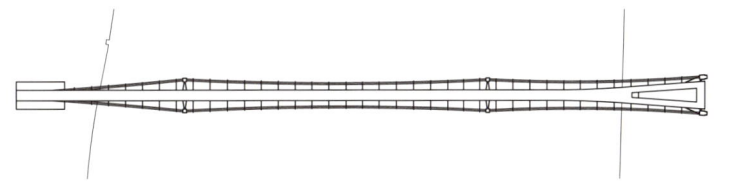

両岸の対比は、この橋のデザインの本質的な部分をなす

メモリアルブリッジ、リエカ、クロアチア、2003

　リエカは、イタリアのトリエステから50kmほど南にある都市である。この橋は、バルカン半島における近年の争いの歴史に対する記念碑として建設されたものである。この橋の控えめな象徴性は、視覚的に主張しすぎることなく環境の一部として都市に溶け込んでいる。設計はザグレブのアーキテクトである3LHDとリエカのエンジニアであるシビルエンジニアリングス・ソリューションズによる。アプローチ部は、旧市街地の中心から始まり、川を横切り、かつて港であった公園へと続いている。この橋は、橋長47m、幅員5.4m、スパン35.7mである。そして、幅3.15mおよび1.15m、高さ約10mの直立したコンクリート壁を有している。桁は鋼製の箱断面で、アルミのプレートで覆われている。高欄は、木製の手すりを取りつけたガラス製である。特殊なクレーンを用いて150tの桁を架設した際には、引き潮の時間帯に合わせて、2本の既存の橋の下を通過した。なお、橋台の下のコンクリート杭は地中17mまで埋められている。この橋のデザインにおいては、特にディテールと仕上げに注意が払われている。

　ところで、この橋は、ある橋を思い出させる。それは、1566年に建設されたボスニア・ヘルツェゴビナのモスタルにある小さいが有名な石橋である。その橋は、不幸にもボスニア紛争で1993年に破壊されてしまったが、平和の象徴として再建され、2004年に完成した。

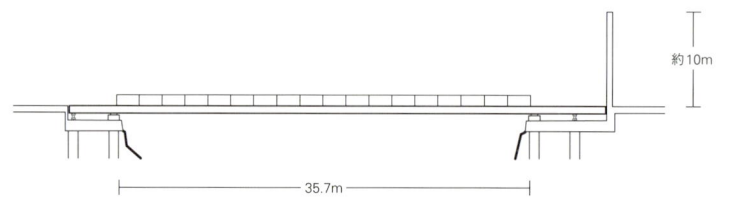

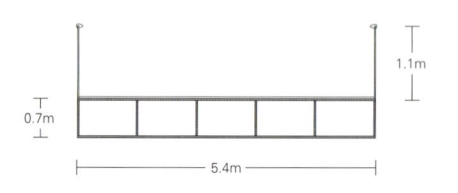

db deutsche bauzeitung, 5, 2003, pp.38–45

象徴的な橋と効果的な照明による演出は不可分である

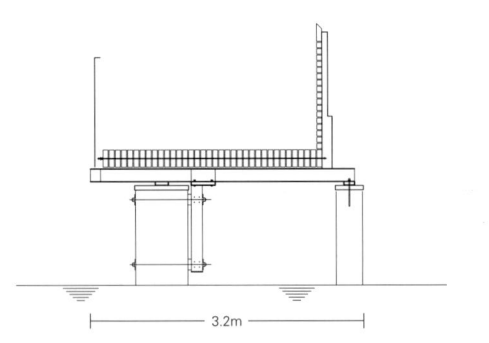

ラッパースヴィル近郊のチューリッヒ湖の歩道橋、スイス、2000

　ヴァルター・ビーラーは木構造の専門家である。木材に精通していなければ、このような橋をデザインしようとは考えないであろう。チューリッヒ湖に架かる長さ841mもの木製の歩道橋は、何世紀にもわたる歴史を有する聖ヤコブの巡礼路を再興しようという試みである。この橋には、多いときには1日に1万人もの利用者があるが、彼らの多くは巡礼者でないことにも触れておかなければならない。この巡礼は一種の行事的なものとも言えるが、橋のデザインは落ち着いていて、非日常の巡礼路をきわめて控え目に表現している。橋の途中にある休憩スペースでは、ついベンチに座って周囲の風景を眺めたくなる。ここから眺める風景は本当に美しい。233本のオーク製の杭は幅2.4mの床版を支えており、これらは湖底に打ち込まれた後、適度な高さにカットされたものである。その長さの違いは、9mから16mにもなる。直径の違いは、36cmから70cmである。これらは7.5mの間隔で配置されている。床版は、湖面から約1.5m上にあり、溶融亜鉛メッキされ、雲母鉄鉱の粉末でコーティングされた形鋼で構成されている。この形鋼は、デッキに対して横方向に配置され、杭の上に載っている。連続した木製の梁は、それぞれ1cm離れており、2.5m間隔で鋼製の腕木で固定されている。この非対称な形態の効果によって、利用者はついゆっくりと歩いてしまう。なお、ここは自然保護区に指定されいるため、野生生物保護の観点から、歩道橋には照明が設置されていない。

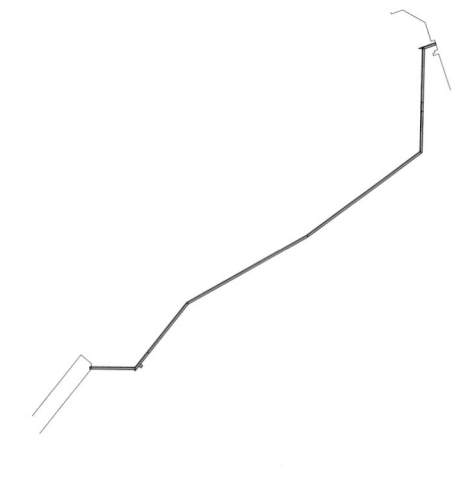

3.2m

172　　　シンボル性を求めて

自然保護区へと続く、壁のある巡礼路

1888年につくられた垂直なアーチと1997年につくられた傾いたアーチ

ベッドフォードのバタフライブリッジ、イギリス、1997

　象徴的なデザインの歩道橋をつくることは、都市の機能的整備といった、都市内の問題に限定されるものではない。歩道橋は、美しい自然や公園の多くにおいても象徴的なメッセージを発することができる。ウィルキンソン・エアのアーキテクトとイアン・ボブロウスキ＆パートナーズのエンジニアは、1995年に行われたコンペにおいて78組の競合相手に勝利して選ばれた。これは幅32mのウーズ川によって分断された公園とフェスティバルが開催される場所を歩道橋で結ぶために行われたものである。もっと単純な案があったかもしれないが、それは本質的なことではない。ふたつの傾いたアーチは、まさにはるか彼方から来た昆虫の羽根のようであるが、この橋に近づいていくと、アーチが招き入れるように人々を魅了するように見える。これらふたつのアーチは、互いに上部で連結されていない。つまり、デッキの上は、空に対して開かれているのである。このデザインは恣意的なものではあるが、この橋に隣接する1888年に建設されたJ. J. ウェブスターの橋を意識している。ふたつのアーチは、橋台にしっかりと固定されているため安定している。アーチの両端から橋台に伝達される曲げモーメントは互いに打ち消し合う。結果として、橋台には大きなモーメントが伝達されることはない。デッキの両側に作用する吊材からの水平力は等しく、反対方向であり、デッキ下の横桁を通じてこれもまた打ち消し合っている。洗練された照明デザインは、このようなすべてのシンボリックな橋に対して求められるものであるが、それに応えることによって、この橋の存在感はさらに高められている。

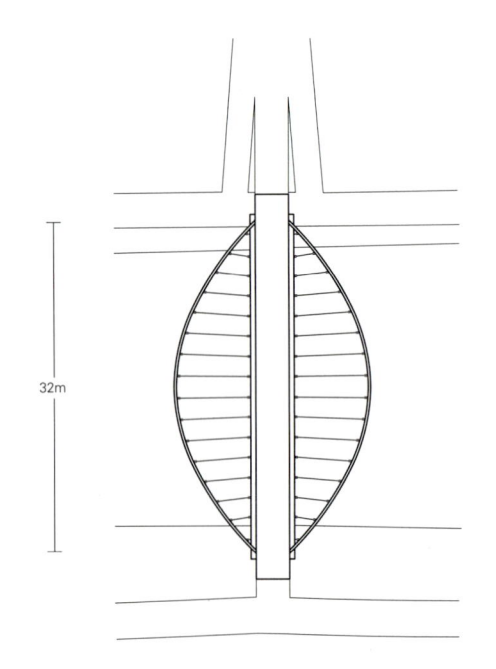

Pearce, 2002, pp. 200–203

シンボル性を求めて

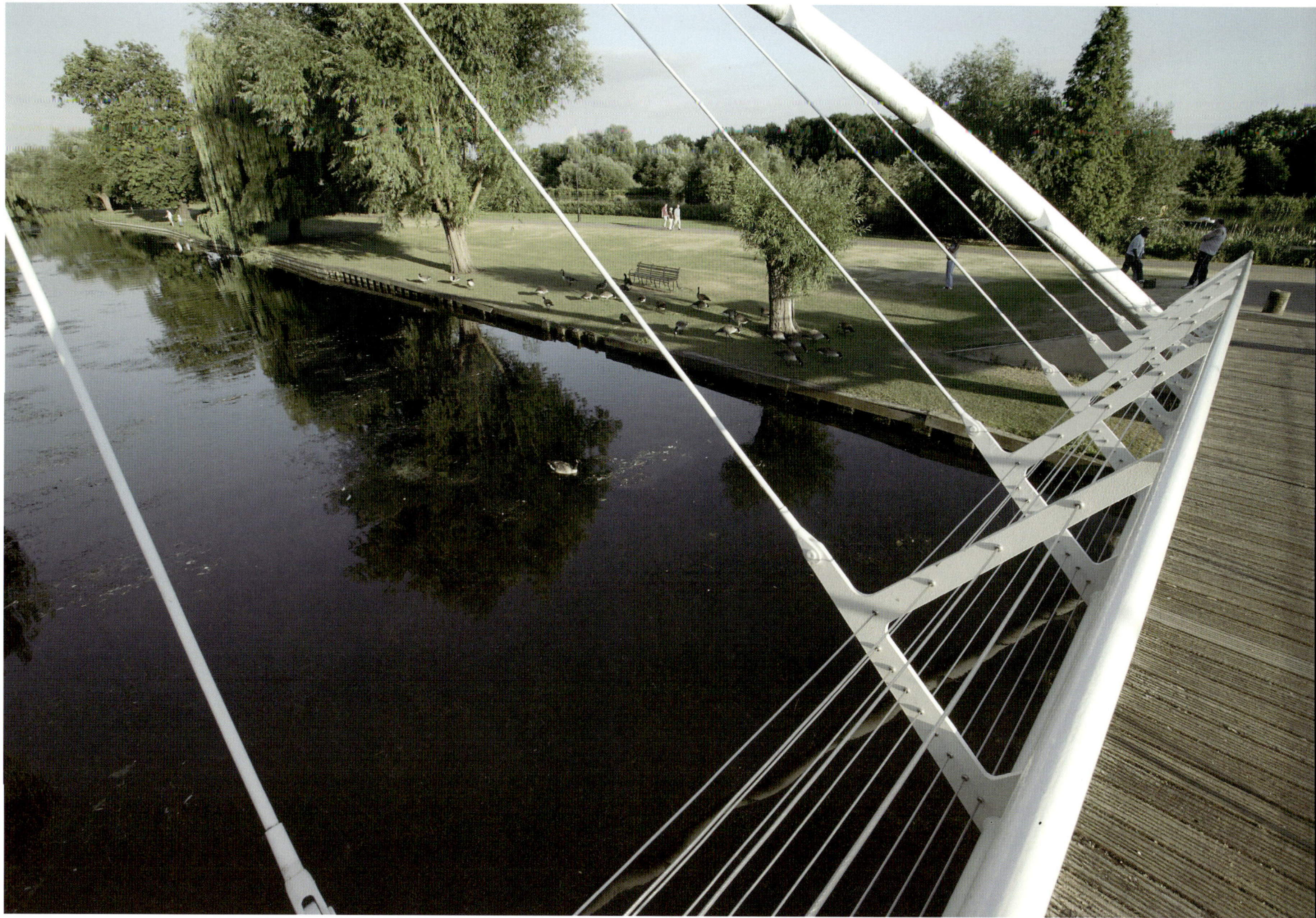

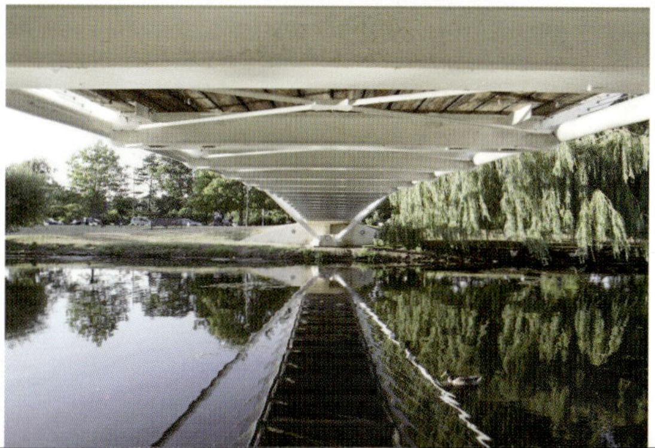

ヴァイル・アム・ラインへの眺め

ドライレンダー橋、ヴァイル・アム・ライン、ドイツ／
ユナング、フランス、2007

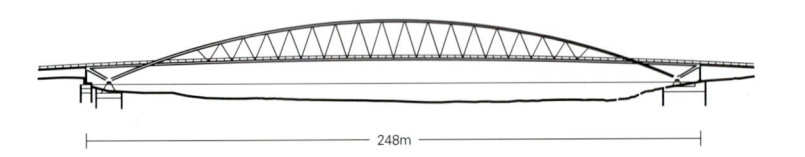

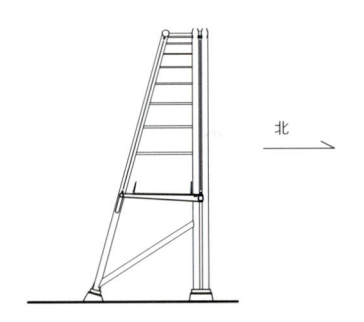

248m

北

176　　シンボル性を求めて

ふたつの国の国境に架かる橋は、その存在自体象徴的なものである。ヨーロッパは、いまだに政治的なアイデンティティを模索している。そのため、このような橋は特に重要であり、つなぐという役割に適したものを作るためにはいかなる投資も惜しまれることはない。例えば、ケールとストラスブールを結ぶライン川に架かる橋（p.240参照）は、機能的要求がデザインにまで及び、構造よりも優先されるような時、または、構造だけではデザイン表現が足りないような時に生じる難しさを示す良い事例である。ところで、このヴァイル・アム・ラインでは、設計コンペによってフランスとドイツを結ぶ歩道橋が建設された。それにより、フランスからドイツ側の大型ショッピングセンターへアクセスできるようになり、さらに、ライン川のフェリー交通が再編されることとなった。レオンハルト・アンドレ＆パートナーとファイヒティンガー・アーキテクテンは、このコンペで賞を勝ち取った。彼らの案はスパン230mの鋼製アーチというものであった。この橋梁の床版は引張材として機能するため、理論的には鉛直方向の荷重だけが橋台に伝えられることになる。アーキテクトによると、片側のアーチを傾けることによって、その方向の視界が広がる効果を狙ったとのことである。この非対称性は明らかである。北側のアーチは見るからに南側より重く、また、ふたつの六角形断面により構成されている。一方、南側のアーチは、円断面であり、北側のアーチの方向に傾いている。このアーチの形態は、美学的な判断基準によって修正されたものである。当初の放物線の形態は、端部周辺の勾配が急であったため、アーチの4分の1点を40cm上にずらして、やや丸みのあるアーチ形状とした。そして今は、斜め方向からこの橋を見ると、より丸みを帯び表情も軟らかくなり、安定感と静けさを感じるようになった。このように大きな橋の橋台は、一般に非常に大きくなることが多いが、ディトマル・ファイヒティンガーとレオンハルト・アンドレ＆パートナーのヴォルフガング・ストローブルは、アーチの基部に立体トラスを用い、巨大な橋台が地上に露出するのを避けた。このシステムは、アーチ基部によって川岸の遊歩道を妨げないようにするための唯一の解答であった。また、フランス側のアプローチには、車いすのためのエレベーターが設置されている。

　このスパン230mの構造によって、この橋は現在、アーチ歩道橋の世界記録を保持している。アーチライズがたった23mであることは、相当な技術的挑戦であった。この橋は、パリのシモーヌ・ド・ボーヴォワール橋と同じ方法で建設された（p.144参照）。つまり、橋台からアーチとデッキの交点までは片持ちで架設され、1,000tの中央のブロックは、その片持ちの先端から所定の位置にまで吊り上げられた。なお、2006年11月11日には、中央部の架設のため、ライン川が一夜閉鎖された。

　この橋は国境を越えた共存の象徴であるが、そのためにドイツとフランス両国の基準を計画に反映させなければならなかった。このプロジェクトに関わったメンバーたちは、EUにおける国家間の役所手続きの不一致に悩まされることとなった。

「破壊された教会」、カッセル、1987

モイランドの仮設橋、ドイツ、2003

　モイランド城美術館は、フランツ・ヨーゼフ・ファン・デル・グリンテンとハンス・ファン・デル・グリンテン兄弟の友人ヨーゼフ・ボイスの作品の重要なコレクションを保管していた。川俣正は、美術館の要請により、2003年5月11日から10月26日まで開催された展覧会「ブリッジ・アンド・アーカイブズ」のための仮設の歩道橋を設計した。エンジニアのヴェルナー・ヴィーガントとデュッセルドルフ美術アカデミーの学生の協力を得て、川俣は展覧会が開催された見張り塔と城の2階部分を接続する橋を造った。その歩道橋は大きかったが、魅力的で透過性の高いものであった。なお、鋼製の吊構造は木材で覆われていた。この橋は2003年の夏から秋にかけての仮設的な橋であったが、このプロジェクトは、図面から、そして川俣のテンポラリーな作品を長年撮り続けているレオ・ファンダークレイの一連の写真からも伺い知ることができる。

　日本人アーティスト川俣正は、木板を使うことによって内部空間や外部空間に関する探求を行っている。ちらばった棒きれと同じように、これらの木板は一見規則性がないように見えるが、もちろんそうではない。この構造は、ドイツ、カッセルのドクメンタでのプロジェクト、「破壊された教会」と同様である。川俣の生み出す橋は、空間的体験の拡張という明らかな機能を持っている。ここにはヴァルター・ベンヤミンの『パサージュ論』の影響が見られる。

Tadashi Kawamata, Bridge and Archives, Bielefeld, 2003

シンボル性を求めて

赤いアーチは、暗闇の中で一層映える

A1（第1回建築週間）*のための仮設橋、ミュンヘン、ドイツ、2002

　初めての建築週間が2002年7月12日から21日までミュンヘンで開催された。この展覧会は、建築が誰にとっても重要なものであるということを大衆に気付かせた。そこでは展覧会の中央にあるパブリックスペースに何かを展示する必要があったのだが、建築家のペーター・ハイマールとエンジニアのビールマイヤー＆ヴェンツルは、火のように赤いアーチの歩道橋をデザインした。これは、街路から展示会場の2階部分へと直接上がっていくというマティアス・カストロフのコンセプトに基づくものである。

　接着された木材の梁は、構造の背骨を支えるために使われており、弓のように見える。桁の断面（100×30cm）がどの位置でも一定なため、橋を短くする際にはどこで切断してもよいことになるが、これは重要なことであった。というのも、この橋は、建築週間の後、ドイツのフィーヒタッハにあるリートバッハの小川に移設され、スパンを7m短くしなければならなかったからである。長方形の波型のトタン板が貼りつけられた高欄も、これを可能とした。

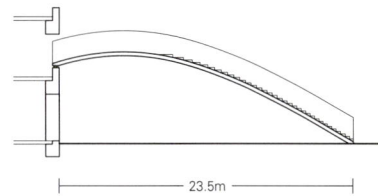

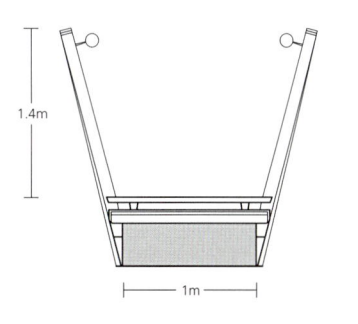

* Architekturwoche A1

Play Stations

遊び心

Der Mensch ist nur da ganz Mensch, wo er spielt.   *Friedrich Schiller, Die ästhetische Erziehung des Menschen*

人間は遊びの中において、完全に人間らしくいられるのである。　フリードリッヒ・シラー、人間の美的教育について

可動橋は近代の発明ではない。ゴッホが有名な跳ね橋を描いたはるか昔からすでに存在する。ある交通が他の交通の支障にならないように、交通システムや道路には可動橋が必要であった。なぜなら、船舶とのクリアランスが確保できる高さに橋を建設することが、常に合理的とは限らないからである。他の理由としては、外部からの攻撃を防ぐという理由もあった。例えば、古代から要塞には跳ね橋が取り付けられていた。ファウストゥス・ヴェランティウス（1551–1617）は、可動橋の問題に精通していた（p.34参照）。

　19世紀初頭、ナポレオンは不買同盟や軍事戦略という観点から、運河建設という比較的容易に引き返すことのできる道を選択した。つまり、オランダのフェンロを流れるマース川とドイツのノイスを流れるライン川とを結ぶグランカナル・デュ・ノールの建設である。ナポレオンはその建設の際に、ベルギーのアントワープへ向かいながら、11本の可動橋を建設した。しかし結局、彼はオランダの港を併合し、支配下に治めてしまったため、それらの橋は無用なものとなった。それとは対照的に、1905年にフェルディナンド・アルノダンによってマルセイユ港に建設された運搬橋や1883年にビルバオに建設された運搬橋では、盛大な落成式が行われた。

　橋を持ち上げたり、回転させたり、開いたりする以外に選択肢がないという状況は多くある。近代では、機械エンジニアの協力なしにこのような橋を建設することはできない。動く橋は壮観であるが、動かない橋よりも高価であるため、一定の技術的な投資が必要になる。機械エンジニアの創造性はきわめて豊かであり、構造エンジニアや建築家と協働する時には、特にその能力が発揮される。ここに紹介されているいくつかのプロジェクトは、歩道橋デザインの可能性のほんの一部でしかない。

　残念ながら活字ではものごとをリアルに伝えることができないが、可動橋のデザインには、見落とされがちな重要な一側面、つまり「稼働する際に発生する音」の問題がある。それらは、ガタゴト、ギシギシ、キーキー、ガラガラ、カチカチ、ブンブンと、まるで犬が吠えたてる様子にも似ているが、子犬のほうがうるさく吠えるのと同じく、橋もまた、小さなものが大きな音をたてやすい。しかし、音と動きはデザイナーを魅了する。ここでは橋は玩具にも似る。動いたり音をたてたりするものは、好奇心を掻き立て、人を童心に帰らせることができるのである。

クラップ橋、キールの入り江、ドイツ、1997

　水辺に接し、国際的に有名な船のイベントがあるというのは、その都市の特権である。その一方で、運河は交通量の多い高速道路や鉄道と同様に、都市構造上の支障にもなる。そのような場合、欠点を利点に変える努力が必要となる。バルト海に面した美しい街キールは、入り江によって東西に分断されている。1990年代の初頭、スカンジナビアのフェリー業者達は、当時あまり開発されていなかった東の地域への移動を希望していた。そのため彼らは、東西地域を結ぶ120mを越える橋の建設を待ち望んでいた。その橋は、航路を遮らないように可動式であることが求められていた。設計事務所の代表者は、3ヵ所で折りたたむことができるフォールディング・ブリッジを提案した。この橋はシュライヒ・ベルガーマン&パートナーのエンジニアらと建築設計事務所ゲルカン・マルク&パートナーのアーキテクトらによって設計された。伸びた状態では平凡なデザインであるが、この橋は一方のみ斜張橋の形式をとるスパン26m、幅員5mの橋である。橋の両側は、それぞれ2本のケーブルによって支えられている。床版の3分の1の地点に関節があり、ケーブルが上方に引っ張られるにしたがって折りたたまれる。これは橋の動きを面白くしているだけでなく、風荷重を受ける面積を低減している。この橋は、1日に約10回も開閉を繰り返さなければならないため、特に頑丈、かつ、維持管理が容易であることが求められた。この橋では、複雑な油圧や電気機械によるシステムを使うのではなく、特別に開発された単純な滑車システムが用いられている。開閉の間、すべての可動ケーブル、つまり、全体を持ち上げるメインの斜張ケーブルと先端付近の動きを制御するケーブルが、一定速度で回転するバックステイ端部のケーブルリールによって制御されている。このケーブルリールは他のシステムと同期させる必要がない。このような動作の結果、ふたつのタワーは岸の方へと傾けられるこ

Leicht, weit, 2004, pp.260–263; Knippers, Jan and Schlaich, Jörg, Folding Mechanism of the Kiel Hörn Footbridge, Germany, in: Structural Engineering International, 1, 2000, p.50

毎日多くの船が橋のゲートを通過する

182　遊び心

このような構造のデザインには、機械エンジニアが必要である

とになり、橋は船のために航路を開けることができる。折りたたむという複雑な動きにしては、驚くほど単純なシステムが採用されている。橋の開閉に要する時間は2分程度である。

　この橋の建設については、プロジェクトの初期段階から地域のエゴや政治的な駆け引きがつきまとっていた。この種の議論は、いつも設計を行う者にとって有害でしかない。この時の議論でも、残念ながら、この橋のもっとも重要なトピックである革新的なシステムについて、ほとんど触れられることはなかった。

183

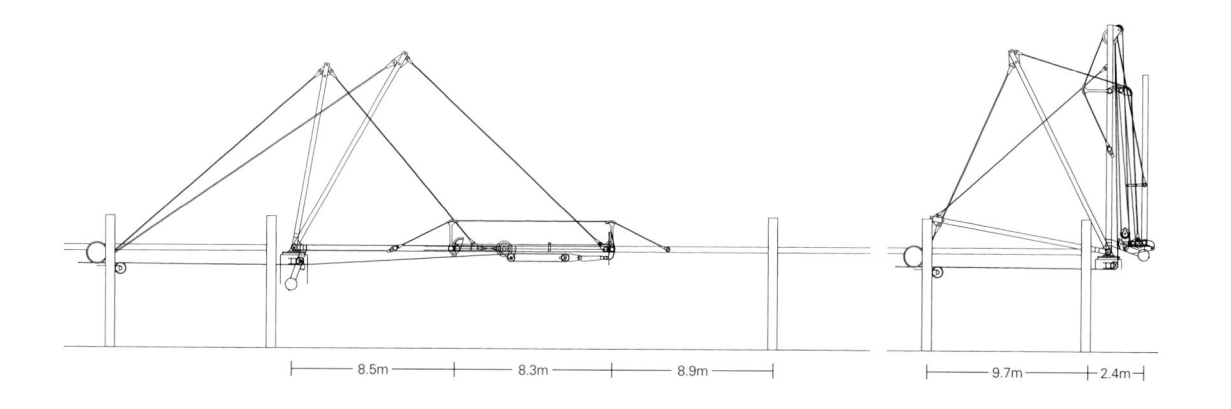

吊ケーブルがデッキを持ち上げる。その結果、橋下のクリアランスは8.1mとなる

カッツブッケル橋、デュースブルク、ドイツ、1999

　ヨーロッパの最も大きな内港は、広く入り組んだ船だまりのネットワークから成り立っている。その船だまりは、工業地域の中へと伸びている。工業地域再生の一環として、旧市街地の公園と新しくできた公園を結ぶための橋が港の内部に計画された。この歩道橋は、幅員3.5m、スパン約74mである。そして、橋の下を大きな船が通れるように橋自体が持ち上がる。この吊橋は、シュライヒ・ベルガーマン＆パートナーによってデザインされた。デッキは高さ20mの4本の鋼管マスト（d＝419mm）から吊られている。デッキの動きは、マスト頂部の小さな水平変位によって、ケーブルのサグを大きく減らすことができるという原理を用いている。また、油圧式シリンダーによりバックステイケーブルを3m短くすることで、マストの頂点は1.7m外側へ動く。この動きによって、床版は8.1m持ち上がり、「カッツブッケル」、つまり、ドイツ語で猫の曲がった背中のようになる。通常なら、デッキの曲率の増加に伴って大きな曲げモーメントが発生するが、この橋ではそのような問題は生じない。というのは、デッキは、短い部材が接合されたひとつなぎのチェーンのようになっているからである。デッキは、持ち上げられたとき3.65m長くなり、長くなった部分は橋台から引っ張り出される。この動きは非常に劇的である。この橋梁の動きを強調するように照明計画がなされたが、残念ながら、時々この照明は点灯されていない。

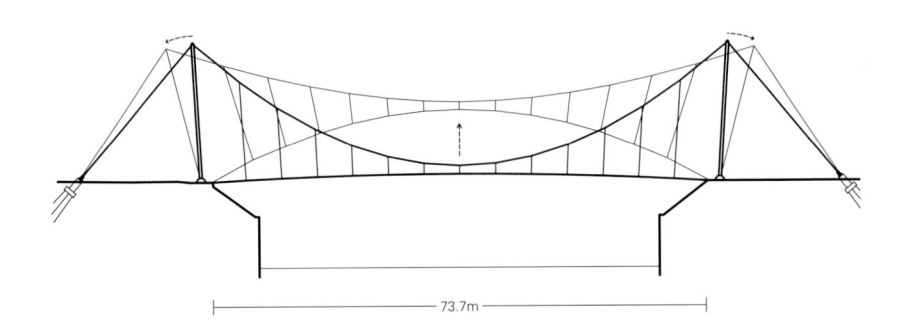

Leicht, weit, 2004, pp.264–267

遊び心

可動部には適切なディテールが求められる

7分以内で船が通行可能になる

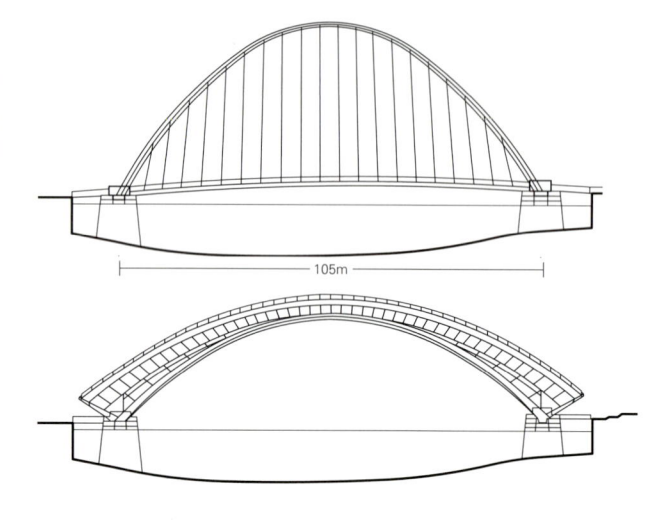

ゲイツヘッド・ミレニアム・ブリッジ、イギリス、2001

　この目を見張るような橋は、何世紀にも渡ってゲイツヘッドとニューカッスル間を流れるタイン川に架けられてきたいくつもの橋の最後を飾るものである。衰退している川岸の地域を盛り上げるために、このミレニアム・ブリッジは何か特別である必要があった。放物線を描いて湾曲しているデッキは、印象的な形態である。このような形態のものが動くということは、実に迫力がある。スパン105m、ライズ46.5mのふたつのアーチからなるこの橋は、共通の橋台を支点にして回転する。この回転により、幅30mの航路において、高さ25mの航路のクリアランスが生まれる。

　ウィルキンソン・エアのアーキテクトとギフォード＆パートナーズのエンジニアは、ふたつのアーチというアイデアで50組の他のコンペティターに勝利した。ひとつのアーチは床版となり、もう一方はメインのアーチとして機能する。そしてそれらが回転することにより、その下に航路を確保するというアイデアである。開いていく橋は、確かに見ものであるが、閉じている状態の橋もまた非常に美しい。この橋の建設の様子は、インターネットで見ることができる。この橋は、船体の全長90mのフローティング・クレーン、アジアン・ヘラクレスⅡ号によって、8km離れた製作工場から現地まで輸送され、ミリ単位の精度で正確に架設された。建設費や、回転時の運転コスト、ベアリングのコストを考えると、決して安いものではなく、むしろ、かなり高価なものとなった。

　カウンターウェイトによってつり合いを保っているため比較的可動しやすい跳ね橋とは異なり、ミレニアム・ブリッジは構造の重心が回転軸を跨いで動くために、橋を持ち上げたり下ろしたりするには非常に高出力のモーターが必要である。両方の橋台にある油圧式ジャッキは、それぞれ10,000kNの圧縮力と4,500kNの引張力を生み出すことができる。これによって強風の中でも可動できるようになっている。

　この並外れた機械は、昼夜を問わず常に稼働している。計画当初から照明はシステムの一部として考慮されていた。この照明は、アーチと水面に映るその鏡像をドラマチックに演出しているのである。

Curran, Peter, Gateshead Millennium Bridge, UK, in: Structural Engineering International, 4, 2003, pp.214–216

遊び心

橋が動くのは一種のイベントである

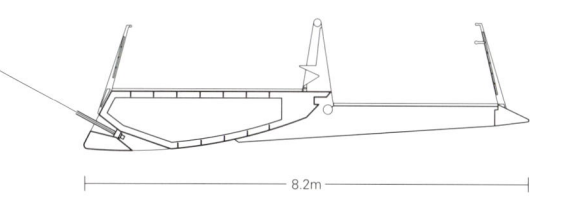

橋台にあるマシンルーム

8.2m

187

デッキは、36本のケーブルによって持ち上げられる

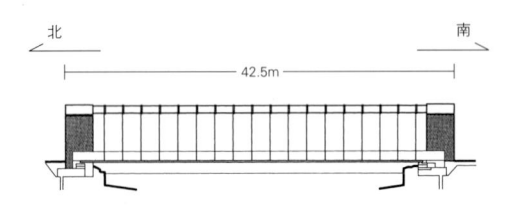

クピュール橋、ブルージュ、ベルギー、2002

　この橋は、市街地再生を意図した新しいミレニアム事業ではない。ブルージュは、2002年に欧州文化首都に選出された。そして、運河の都市を楽しむ歩行者やサイクリストたちのために、連続的な道のネットワークをつくる機会に恵まれた。このプロジェクトの一環として、クピュール運河に橋が必要となった。市街地からクピュール運河へと続くゲント・オステンド運河をつなぐ航路を確保するために、構造は可動式であることが求められた。スイスのエンジニア、ユルク・コンツェットは、デッキが鉛直方向に持ち上がる幅員2.5mの軽量な歩行者・自転車専用橋を設計した。デッキは、6m上にあるふたつの鋼管より吊られている。この鋼管が回転軸となり、それ自体が回転するのである。デッキを持ち上げるために、18本のケーブルがデッキの両側に取り付けられ、コイルのようにチューブに巻き付けられている。この橋は小さな力で上下させることができ、適当な位置でとどめておくこともできる。壁状の柱の頂部にある支承は、鋼管の中央部分に弾性的な反りを生み出している。それゆえに、各柱の頂部には、橋軸方向にふたつ並んだ支承が必要である。外側の支承は、鋼管を下の方へ引っ張り、それゆえに上向きの反りが生まれる。鋼管を回転させるためには、鋼管は完全に直線でなければならない。各柱の頂部での弾性的な拘束は、鋼管のたわみを無くす唯一の方法なのである。巻き取り時には、吊りケーブルは鞘管の間に納まる。鞘管は鋼管に全てフィッレット溶接され、隙間なく接合されている。モーターは南側のふたつの柱の頂部にあり、カバーの下に隠されている。

　この橋の形態は、その動く仕組みも、一見原始的である。フランドルの伝統的工法を思い起こさせるような素材が柱や舗装に用いられている。クピュール橋は、一見、デザインが古典的なようにも見えるが、そのディテールをよく見てみると、この橋が最新の技術によって設計されたものであるとわかるのである。

Structure as Space, 2006, p.241 and p.298
db deutsche bauzeitung, 5, 2003, pp.46–53

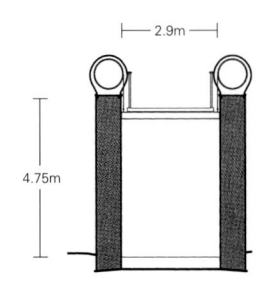

橋は回転レバーのように動き、デッキ上に人々を乗せたまま回転する

リック橋、グライフスヴァルト、ドイツ、2004

　フォルクヴィン・マルクとシュライヒ・ベルガーマン＆パートナーは、美術館の横の港に小さな旋回橋を設計した。高いマストと2本の鋼管のバックステイを持つこの橋は、船のようにも見え、それゆえ目立つことなく周囲の環境にとけ込んでいる。中央にある長さ15mの可動部は、2本の斜めケーブルによって吊られている。それらは旋回時の片持ちによるモーメントが作用する際に必要な剛性を与えるものである。動かないアプローチ部には片持ち部の荷重が伝わらないように設計されている。アプローチ部には、そこに活荷重が載った際にのみ、荷重が作用するようになっている。旋回部を吊るケーブルは、回転の軸となる鋼管の主塔に固定されている。張り出しデッキと主塔およびケーブルは、主塔基部の回転台と一緒に回転する。この回転台は、開閉時を通じて主塔頂部にすべての力を伝え、それらの力はバックステイを通じて地盤に伝達される。2本のバックステイは、岸壁に固定され、主塔頂部を安定させている。橋が閉じているとき、斜めの鋼管は斜張橋のバックステイとして機能し、橋が開きデッキが回転している時、斜めの鋼管と主塔は安定した三脚のように機能する。つまり、斜めの鋼管の片方は圧縮力を受け、もう片方は引張力を受ける。電子制御された油圧式シリンダーがこの動力源となっている。

ローリング・ブリッジ、ロンドン、イギリス、2006

　毎週金曜日の正午、この小さな橋は、ロンドン市内の目立たない一角でその姿を変化させる。一人の男性が、コントローラーを持ってパディントンにあるノースワーフ・ストリートにやってくる。彼はたった1回のボタン操作で橋を動かすのである。この橋は、ロンドンを拠点にしている建築事務所ヘザーウィック・スタジオと構造設計事務所SKMアンソニー・ハンツによって設計された。この橋はきわめて静かに動きはじめるが、その独創的な動きは油圧によって制御されている。この全長12mの橋は、小さないも虫のように折りたたまれるが、折りたたむ際には橋を構成する7つのユニットに取り付けられた高欄の油圧式ピストンが伸びる。このプロジェクトにおいて、芸術的なアイデアと構造デザインが見事に融合している。この目を見張るような動きは3分間で完了する。
　この橋は頻繁に利用されているが、毎週金曜日の正午に開閉するのは船のためではない。ではこのデザインは度の過ぎたものだろうか？　いや、私たちは皆、どこかに子供のような部分をもっているし、遊ぶことが好きである。度の過ぎたデザインというのも、ときには歓迎すべき選択肢である。この橋の動きは何か特別な物として記憶される。設計者というものは、意外とこのような構造にも努力を惜しまないものである。

なめらかな橋の動きはディテールに細心の注意を必要とする

ドイツ、レーアにある跳開橋、2006

技術解説

可動橋

今日の可動橋は、もはや過去の軍事目的の跳ね橋ではない。城や要塞を守るための中世の跳ね橋は、今では異なる交通の交差を可能にするという平和的な機能をもつ橋に取って代わっている。

可動橋は水路上によく見られる。水上の交通に必要なクリアランスを確保するためには、複雑なスロープや階段、あるいはエレベーターを持った高価でアップダウンの大きい橋梁を建設しなければならないだろう。この時、可動橋が典型的な解決策として用いられる。可動橋は、同じ規模の橋梁に比べて約2倍の建設費と維持費を必要とするが、規模を縮小することが可能なため経済的な場合もある。

可動橋は、建設の世界でも非常に魅力的なもののひとつである。つまり、開閉時の状態変化のために機械工学の知識を要するため、分野を跨いだデザインプロセスが必要になるからである。また、歩道橋のほとんどは、道路橋や鉄道橋よりも軽いので動かしやすい。ここではさまざまなタイプの可動橋とこのような橋梁の設計に含まれる課題について述べる。

遊び心

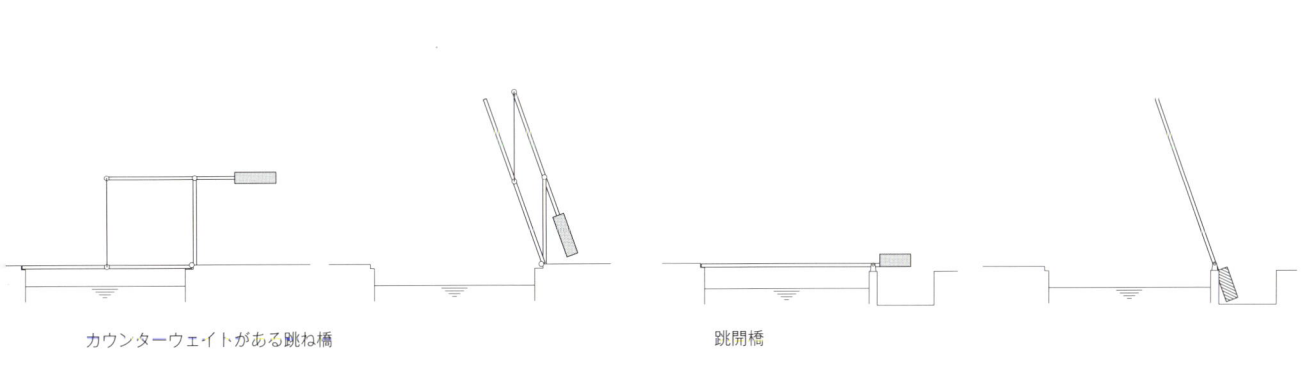

カウンターウェイトがある跳ね橋　　　　跳開橋　　　　　　　　　　　　　　　　　　　グライフスヴァルトにあるヴィーカー橋、1887

さまざまな可動橋

　古典的な可動橋といえば跳ね橋である。跳ね橋にはバランスアームがよく使用される。

　カウンターウェイトは、跳ね橋にも跳開橋にもよく用いられた。というのは、橋桁がどの位置にあっても全体の重心は回転軸と一致するからである。回転のメカニズムにおいて、必要なのは摩擦力程度の力だけであった。そのため、これらの橋は人力でも動かすことができる。バランスアームを持った跳ね橋の上部工は、ただ梁によって支えられているだけである。閉じた状態では、デッキは向かいの橋台に接地し、開いた状態では、デッキは引張材の張力によって橋台から持ち上げられる。優先させる交通の流れを確保する機能として、自動的に開閉するように、必要であれば重量バランスを少しだけどちらかの方向にずらしておく。また、回転のすべての状態において、制動機構を考える必要がある。古いオランダの跳ね橋はゴッホの絵によって有名になった。ドイツのグライフスヴァルトにあるヴィーカー橋は、1887年に建設され、手動であるが、今なお現役である。より最近の事例としては、ベルリンのケペニックにある1997年に建設されたアムツグラーベン橋がある。

　跳開橋もまた、水平の回転軸を持つ。この水平軸は、橋の重心の近くに置かれる。つまり、橋は前と後ろのふたつの部分に分けられることになる。跳開橋は、後方部分が下がっていくのにあわせて動くことが多い。一般的に、前方部分は後方部分より長く、後方部分は回転力を最小化するためのカウンターウェイトとして設計される。橋が急に開くことがないように、カウンターウェイトによる曲げモーメントは主径間部の死荷重曲げモーメントを超えてはならない。また、カウンターウェイトの回転スペースを確保するために、橋台は幅広くて十分な深さが必要であり、回転スペースへの防水対策も施しておく必要がある。そして、跳開橋が開くことによって、周囲のものにも干渉しないように注意が必要である。

　多くの跳開橋は文学作品にも描かれているが、その他のさまざまな可動橋を以下に概説する。

【旋回橋】鉛直軸まわりに回転するため、基礎に偏心荷重が作用しない。構造体に付属物をとりつける際には、この点に注意が必要である。（p.189参照）

【昇開橋】構造システムの変化を必要としないため、基礎の設計を単純化できる。単純桁が持ち上がるだけなので、理論的には、歩行者は開いているときも橋の上にとどまることができる。この構造の最大の欠点は、鉛直方向のクリアランスに限界があることである。橋を持ち上げるのとは逆に、船の喫水よりも橋桁を低く沈める降開橋でこの問題は回避できるが、この解決策はデッキの腐食や汚れ対策への課題が大きいためあまり一般的ではない。デュースブルクのカッツブッケル橋（p.184参照）も、昇開橋の一種といえる。

【ロール橋、スライド橋】広いスペースを必要とするため滅多に用いられない。

【折り畳み橋】ほとんどスペースを必要としない。シンプルな構造とはいえ、やはり複雑

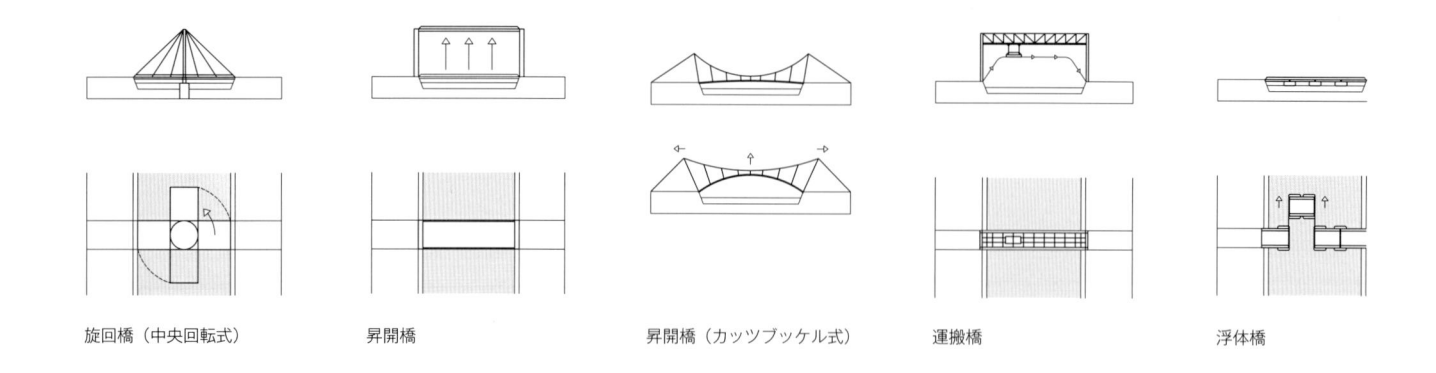

旋回橋（中央回転式）　　昇開橋　　昇開橋（カッツブッケル式）　　運搬橋　　浮体橋

な制御機械が必要となるため、これもまた、滅多に用いられない。（p.182参照）

【伸縮橋】折り畳み橋と類似しているが、空港の搭乗口でよく用いられる。Atelier Oneのエンジニアは、ローリング・ストーンズの1997年のバビロンツアーのために、43mの伸縮橋を設計した。（p.243参照）

【渡船橋】波止場からの乗船客のための橋で、先端は水位にあわせて上下に動くことができる。

【組立橋】しばしば浮体形式をとるが、地耐力のない軟弱な土地において、軍用などの一時的なものとして使用される。船が通るときには、橋の一部が切り離され、脇に浮かべられるものでなければならない。テンポラリーな橋梁は、現代的な非常に軽い素材でできているため、ヘリコプターで運ぶことが可能である。その他の興味深い例として、バックパックブリッジがある。（p.231参照）

【運搬橋】輸送量に制限があるため滅多に用いられないが、ビルバオに残っている。

可動橋の形式選択は、その土地のさまざまな条件によって決定される。まず、可動橋に必要なクリアランスとして、橋の開閉のために、水平方向と鉛直方向にどれだけの空間が確保できるかいうことを検討しなければならない。開閉の頻度はモーターの種類に影響を与えるだろうし、最高レベルの風荷重が作用している時やその他のいかなる天候下においても、一日に何度も開閉しなければならない橋もある。しかし、一年に数回しか開閉しない橋もまた多く存在する。腐食を進行させる潮風の影響がある場所においては、モーターを水面から十分に距離を取って設置する必要がある。

次に挙げるような点についても考慮されなければならない。つまり、橋の動きで景観を演出しようとする場合、プランナーは、制御システム、機械、そして材料にも新しい技術を導入し、新しい橋の形態を試みることもできる。これらの例を、p.182からp.191で紹介している。

一般的に、設計者は使用材料を自由に選ぶことができる。しかし、デッキはモーターの性能やカウンターウェイトの重量を下げるために軽い素材が選ばれることが多い。グレーチングは排水設備を必要としないという利点があると同時に、橋が開いている間も、待っている人々の視界をあまり遮ることがない。

なお、鋼の密度はコンクリートの3倍もあるため、鋼は限られたスペースを有効に使えるカウンターウェイトとしてよく使用される。

設計（モーター、荷重）

可動橋は、当然、その動作におけるいかなる状態においても、あらゆる強度とサービスの要求を満たすように設計されなければならない。橋が開いている状態のとき、風は構造体に大きな荷重となることが多い。旋回橋は活荷重を乗せたまま稼働することができるが、その間は活荷重の影響を受けやすくなる。動力機構、固定機械装置、制御装置、そして、機械軸受けや滑車のロープも設計しなければならないが、これらの装置の設計では、大地に固定される橋を設計する設計者の経験はほとんど通用しない。動力学、機械公差、あそびや摩耗といった問題は、可動橋の設計をより困難なものにしている。

大きな橋では、いくつかの動力機構が取りつけられていることが多い。たとえば、メインの動力機構、オーバーロードを起こした時の補助的動力機構、修理や緊急時のための代替装置である。通常、機械装置は橋を動かすためだけに設計され、支承に接する閉じた状態の荷重状態は考慮されていない。固定機械装置はまた、動力機構を必要とする。跳開橋において述べたように、構造系の変化は、橋が動いている間に生じる。ふたつの片持ち梁がデッキの中央で合うシステムにおいては、互いを連結するピンが片持ち梁同士のせん断力を伝え、デッキ断面のずれを防ぐ。

初期の可動橋は全て手動式であったが、19世紀初頭、水圧式動力装置が登場した。電気モーターは20世紀の初め頃から使われている。しかし、空気圧や燃焼機関を利用したものは知られていない。今日のバックホウに見られるように、水圧式は油圧式に取って代わられた。油圧動力装置は機械室の床に安全に設置することができるため、橋の構造体に直接、油圧装置やそのためのパイプが取り付けられることはほとんどない。また、油圧装置の動きは連続的で静かである。一方、電気動力システムでは、動力装置とモーターを分離して設置することは不可能なため、それは橋の構造体に直接設置され、その動力は、

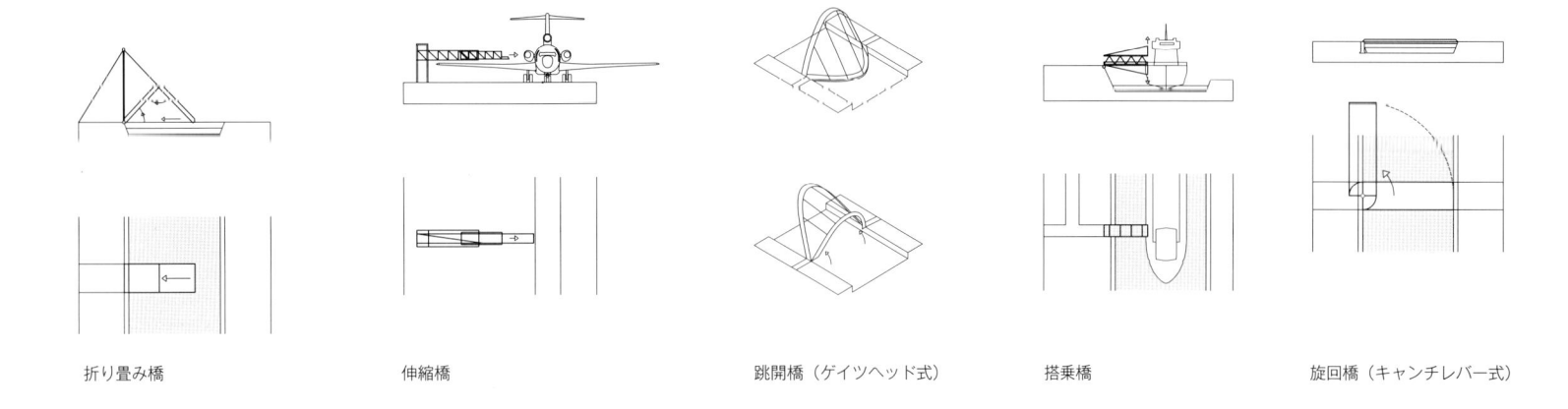

折り畳み橋　　　　　伸縮橋　　　　　跳開橋（ゲイツヘッド式）　　　　　搭乗橋　　　　　旋回橋（キャンチレバー式）

ケーブル、歯車、ベルト、歯形レールやシャフトを介して伝えられる。これは橋に大きな振動を与えるが、電気動力システムには、油圧チューブの油漏れの危険性はない。

デッキの正確な接地は、熱による伸縮や風荷重、動的荷重のために極めて難しい。構造物の誤差は、干渉を避けるために余裕を持って設定されなければならない。同時に、橋は閉じた状態で固定されなければならない。そのためには、あそびがあってはならず、また摩耗の増加につながる支持面での衝撃は避けるべきである。なお、構造を支える主ケーブルと可動機構に組み込まれるケーブルをはっきり区別して設計するようにしなければならない。

規則的に動作し、動的荷重が作用する可動機構に組み込まれるケーブルでは、荷重が静的引張強度より低くても、材料の疲労によって破断を引き起こすことがある。機械工学の基準では、ケーブルの寿命、種類、荷重の程度、ケーブル直径や曲げ半径に応じてケーブルを取り替えることが定められている。

橋の開閉時、利用者は挟まれたり落下したりする危険性がある。そのため、管理者や規則によって、バリアやゲート、看板や音声による警告が求められる。これらは必要な設備であるが、橋の外観に大きく影響を与えるため、設計の初期段階からきちんと考慮されるべき事項である。そしてまた、だれが橋を操作するのかということも決めなければならない。船員は、自ら船を下りて、運河に架かる小さないくつもの可動橋を操作することもあるが、危険な場合には橋守が必要となる。

計画者と管理者は、動力システムの最適化を図ることを施工者に認めるべきであり、さらに、機械設計のエンジニアを雇うべきである。詳細設計段階で機械エンジニアが参加することによって、重要なディテールが上手く設計される。しかし、契約時には機械に関する事項だけでなく、外観や騒音に関する事項についても仕様書に明確に盛り込まれなければならない。とにかく、今まで述べてきたような多くのハードルを越えようとする中で、構造エンジニアはすぐに自分の力量の限界を知ることになるだろう。そのような時には、機械エンジニアをデザインチームに入れたほうが良い。このような前もった貴重な協働は、革新の可能性を飛躍的に高めるのである。

Fischer, Manfred, Stahlbau-Handbuch, Band 2, Stahlkonstruktionen, Köln, 1985

Dietz, Wilhelm, Der Brückenbau, Handbuch der Ingenieurwissenschaften, II. vol., 4. Abteilung Bewegliche Brücken. Leipzig, 1907

Schatz, Ulrike, Bewegliche Fußgängerbrücken, Diplomarbeit, Ilek, University of Stuttgart, September 2001

Schlaich, Mike et al., Guidelines for the design of footbridges, fib, fédération internationale du béton, bulletin 32, Lausanne, November 2005

In schöner Landschaft

美しい自然の中で

If this isn't nice, what is? *Kurt Vonnegut, Timequake*

もしこれを美しくないと言うならば、何を美しいと言うのか？　カート・ヴォネガット、『タイムクエイク』

庭園や公園、そして豊かな自然にあふれた美しい場所は、今日においても歩行者の空間であって、車に邪魔される心配はない。しかし、歩行者といっても、美しい花を楽しみながらのんびりと散歩をする人、都市の喧騒から逃れてハイキングを楽しむ人、本格的な登山者などさまざまである。時折、人は歩道橋の上で、ふと自分というものを意識するが、そのような歩道橋に求められるものに大きな違いはない。公園の橋はオブジェでもあり、それは自然の美しさを演出する舞台装置、そしてこのことは18世紀から続く変わらぬ伝統である。広々とした景観の中で、歩道橋は控えめな存在として風景をできるだけ損なわないことが望まれる。標高の高い山岳地帯では、歩道橋はただベテラン登山者のためだけのものといえる。深い渓谷では、デッキとして敷かれた板と板の間は隙間だらけで、いわゆる安全装置としては、手すりの高さにワイヤーロープが張られているだけである。しかしそれでも、登山者の恐怖心を和らげるだろう。このような橋はアルペン山脈に多いが、ベテラン登山者だけにお勧めできる場所といえる。

　美しい自然環境の中に橋を架ける時は、都市内に架けるのと同じように凝った設計をすべきではない。場所が持っている風合いや地形的特性、雰囲気を分析し、そのゲニウス・ロキ*を乱すことなく、橋を風景になじませるようにすべきであろう。単独で用いても、組み合わせて用いても、あらゆる材料（木材、石、コンクリート、鋼、ガラス）に対して適切な使い方というものがある。また、基本的でシンプルなものから複合構造まで、あらゆる構造形式を検討してみるべきであろう。一般に、建設現場は幹線道路から遠く離れていることが多いことにも注意しなくてはならない。場合によっては、ヘリコプターやケーブルカーが使われ、そこはまさにスペクタクルな現場となる。また、建設材料の選択は、現地調達の可否に依存し、おそらくそれが経済的なものにもなるであろう。

　ただ、ひとつだけつけ加えておくと、大自然は季節により天候の変化が激しいため、冬には閉鎖されてしまう橋もある。したがって、これらの橋を訪れるときには、事前に天候と橋の状態に関する情報を集めておく方がよいだろう。

* ラテン語のゲニウス（守護霊）とロキ（場所、土地）を合わせた言葉で地霊を意味する。

面白いディテール

エスク川に架かる橋、スコットランド、英国、20世紀

　イングランドとスコットランドには、たまに羊たちが水たまりで跳ねながら通るだけの静かな小道がいたるところにある。スコットランドのインヴァーマークの近くを流れるエスク川も、開発の波から免れてきたような場所である。ここに架かる小さな歩道橋は、牧歌的風景の中に佇んでいる。この地域は、自然保護に熱心な多くの人々の手によって、文明化や厄介な観光客の殺到から守られてきたおかげで、自然のままに残されている。本書のカメラマンは、たまたまこの橋を発見したのだが、後にそのいきさつを語ってくれた (p. 8参照)。

　ところで、自然災害にたびたび見舞われる地域では、簡単にしかも素早く建設できる橋が、生活上、非常に大きな助けとなる。この橋には関係しないが、スイスのトニー・ルッティマンは、約20年前から橋の建設に人生を捧げている人物である。エクアドルからカンボジアまで、彼は地元の住民の助けを借りて、300以上の橋を建設している。最長のものは260mのスパンを有するが、彼の吊橋はほとんどが寄付された材料でつくられており、例えば、石油会社のパイプラインやスイスのケーブルカー会社のケーブルなど、ほとんどがリサイクル材料でつくられている。

アングスにあるインヴァーマークの近くを流れるエスク川、スコットランド

ニース近郊の個人庭園にあるガラスの橋、フランス、2003

　オート・プロヴァンスにある私有地において、深さ50mの谷を渡るための小さな橋が必要となった。そこの英国人のオーナーは、自然の風景の中で、それがただ一本の線以上の存在にはならないことを望んでいた。そのようなとき、ガラス関係の雑誌の中に、その建築家を発見したのである。現場はアクセスが非常に難しい場所で、なおかつ、15mのスパンが必要とされた。建築家レナーテ・フェーリングとエンジニア、ヨアネス・リースは、コンパクトな部材により構成されたガラスの歩道橋を提案した。それは輸送面からみても説得力のあるアイデアであった。結果として、平面的に直線の下弦材を持つ半径33mの鋼製曲線箱桁（120×180mm, t＝20mmの高強度ステンレス鋼）となった。ガラスのプレート（830×2,410mm）は鋼桁から張り出しており、厚さ20mmの安全ガラス1枚と厚さ12mmの強化ガラス2枚からなる。万一、メインのガラスが割れても、残りの2枚が十分な安全性を保証する。手すりにはシンプルな直径16mmのステンレスのロッドが用いられている。この極めて繊細なガラス橋への導入部は、橋台部の荒々しく切り出されたゾルンホーフェン石[*]の板との対比によって効果的に演出されている。

　構造的には、この歩道橋は部分的にケーブルで補剛された、ねじりを受ける単純箱桁で、立体的なケーブルシステムによって安定している。張り出したガラスプレートによって箱桁にはねじりモーメントが発生するが、ケーブルがねじりと反対方向に抵抗する。橋台の設計は非常に慎重を要するものであった。この橋は私有地内にあり、しかも、橋というより芸術作品としての趣が強かったため、一般的な設計基準を適用する必要はなかったが、もしこれが公共の場所に架ける橋であったとすると、歩行者が高さに恐怖心を抱かないように、透明なガラスをデッキ部分に適用することは適切でない。

＊　石灰岩の一種

美しい自然の中で

芸術作品としての橋。ガラスのデッキと片側だけに設けられた手すり

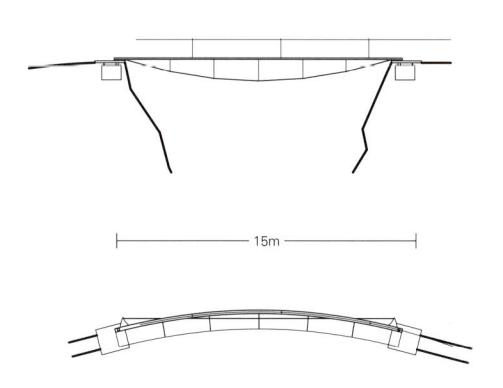

15m

201

一体化された橋とベンチ

バルスの公園の橋、ドイツ、2004

　ベルリンから50kmほど南に下ったところに、マルクの小さな街バルスがある。1838年、ツー・ゾルムス家の依頼により、ペーター・ヨゼフ・レンネがそこに公園を造った。一家がナチスに追われて南アフリカに亡命した後は、干ばつが農家を襲い、そして公園は荒廃した。しかし、2004年、文化プロジェクトの一環として、スパン6-8mの5つの橋の設計コンペが開催され、建築家ブリッタ・アウミュラーとトルステン・ハムによってデザインされたこの木橋が、まず最初に架けられることになった。この木の彫刻のアイデアは、驚くほどシンプルなものである。形と構造はお互いに直接関係していない。形状は柔らかな布が襞を作りながら優しく持ち上げられたようであり、構造は堅いオーク材の板でできており、非常に安定している。オーク材は型紙を用いて厚さ48mmの厚板からのこぎりで切り出され、ステンレスのボルトでその下の構造に固定されている。さらに、これらは10枚ごとに背もたれの背面で支持されている。竣工後まもなく、オーク材はシルバーグレーに変色したが、もちろんこれは構造の安定性には影響しない。
　橋の中央に腰掛けると、眼前には素晴らしい公園の景色が広がる。公園に架かるこの小さくて布のような橋は、新しい時代の輪郭を示している。それは演出的でありながら自然と調和していて、明らかにドイツのヴェルリッツの英国式庭園やイギリスのキューガーデンの伝統を受け継いでいるものである。

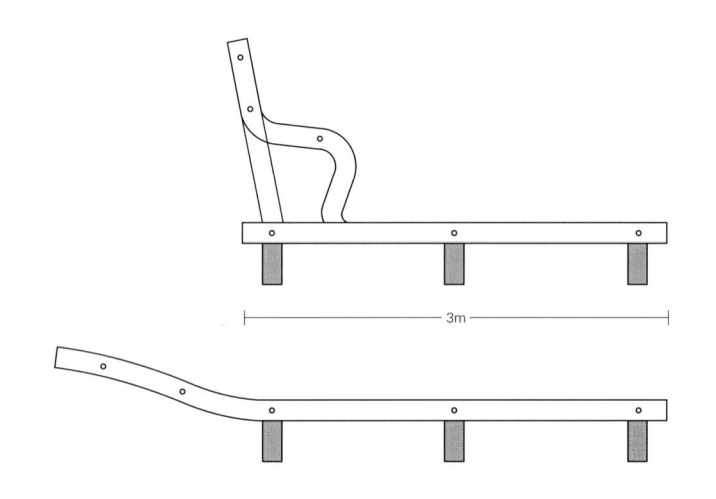

美しい自然の中で

公園の風景の一部となっているシルバーグレーの木板

ソフィエンホルム公園の橋、デンマーク、1993

　コペンハーゲンの北に位置するソフィエンホルム公園は、デンマークの庭園史において、重要な役割を果たしている。18世紀にヨーゼフ・ヤクエス・ラメースタイルのロマン式の庭園として建設されて以来、さまざまな所有者によって多くの改築や増築がなされてきた。ソフィエンホルム公園は、1769年に当時デンマークの郵便局長であったテオドール・ホルムスキョルドの別荘としてつくられ、現在は現代芸術のための展示場になっている。1993年、芸術家のハイン・ハインセンと建築家のトーベン・ショーンヘルは、エンジニアのエリック・ライツェルと協力して公園内に小さな橋をもつ新しい見晴台をつくった。橋は公園の主要な園路と見晴台をつなぎ、人々はそこから湖の美しい眺めを楽しむことができる。さらに、鋼の彫刻をさまざまな角度から観ることができる。

　橋は140度旋回しているので、引張、圧縮、せん断、曲げ、ねじりという全ての応力を考慮しなければならなかった。これが橋なのか階段なのかは議論の余地があろうが、ここではユルク・コンツェットの第2トラファージナー歩道橋（p.212参照）と同様、橋に分類することにした。

Takenouchi, Kyo, The Aesthetics of Danish Bridges, Kopenhagen, 1995

一体化した曲線桁と階段。橋のような構造で植生を保護し、なおかつ、風景にも合っている

展望ポイントへ向かう安全な通路。スキーのジャンプ台ではない

アウランの展望橋、ベルゲン、ノルウェー、2006

　アメリカのアリゾナ州には、グランドキャニオンの断崖からU字形に張り出した展望橋があり、観光客はそこから眼下の渓谷を眺めることができる。それは22mも張り出した片持ち梁であるが、技術的合理性という観点から見ると、116ページの技術解説で述べたリングガーダーの構造原理が考慮されていないという点で、完璧ではない。ノルウェー南西部に位置するベルゲンでは、観光客の数はグランドキャニオンに比すべくもないが、フィヨルドの眺めは壮大である。トッド・ソーンダースとトミー・ヴィルヘルムセンはソグネ・フィヨルドの上空600mに建設される展望橋のコンペを勝ち取った。幅員4mの歩道橋は、堅い地盤から約30m張り出している。これ以上にドラマチックな演出はなかなかできるものではない。利用者は大きな手すりと高欄に安心感を得ながら、視線がまっすぐにボイドへ向かった時には膝を震わせるだろう。橋の屈曲した形状は、スキーのジャンプ台を連想させ、先端のほとんど視認できないガラスのバリアに気づかなければ、安心して景色を眺めることなどできない。勇気ある観光客はガラスのバリアから身を乗り出して深いフィヨルドの風景を楽しむ。強風と7mの積雪を考慮して構造設計されており、ベルゲンのノード・エンジニアズがそれを担当した。

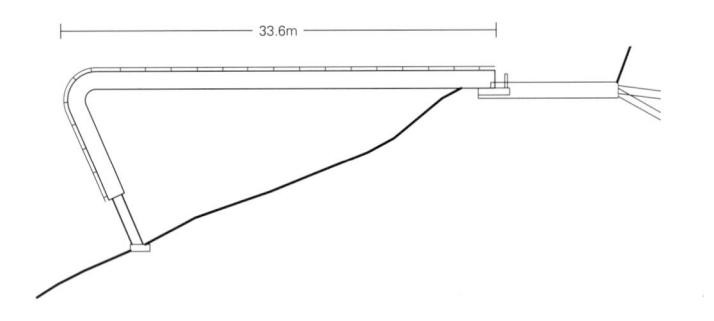

33.6m

美しい自然の中で

断崖絶壁の恐怖と対峙する

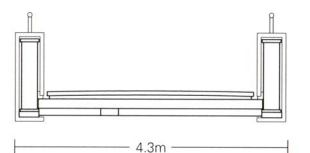

4.3m

207

鋼製トラスと木製外装材

リーレフィヨルドの休憩所の歩道橋、ノルウェー、2006

　ドイツには「幸福はいつも川の向こう側にある」という諺がある。ならば橋は、自分の側にはない美しい風景を求めて対岸まで架けられるものであるともいえよう。この橋は、純粋にハイキングを楽しませるためだけでなく、美しい滝まで人々を導くためのものである。ノルウェー道路庁は、パーキングの横に、ベンチ、橋、トイレ、ゴミ箱、休憩所の整備を計画したが、建築事務所のプシャック・アルキテクテルは、これらの要素すべてを統合し、水の上に横たわるトカゲのような彫刻作品を、構造物として設計した。外側のスチールフレームが目立っているが、小屋と橋とベンチは一体的なものとしてデザインされている。小屋に使用している木材をトラス内側にも連続させ、トラスを木材で内側から覆うことによって、空間全体が統合されている。ベンチは家具としてではなく、デッキの一部として組み込まれている。さらに、トラスの高さは、80cmから260cmまで変化する。

　構造物単体として考えられがちなシンプルな歩道橋でも、構造材と外装材を分けて上手くデザインすることが可能であるということは、なかなか興味深い。

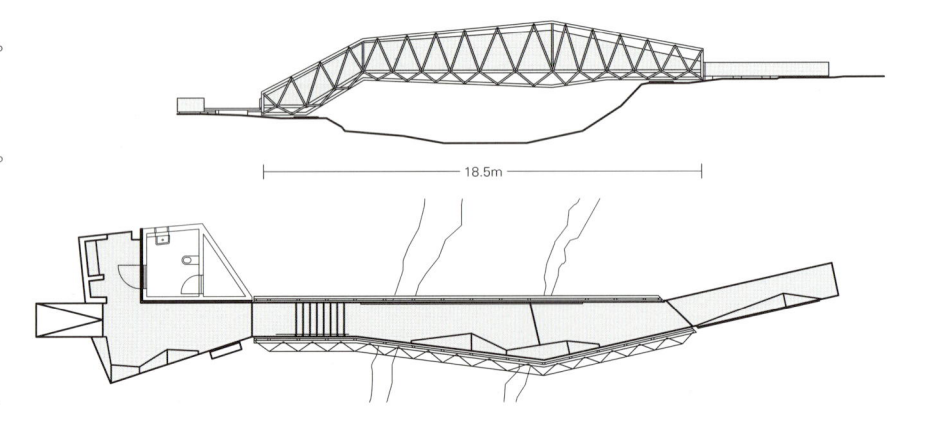

美しい自然の中で

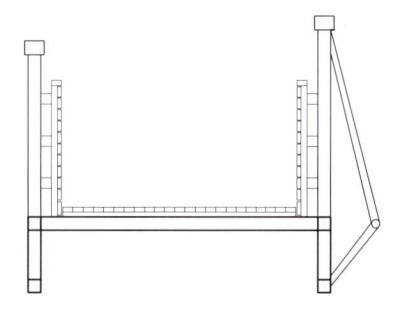

リーレフィヨルドは、ヨーロッパに残された小さな楽園である

209

行く先端はほとんど見えず、まだ知らない風景へといざなわれる

マッギア渓谷に架かる橋、スイス、1997

　マッギア渓谷は、今なおハイカーの秘境として知られているが、この美しいスイスの渓谷で、もはやまったく人の姿が見えないなどということはなくなってしまった。ギウマグリオの橋は、氾濫原の上を約250mにわたって架けられており、川の自然がハイカーに荒らされるのを防いでいる。このような場所では、谷の景観を壊さないために透過性のあるデザインとすることが求められる。

　この橋の構造は極めてシンプルである。スイスのロカルノにあるアンドレオッティ＆パートナーズのファビオ・トルティは、各スパンが82.8mの3径間の橋として設計した。控え材で補強された高欄支柱とそこに渡されたデッキ、万一の危険を防ぐための手すりとして3本の細いケーブル、そして、ところどころで高欄支柱を固定する控え綱、この長い吊橋はそれだけで構成されている。これはまさにこの橋の魅力である。つまり、装飾によって、周囲の景観と競合するような橋ではないのである。当然、このスレンダーな橋は揺れるので歩行者は怖がるかも知れない。飛んだり跳ねたりすると橋は揺れるが、柔軟な構造であるため安定性は保たれている。

　橋の下に目を向けると、歩行者は氾濫原の多様な自然に気づくだろう。この橋は、考古学の発掘調査現場の上に架けられる歩道橋に

美しい自然の中で

橋を渡るにつれて変化する植生と景観は、渡る者の心に刻まれる風景となる

も似ている。それは自然を保護すると同時に、歩行者にその多様性と美しさを提供するのである。また、橋の上のどの地点からも一度に橋の両端を見ることができないため、同時に橋を渡ってきた人同士が、少しのとまどいと遠慮をもちながらも、和やかに挨拶を交わしながら行き交う姿も見られる。

第2トラファージナー歩道橋、ヴィア・マラ、スイス、2005

　最初のトラファージナー歩道橋が落石の犠牲（p.122参照）になったわずか2年後に、官民両方の援助を受けてこの第2橋が建設された。ヴィア・マラのハイキングコースは、ここで寸断されるには惜しいほど美しい。新しい階段橋は、水平方向に56.6mのスパンでハイキングコースをつないでおり、スパンを斜め方向に測ると61.2m、メインケーブルの長さは95mである。ユルク・コンツェットとロルフ・バチョフナーは、その地形を読み解き、プレストレスを与えた2面のケーブルトラス構造とすることに決定した。設計上の課題は、両側の主ケーブルのアンカー位置が異なる高さにある点、そして、デッキ自体も低いほうから高い方に向かいながら反対の崖まで続いているという点であった。メインケーブルとデッキの間には、斜めハンガーが張られているが、ケーブルの曲線形状、留め具の位置、二次ケーブルの長さを決めるには、構造解析とクレモナ図法の高い知識が必要となる。ユルク・コンツェットはスイスのエンジニアリングの伝統であるこれらの分野に非常に精通している。施工手順としては、まず仮設のロープウェイが設けられ、橋台用のコンクリートとケーブル、デッキ用のプレキャストセグメントが、ライン川の横の山道から50m上の建設現場まで輸送された。先に南側の低い方の橋台コンクリートが打設され、その後、北側が打設された。そして、次にメインケーブルが張り渡された。このとき、橋台に載せた土の重量を、ケーブル張力に対するカウンターウェイトとして用いている。北側の橋台では、現場の岩がケーブルアンカーとして使われている。なお、南側の最も低い位置にある橋台は、圧縮力を地盤に伝えているだけである。

　2本のメインケーブル（ガルファンコートのスパイラルストランド、直径d = 36 mm）の両端は、ソケット金具の取り付け後、油圧

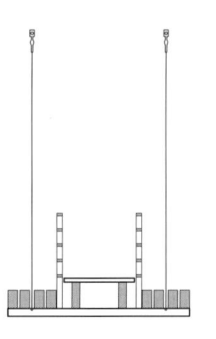

Structure as Space, 2006, p.100f.
Dechau, Wilfried, Traversinersteg. Fotografisches Tagebuch, Berlin/Tübingen, 2006

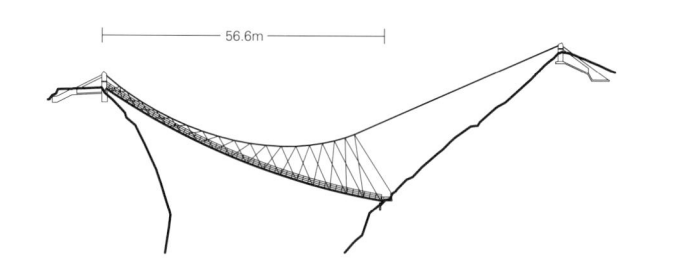

二度と見られない不思議な状態。2005年7月の床版施工前のケーブルの様子

ジャッキによる緊張、シムプレートによる固定という手順で橋台にアンカーされた。ふたりの熟練したケーブル工事の職人が慎重に斜めハンガー（d＝10mm）とメインケーブルを連結するケーブルクランプを取り付けたが、設計張力と実張力が一致しなければケーブルが所定の形状にはならないため、高い精度が求められた。斜めハンガーに3.6m間隔で鋼製の横桁が吊り下げられ、その上に10本のカラマツの積層材の桁（140×220mm）が並べられた。この桁により、不快な振動を防ぐための十分な剛性が与えられている。メインケーブルにさらなるプレストレスを導入することにより、木桁に圧縮力を導入している。木桁をつなぐ斜め方向のロッドは、横構として横方向の剛性を確保している。断面図を見ると、両脇の木桁に加えてさらに2本の桁があることに気づく。この桁の上にアカマツ製の階段の踏み板が置かれている。このスケールの歩道橋では、手すりの位置、高さ、およびその形状が全体的なデザインに大いに影響を及ぼす。本橋では手すりはわずか1mの高さしかないが、デッキの両端に木製の圧縮ビームが置かれているため、谷底への直接の視線は遮られている。

この橋はユルク・コンツェットにとって、プント・ダ・ズランズンズと第1トラファージナー歩道橋に続く、ヴィア・マラでの3番目の橋である。小さな橋ではそれほど多くの構造システムは適用できないが、コンツェットは、まるで言語習得に天才的な人間が7ヵ国語を操るかのごとく、多くの構造システムをマスターしている。大部分の橋梁デザイナーは、自分の経験の範囲内で橋をデザインしようとする。しかし、ユルク・コンツェットはそうではなく、挑戦を恐れない。歩道橋のように単純に見えるものでさえ実際は複雑であるが、その複雑さに対する彼の徹底した準備が、他の場所ではほとんど真似のできないような構造芸術をこのヴィア・マラにつくり出したのである。

Fußgängerbrücken

ヨーロッパの歩道橋120

Es ist gut, Dinge zu sammeln, aber es ist besser, spazieren zu gehen.   *Anatole France*

ものを収集するのもよい、しかし、外を歩くほうがもっとよい　アナトール・フランス

どんな写真であれ、記述であれ、個人の観察に基づいた事実に取り替えられるものはない。私たちが知っていて、読者にも実際に行ってみることをお薦めしたい多くの歩道橋について、本書では、これ以上詳しく述べることはできない。しかし、これらの美しい歩道橋をできる限り読者に知ってもらいたいと思っている。本書を終えるにあたって、ここに整理された橋は、本書全体がそうであるように主観的に選ばれたものではあるが、国名をアルファベット順に整理し、都市名もその順番に並べている。

　250ページからは、本書に登場する人物と橋、その場所についての索引を設けている。橋の検索や、旅行の準備にも役立つはずである。

イル歩道橋
〔フェルトキルヒ、フォアアールベルク〕
オーストリア、1989

E：Bollinger + Grohmann ／フランクフルト
A：Martin Häusle ／フェルトキルヒ

三角断面の立体トラスからなる桁橋。高欄に
照明設備が埋め込まれている

橋長：44m
最大支間長：36m
幅員：4m
材料：鋼

Literature: Wettbewerbe, 90/91, pp.41-44
Schmal, Peter C.(ed.), workflow: Struktur –
Architektur, Basel, 2002, pp.98-101
Kapfinger, Otto, Brücke über die Ill, in:
Baukunst in Vorarlberg seit 1980. Ein Führer zu
260 sehenswerten Bauten, Ostfildern, 2003

 A：アーキテクト
 D：デザイナー
 E：エンジニア
LA：ランドスケープアーキテクト

エーリッヒ・エーデッガー歩道橋
〔グラーツ〕
オーストリア、1992

シュロスベルクとマリアヒルファープラッツ
の間を流れるムール川に架かる歩行者・自転
車専用橋
E：Harald Egger ／ユーベルバッハ
A：Domenig&Wallner ／グラーツ

主径間は張弦梁構造の単純桁であるが、橋脚
から両側の橋台に向かって桁が片持ちで張り
出している。高欄に照明設備が埋め込まれて
いる

支間長：55.8m
幅員：4.4m
材料：鋼
高欄：強化ガラスおよびステンレス製の手す
り

Literature: Brichaut, Fiona, Graz, Erich Edegger
Steg, in: Innovations in Steel. Bridges around the
world, 1997, p.13
Wells, Matthew and Hugh Pearman, 30 Brücken,
Munich, 2002, pp.104-107
Pearce, Martin, Bridge Builders, London, 2002,
pp.72-77

ムール歩道橋
〔スティリアのムーラウ近郊〕
オーストリア、1995

鉄道駅と中心市街地の間を流れるムール川に
架かる屋根つき木橋
E：Conzett Bronzini Gartmann ／クール
A：Marcel Meili, Markus Peter Architekten ／
チューリッヒ

積層材を使用した屋根つき木橋

橋長：89.3m
支間長：47.2m
幅員：3.4m
材料：トウヒ、カラマツ

Literature: Schlaich, Mike(ed.), Mursteg Murau,
Austria(1995), in: Guidelines for the design of
footbridges, fib, Lausanne, November 2005,
p.115
Architektur Aktuell, 12, 1995
werk, bauen + wohnen, 12, 1995
Pearce, Martin, Bridge Builders, London, 2002
Mohsen, Mostafavi(ed.), Structure as Space,
London, 2006, p.70

アルトフィンスターミュンツ橋
〔ナウダース〕
オーストリア、1472、崩壊1875、再建1949

イン渓谷の上流にある橋。当初に橋が架けられた場所よりも4m高い位置に臨時の橋が建設され、その後1949年に、元の位置に復元された

中央の大きな塔を挟んで橋は2橋あり、左側は跳ね橋であり、右側は屋根つき吊橋である

橋長：37m
最大支間長：19m（東側の橋）
最大幅員：3m（東側の橋）
材料：木材
塔：石

Literature: Caramelle, Franz, Historische Brückenbauten in Nord- und Osttirol, in: Industriearchäologie Nord-, Ost-, Südtirol und Vorarlbelg, Innsbruck, 1992, p.82

ロザンナ川に架かる橋
〔シュトレンゲン〕
オーストリア、1765

シュタンツァー渓谷に架かる橋。もとはロザンナ川の右岸側の農場に行くために使われたものであり、1975年に再建された

二重の台形状のクイーンポストトラスをもつ屋根つき木橋。接合部に金具は使用されていない。橋の西側の側面（写真の反対側）は木板で葺かれている

橋長：18m
最大支間長：13.5m
幅員：1.5m
材料：木材

Literature: Caramelle, Franz, Historische Brückenbauten in Nord- und Osttirol, in: Industriearchäologie Nord-, Ost-, Südtirol und Vorarlbelg, Innsbruck, 1992, p.89
Mucha, Alois, Holzbrücken, Wiesbaden, 1995
Ziesel, Wolfdietrich, Dream Bridges/Traumbrücken, Vienna, 2004, pp.132-141

フレディッシュ橋
〔ズルツ、フォアアールベルク〕
オーストリア、1999

ズルツとツヴィッシェンヴァッサーを結ぶ歩行者・自転車専用橋
E：M+G Ingenieure／フェルトキルヒ
A：Marte.Marte Architekten／ヴァイラー

鋼製のU字型断面の桁橋。既存の石橋の拡幅のために建設された

橋長：46m
支間長：41m
幅員：歩道：2.3m、車道：3.2m
材料：耐候性鋼（厚さ30mmの鋼板でできたZ型の部材）
高欄：耐候性鋼（高欄として機能するZ型のウェブ）

ツォルアムト（関税局）橋
〔ウィーン〕
オーストリア、1990

鉄道橋とウィーン川を跨ぐ歩道橋
E：Martin Paul, A.Biró
A：Josef Hackhofer, Friedrich Ohmann

アーチ橋
支間長：31.3m
幅員：7.6m
材料：鋼

Literature: Pauser, Alfred, Brücken in Wien. Ein Führer durch die Baugeschichte, Vienna/New York, 2005

ハッキンガー歩道橋
〔ウィーン〕
オーストリア、1994

トラムのヒュッテルドルフ駅の近くにあるウィーン川の運河と幹線道路を跨ぐ歩道橋。ウィーン川の運河を渡ってウィーンの13区と14区をつないでいる
E：Wolfdietrich Ziesel／ウィーン
A：Henke-Schreieck Architekten／ウィーン

鋼製の軽量構造物。ほとんどが引張部材である

橋長：64m
最大支間長：26m
幅員：4.5m
材料：鋼、ガラス

Literature: Ziesel, Wolfdietrich, Dream Bridges/Traumbrücken, Vienna, 2004, pp.142-155

エルトベルガー歩道橋
〔ウィーン〕
オーストリア、2003

エルドベルガー近郊のドナウ運河に架かる歩道橋
E：Alfred Pauser／ウィーン
A：Zeininger Architekten／ウィーン

三角形のフレームに吊られた桁構造

橋長：85m
最大支間長：53m
幅員：3.7m
材料：木材

Literature: Steinmetz, Mark, Architktur neues Wien, Berlin, 2000

ウルト川に架かる橋
〔オットン〕
ベルギー、2003

オットン島と中心市街地を結ぶ歩道橋
E：Ney & Partners／ブリュッセル
A：Ziane／リエージュ

扁平なアーチ橋

橋長：30m
支間長：26m
幅員：床版：2m
材料：アーチ：鋼、床版：グレーチング

Literature: Concours Construction Acier 2004, in: Staal-Acier, 5, 2004, p.200

ウォルウェ・サン・ピエールの橋
ベルギー、2002

タービュレン通りに架かる歩道橋
E：Ney & Partners／ブリュッセル
A：Pierre Blondel／ブリュッセル

アーチ橋と桁橋が一体となり非対称な構造を形成し、桁部分だけでなく、アーチ部も歩道になっている

支間長：70m
幅員：2 + 3m
材料：鋼
舗装：木材

Literature: Moritz, Benoît, Passerelle Avenue de Tervuren. Woluwé Saint Pierre, in: A+, 1, 2002, pp.74-75
Concours Construction Acier 2002, in: Staal-Acier, 2002, p.198

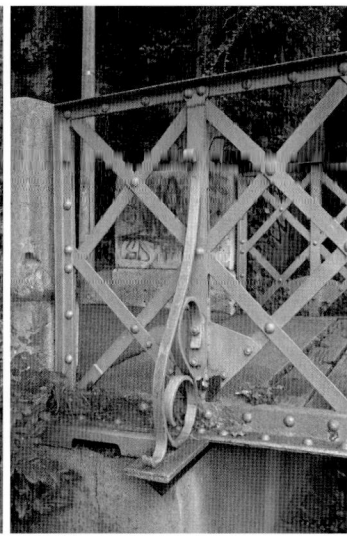

ビルジッヒタールの歩道橋
〔バーゼル〕
スイス、1865

ドーレンバッハ高架橋の下を流れるビルジッヒ川に架かる歩道橋。スイスに現存する最古級の鉄製歩道橋である

ラチス・トラス
材料：鉄（圧延）

Literature: Federal Roads Office(pub.), Historische Verkehrswege, Bern, 2004, p.6

カペル橋
〔ルツェルン〕
スイス、1365頃

ルツェルンの中心部にある。本来は街の防備のために建設された

屋根つき木橋。1993年に火災の被害を受けたが、もと通りに再建された

橋長：建設当初は285m、19世紀に何度か改修されて短くなり、現在は202m
最大支間長：9.3m
幅員：3.2m
材料：橋脚：砂岩
骨組：オーク
屋根：シルバーファーおよびトウヒ

Literature: Pantli, Heinz, Kapellbrücke und Wasserturm, in: Denkmalpflege im Kanton Luzern 1994, Jahrbuch der Historischen Gesellschaft Luzern, 1995, pp.70-74
Flury-Rova, Moritz et al., Kapellbrücke und Wasserturm. Der Wiederaufbau eines Wahrzeichens im Spiegel der Restaurierung und Forschung, Lucerne, 1998
Graf, Bernhard, Of Swiss Heroic Deeds. The Kapell Bridge in Lucerne, in: Bridges that Changed the World, München, 2002, pp.34-35

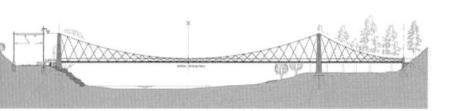

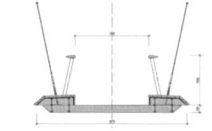

ブータン橋
〔オブロナ近郊〕
スイス、2005

アッパーヴァレーとローワーヴァレーの間に位置するイルグラーベンに架かる橋。フィン森林自然保護区への入り口に架かっている

吊床版構造。ブータンの橋をモデルとしてつくられた

支間長：134m
幅員：1m
材料：鋼、床版：木材
橋台：コンクリート

FRP歩道橋
〔ポントレジーナ〕
スイス、1997

フラッツ川に架かる歩道橋
E：Otto Künzle／チューリッヒ

FRPのトラス橋。一方のスパンではボルト接合が用いられ、もう一方では接着接合が用いられている

橋長：25m
輸送サイズ：2×12.5m
幅員：1.9m
材料：FRP（繊維強化プラスチック）

Literature: Keller, Thomas and Otto Künzle, Urs Wyss, Fußgängerbrücke Pontresina in GFK, in: SI+A Schweizer Ingenieur und Architekt, 12, 1998
Keller Thomas, Towards Structural Forms for Composite Fibre Materials, in: Structural Engineering International, vol.9, November 1999, pp.297-300

ガンゲリブルーク
〔ザンクト・ガレン〕
スイス、1882

レシェンの歩道橋。かつては木橋だったため洪水により頻繁に流失していたが、1925年と1936年に再建された

吊橋

支間長：65.7m
幅員：1.2m
材料：鉄

Literture: Stadelmann, Werner, St. Galler Brücken, St. Gallen, 1987, pp.46-47

ルイナオルタ橋
〔トリン〕
スイス、計画2007

ライン峡谷に架かり、トリン駅と天然記念保護区域に指定されているルイナオルタのハイキングコース
E：Walter Bieler／ボナドゥーツ

水平のフィレンデール桁をもつ吊橋

橋長：98m
最大支間長：74m
幅員：1.5m
材料：主塔およびケーブル：鋼
床版および高欄：カラマツ

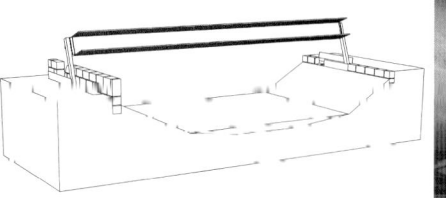

ソヤ歩道橋
〔ティチーノのソヤ渓谷〕
スイス、2006

ブレニオ渓谷のソヤ川に架かる。かつては木橋であったが、2003年8月の洪水で流失し、現在は鋼製の橋に架け替えられている
E：Laube／ビアスカ
A：Martin Hügli／イラーニャ

荷重とコストを最小限に抑えたアーチ橋。5つのアーチセグメントで構成され、互いに力を伝達する

支間長：22m
幅員：1.2m
材料：集成材
舗装：集成材の板にアスファルト舗装
橋台：コンクリート

Literature: Lignum(pub.), 18 Ingenieurholzbauten, Zurich, February 2007, pp.20-21
Hügli, Martin, Einfacher geht Brückenbau wohl nicht mehr, in: bauen mit holz, 5, 2007, pp.18-21
Schweizer Holzbau 7, 2007

ファルス広場のミルク橋
スイス、計画2008

ファルス広場の中央を流れるファルサー・ライン川に架かる可動橋
E：Conzett Bronzini Gartmann／クール

単純箱桁橋。増水すると橋は持ち上がり、構造物はラーメン構造となる

橋長：23m
支間長：21m
幅員：1.1m
材料：鋼

イベルドンレバンの万博橋
スイス、2002

2002年のスイス万博のために架けられた並行な2本の橋
E：Staubli, Kurath & Partner／チューリッヒ
Swissfiber／チューリッヒ
A：Diller Scofidio+Renfro／ニューヨーク

連続桁。全ての部材が半透明である

橋長：2×120m
支間長：12m
幅員：2.5m
材料：FRP
橋脚：鋼
高欄：半透明で下から照明される

Literature: Der Wolkensteg, in: Fiberglas, supplement to Hochparterre 4, 2004, Zurich, p.21
Entwicklungen im Bereich Faserkunststoffe im Bauwesen an der Zürcher Hochschule in Winterthur, in: Der Bauingenieur, 12, 2005

ヴルタヴァ川に架かる橋
〔プラハ〕
チェコ、1986

トロヤ城の隣のプラハ動物園とストロモフカ公園をつなぐ吊床版橋
E：Jiri Strasky／ブルノ

橋長：249m
最大支間長：96m
幅員：3.8m
材料：コンクリート

Literature: Strasky, Jiri, Stress ribbon and cable-supported pedestrian bridges, London, 2005, p.76

バート・ホンブルク・フォア・デア・ヘーエの橋
ドイツ、2002

ヘッセンリンク高速道路の跨道橋
E：Schlaich Bergermann & Partner／シュツットガルト

石の主塔をもつ斜張橋。床版は16本のテンションロッドによって吊られている

橋長：76m
支間長：46m
幅員：6.9m
材料：主塔：ABS（absolute black：火山活動によってできた斑レイ岩の一種）

Literature: Russell, Lisa, Footbridge Awards 2005, in: Bridge Design and Engineering, vol.11, 41, 2005

A5高速道路の跨道橋
〔バーデン・バーデン近郊〕
ドイツ、1996

歩行者・自転車専用橋
E：Ingenieurgruppe Bauen／カールスルーエ

単純桁。アウトバーンの横のヤードで組立てられた後、30分間の交通規制の間に架設

支間長：40m
材料：鋼

ベンスハイムの歩道橋
ドイツ、2006

国道3号と国道47号を跨ぐ歩行者・自転車専用橋。南にある中心市街地とその西の街区をつないでいる
E：シュライヒ・ベルガーマン＆パートナー／シュツットガルト
A：Heinz Frassine／ベンスハイム

アーチ橋。柱で支持された斜路と接続する

支間長：30.3m
幅：2.5m
材料：アーチ：鋼
床版：鉄筋コンクリート

ゲリッケ歩道橋
〔ベルリン〕
ドイツ、1915、1949

ベルビュー駅に接続し、シュプレー川に架かる歩道橋。建設当初はベルビュー歩道橋と呼ばれていた
E：Bruno Möhring

橋軸方向にはアーチの構造システムで、床版はその2ヒンジのアーチより吊られているが、横方向にはRC床版を有する格子構造として設計されている

橋長：56.8m
支間長：52m
幅員：5m
材料：上部工：鋼
舗装：マスチックアスファルト
橋台：コンクリート

Literature: Senator für Bau- und Wohnungswesen(pub.), Gerickesteg über die Spree, in: Fußgängerbrücken in Berlin, Berlin, 1976, pp.24-25

アブタイ橋
〔ベルリン〕
ドイツ、1916

シュプレー川の南の支流に架かり、トレプトウ公園とアブタイ島をつなぐ歩道橋
E：Städtisches Verkehrsbauamt／ノイケルン

アーチ橋。アーチは2本の塔の間に架けられている

橋長：100m
支間長：75.7m
幅員：3.8m
材料：鉄筋コンクリート、鋳鉄

ゴーテンブルク歩道橋
〔ベルリン〕
ドイツ、1957

ゴーテンブルク通りの延長に架けられており、パンケ川を跨いで両岸の公園を結んでいる

単純合桁。高欄の桟はサインカーブを描いている

橋長：16.1m
支間長：15m
幅員：2.8m
材料：鋼、鉄筋コンクリート
舗装：マスチックアスファルト
高欄：鋼

Literature: Senator für Bau- und Wohnungswesen(pub.), Elsensteg in Neukölln, in: Fußgängerbrücken in Berlin, Berlin, 1976, pp.34-35

ノルトポール橋
〔ボーフム〕
ドイツ、1999

ボーフムの西公園の入り口に架かる歩道橋
E：Bollinger + Grohmann／フランクフルト
A：Hegger Hegger Schleiff Planer+Architekten／カッセル

水平方向に鋼管トラス構造を有する桁橋。照明は通行する人の速度に合わせてインタラクティブに反応する

支間長：100m
幅員：2.2-3.8m
材料：上部工および橋脚：鋼
舗装：グレーチング
高欄：片持ち式の強化ガラス

Literature: Schmal, Peter C.(ed.), workflow: Strultur – Architektur, Basel, 2002, pp.142-145

ムルケンバッハ橋
〔ベーブリンゲン〕
ドイツ、1995

シティーパークに架かる歩道橋
E：Decker Ingenieur–Gesellschaft／ベーブリンゲン
A：Janson+Wolfrum/Architektur+Stadtplanung／ミュンヘン

単純桁形式

橋長：14.8m
支間長：13.5m
幅員：2.8m
材料：カラマツの集成材（鋼製の横桁の上に並べられている）

Literature: Janson, Alban and Sophie Wolfrum, Garten und Landschaft, 7, 1996, p.41f.

ブランデンブルク・アン・デア・ハーフェル
の橋
ドイツ、2001

ヤコブスグラーベン水路に架かる歩道橋
E：Ingenieurgemeinschaft Härtel & Schiermeyer／バート・オインハウゼン
LA：Uwe Tietze & Partner／ベルリン

単純桁

橋長：24.2m
支間長：22.5m
幅員：2.9m
材料：構造部材および高欄：鋼（溶融亜鉛メッキ）
舗装：ボンゴシ

ハーフェン橋
〔フェゲザック、ブレーメン〕
ドイツ、2000

アルト・フェゲザックと、新しく整備されたハーフェン・ヘーフト地区を結ぶ歩行者専用の跳開橋
A：Arup／デュッセルドルフ
D：Designlabor Bremerhaven／ブレーマーハーフェン

閉じた状態では連続桁として機能するが、てこの原理により跳ね上がる。照明にも工夫がなされている

橋長：42m
幅員：3.5m–7m
材料：鋼、コンクリート
舗装：孔あきステンレス鋼板

ツォー橋
〔デッサウ〕
ドイツ、2001

ムルデ（Mulde）川に架かる橋。動物園と街の中心部をつなぐ
E：Stefan Polonyi & Partner／ケルン
A：Kister Scheithauer Gross／ケルン

曲線のデッキを有するパイプアーチ

橋長：133m
支間長：111.3m
幅員：2.8m
材料：鋼

Literature: Bundesingenieurkammer(pub.), Ingenieurbaukunst in Deutschland. Jahrbuch 2003/2004, Hamburg, 2003, pp.102-104

デュースブルクの歩道橋
ドイツ、1958

1958年にブリュッセルで開催された国際博覧会のために造られた斜張橋。博覧会の後は、デュースブルク動物園に移設され、現在は大学のキャンパスとミュールハイマーの森をつないでいる
A：Egon Eiermann, Sep Ruf

非対称な主塔を有する片面吊りの斜張橋

橋長：65m
最大支間長：43.5m
幅員：4m–4.4m
材料：デッキと橋台：鉄筋コンクリート
主塔、ケーブルと高欄：鋼

Literature: Walther, René, Schrägseibrücken, Lausanne/Düsseldolf, 1994, pp.154-157

エッシングの橋
〔エッシング、アルトミュール渓谷〕
ドイツ、1986

マイン・ドナウ運河に架かる歩道橋
E：Ingeniuerbüro Brüninghoff & Rampf／ウルム
A：Büro für Ingenieur−Architektur Richard J. Dietrich／トラウンシュタイン

木製吊床版橋

橋長：190m
最大支間長：73m
幅員：3.1m
材料：集成材
高欄：カラマツ（メッシュ金網を使用）

Literature: Brüninghoff, Heinz, The Essing Timber Bridge, Germany, in: Structural Engineering International, vol.3, Mai 1993
Dietrich, Richard J., Faszination Brücken, Munich, 1998, pp.206-213
Wells, Matthew and Hugh Pearman, 30 Brücken, Munich, 2002, pp.140-143

アイゼナー歩道橋
〔フランクフルト〕
ドイツ、1869、1946

マイン川に架かる歩道橋

トラス橋

橋長：173.6m
最大支間長：82.5m
幅員：5.4m
材料：鋼

Literature: Gorr, Wolfram, Frankfurter Brücken. Schleusen, Fähren, Tunnels und Brücken des Main, Frankfurt, 1982, pp.115-138
Mäckler, Christoph, Frankfurter Brücken, in: Jahrbuch für Architektur 1984. Das neue Frankfurt II, Berlin, 1984, pp.61-98
Möll, Reiner, Altstahlschweißen und Nieten im Zuge der Grunderneuerung des "Eisernen Steges" in Frankfurt am Main, in: Der Stahlbau, vol.66, January 1997, pp.1-11

ホルバイン歩道橋
〔フランクフルト〕
ドイツ、1990

街の中心とザクセンハウゼン美術館の前の河岸を結ぶ歩道橋
E：König & Heunisch Planungsgesellschaft／フランクフルト
A：Albert Speer & Partner／フランクフルト

吊橋。照明にも工夫がなされている

橋長：214m
最大支間長：142m
幅員：2.4m
材料：鋼

Literature: Christian Bartenbach, Umlenk- und Spiegelwelftechnik: Hohlbeinsteg, in: Werk, Bauen + Wohnen, Oktober 1994
Setzepfandt, Wolf-Christian, Architekturführer Frankfurt am Main, Berlin, 2002, p.85

ハンブルクの橋梁群
ドイツ、設計中

ヴィリー・ブラント通りとツォル運河の間に架かる歩道橋群
E：Werner Sobek Ingenieure／シュツットガルト
A：Jan Störmer Partner／ハンブルク

連続箱桁。30個の円筒状の照明装置がデッキの上に並んでいる

橋長：200m
最大支間長：40m
幅員：2.3m–4.2m
材料：鋼

スカイウォーク
〔ハノーファー〕
ドイツ、1998

ラーツェン駅と万博（Expo 2000）会場を結ぶ歩道橋
E：RFR Ingenieure／シュツットガルト
A：Schulitz+Partner Architekten／ブラウンシュヴァイヒ

2本のチューブ状に構成されたデッキ

橋長：338.4m
最大支間長：28m
幅員：8.8m
材料：鋼
表面：曲面ガラス

Literature: Karl J. Habermann and Helmut C. Schulitz, Werner Sobek, Stahlbau Atlas, Munich, 1999, pp.225, 336-339
Meyer, Lür, Freakshow. Die Architektur der Expo, in: db deutsche bauzeitung, 6, 2000, pp.60-69
Pearce, Martin, Bridge Builders, London, 2002, pp.150-153

エキスポブリッジ
〔ハノーファー〕
ドイツ、2000

ハノーファー万博跡地にある4つの橋
E：Schlaich Bergermann & Partner／シュツットガルト
A：Gerkan Marg & Partner／ハンブルク

斜張橋。すべての橋が7.5m×7.5mのグリッド上に構成されている

最大全長：135m（東側の橋）
最大支間長：45m（南側の橋）
最大幅員：45m（中央の橋）
材料：鋼、鋳鋼
床版：永久構造には鉄筋コンクリート、仮設構造にはカラマツ材

Literature: Torres Arcila, Martha, Bridges – Ponts – Brücken, Mexico City, 2002, pp.472-481
Cruvelier, Mark, Footbridges of the world's fairs, in: Footbridge 2002, Paris, pp.104-105

レーアのネッセ橋
ドイツ、2006

旧市街地と歩行者ゾーンを新しく整備されたネッセ地区へとつなぐ歩道橋。貿易港に架かっている
E：Schlaich Bergermann & Partner／シュツットガルト

中央に跳開部のある斜張橋。デッキは平面的に折れ曲がった形状をしている

橋長：82m
跳開部の長さ：2×7m
幅員：3m-5m
材料：跳開部：鋼
桁：鋼・コンクリート複合構造
橋台：鉄筋コンクリート

ベルステル橋
〔レーネ〕
ドイツ、2000

ヴェレ川に架かる歩行者・自転車専用橋
E：Schlaich Bergermann & Partner／シュツットガルト
A：Claus Bury／フランクフルト

コンクリートのアーチを有する吊床版橋

橋長：96m
最大支間長：35m
幅員：3.5m
材料：アーチ：鉄筋コンクリート
デッキ：プレストレストコンクリート

ミンデンの歩道橋
ドイツ、1994

ヴェザー川に架かる歩行者・自転車専用橋
E：Schlaich Bergermann & Partner ／シュツットガルト

RC床版を有する吊橋。主塔は傾斜している

支間長：約105m
幅員：3.6m
材料：鋼

Literature: Pearce, Martin, Bridge Builders, London, 2002, pp.174-177
Torres Arcila, Martha, Bridges – Ponts – Brücken, Mexico City, 2002, pp.438-441

ミュンヘンの歩道橋
ドイツ、1985

ミュンヘン市内環状道路に架かる歩道橋
E：Ingenieurbüro Suess & Staller ／グラフェッシン
A：Büro für Ingenieur-Architektur Richard J.Dietrich ／トラウンシュタイン

主塔とデッキとケーブルが三角形断面を構成している吊橋

支間長：69m
幅員：3.5m
材料：上部工、ケーブル：鋼

Literature: Detail, 5, 1987
Dietrich, Richard J., Faszination Brücken, Munich, 1998, pp.214-219
Stahl-Informations-Zentrum(pub.), Hängeseilbrücke in München, Deutschland(1985), in: Dokumentation 577. Fußgängerbrücken aus Stahl, Düsseldolf, 2004, p.24

ヴィーズン広場への橋
〔ミュンヘン〕
ドイツ、2005

バイエル通りに架かる歩行者・自転車専用橋
E：Christoph Ackermann Beratendes Ingenieurbüro für Bauwesen ／ミュンヘン
A：Ackermann & Partner Architekten ／ミュンヘン

コンクリート床版と鋼アーチのハイブリッド構造

支間長：38m
幅員：4m
材料：鋼（高張力鋼）

Literature: Brückenbauen mit neuen Werkstoffen: Die Fußgängerbrücke über die Bayerstraße in München, in: Stahlbau, October 2005, pp.729-734
Packer, Jeffrey A. and Silke Willibald(eds), Tubular Structures XI, London, 2006

オーシャッツの歩道橋
ドイツ、2006

2006年に開催された州の庭園博覧会用に、デルニッツ川に架けられた橋
E：Silvio Weiland & Dirk Jesse ／ドレスデン工科大学

10個のU字型のプレキャストセグメントからなる橋。6本のテンドンでプレストレスが与えられている

橋長：9.1m
支間長：8.6m
幅員：2.5m
部材厚：3cm（床および側面）
材料：繊維シート補強コンクリート

Literature: Curbach, Manfred and Silvio Weiland, Fertigteilbrücke für die Landesgartenschau 2006 in Oschatz aus textilbewehrtem Beton, in: BFT, vol.70, 2, 2004, pp.102-103

ラーデンベルク橋
〔ポツダム〕
ドイツ、2001

ポツダムの中心市街地に復元された運河に架けられた橋
E：Fichtner+Köppl／ローゼンハイム
A：Büro für Ingenieur-Architektur Richard J. Dietrich／トラウンシュタイン

単純桁。レンズ型の張力システムを採用

支間長：13m
幅員：3m
材料：鋼
舗装：木材

Literature: Dietrich, Richard J., Faszination Brücken, Munich, 1998, pp.266-267
Dietrich, Richard J., Eine neue Brücke in Potsdam, in: Umrisse – Zeitschrift für Baukultur, 2, 2001, p.42

ドラーヒェンシュヴァンツ橋
〔ロンネブルク〕
ドイツ、2006

2007年に開催された連邦庭園博覧会（BUGA）のためにロンネブルクまたはゲーラ近郊にあるゲッセンタール川に架けられた歩行者・自転車専用橋
E：Fichtner+Köppl／ローゼンハイム
A：Büro für Ingenieur-Architektur Richard J. Dietrich／トラウンシュタイン

3径間の木製吊床版橋

橋長：235m
最大支間長：65m
幅員：2.5m-3.8m
材料：吊床版部材：集成材
橋脚：鋼管
基礎：コンクリート

Literature: Keim, Mario, Brückenbau mit Sinn für gestalterische Qualität, in: VDI-Nachrichten, 10 November 2006
Werner, Hartmut, Längestes Spannband Europas, in: bauen mit holz, 11, 2006, pp.6-11

マールブーゼン橋
〔ロストック〕
ドイツ、2002

2003年に開催された国際園芸博覧会（IGA）のために架けられたふたつの橋（写真は一方のみ）
E：Schlaich Bergermann & Partner／シュツットガルト］
LA：WES & Partner Landschaftsarchitekten／ハンブルク

2本の鋼桁からなる連続桁

橋長：35.5m および 48m
最大支間長：25.5m および 2×24m
幅員：4.4m
材料：鋼、コンクリート

Literature: Dechau, Wilfried, Die IGA in Rostock, in: db deutsche bauzeitung, 8, 2003, p.24
Schlaich, Mike, Die Fußgängerbrücken auf der Internationalen Gartenausstellung IGA 2003 in Rostock, in: Bauingenieur, 10, 2003, p.441

スティーバー渓谷橋
〔ロス〕
ドイツ、2002

この橋によって、鉄道駅と街の中心が最短距離で結ばれている
E：Grad Ingenieurplanungen／インゴルシュタット
A：Vogel+Partner／ミュンヘン

鋼製の箱桁は両方のコンクリート橋台に剛結されているため伸縮装置がない。温度変化に対しては、桁が横方向に変形することによって対処するシステムを有している

橋長：170m
最大支間長：36m
幅員：3m
材料：鋼（亜鉛溶射）

Literature: Habermann, Karl J., Schrägseilbrücke in Roth, in: db deutsche bauzeitung, 5, 2003, pp.54-61
Grad, Johann, Stiebertalbrücke in Roth/Bayern, in: Stahlbau, 12, 2003, pp.868-871

シュナイトタッハの橋
ドイツ、2002

ロッテンブルク城の入り口に架かる橋
E：Ingenieur–Büro Ludwig Viezens／エッケンタール

横断方向にあるフレーム構造が高欄を支えている。歴史的な構造物を現代の木橋技術で表現している

橋長：24.4m
幅員：3.6m
材料：上部工および橋脚：カラマツ集成材、鋼
基礎：鉄筋コンクリート

Literature: Viezens, Ludwig, Brückenschlag zur Festung, in: bauen mit holz, 12, 2002, pp.17-20

クイーン・メリー橋
〔シュヴァンガウ近郊〕
ドイツ、1866、再建1978

ペラート峡谷に架けられた歩道橋。ノイシュヴァンシュタイン城への眺望が得られる
E：Heinrich Gerber／ホーフ

リベットが使われている鋼トラス橋。初代の木製歩道橋は、1866年に鉄製に架け替えられたが、高欄は当初のままである

支間長：34.9m
材料：鉄、舗装：木材

トゥルム橋
〔ジンゲン・アム・ホーエントヴィール〕
ドイツ、2000

州の庭園博覧会のために建設された歩道橋。公園内のふたつの地点をつないでいる
E：Baustatik Relling／ジンゲン
LA：Michael Palm／バインハイム

階段塔のある屋根つき木製トラス橋。3本の橋脚で支えられた連続桁形式であるが、両端部は片持ちで張り出している。工場でふたつのブロックに分割して製作された

橋長：43.5m
支間長：28.2m
幅員：2.2m
材料：木材

Literature: Fußgängerbrücke in Singen, in: Detail, 3, 2001, pp.446-449
Gedeckte Fachwerkbrücke mit Turm, in: bauen mit holz, November 2000, pp.12-14

プラークザッテル I および II
〔シュツットガルト〕
ドイツ、1992

1993年の国際園芸博覧会（IGA）のために、ハイルブロンナー通りに架けられた橋
E：Schlaich Bergermann & Partner／シュツットガルト
A：Planungsgruppe Luz, Lohrer, Egenhofer, Schlaich／シュツットガルト

Bridge I：
パイプアーチで支持されたコンクリート製歩道橋。アーチの基部でパイプが分岐している
支間長：52m
幅員：4.5m
材料：鋼、コンクリート

Bridge II：
樹木のような橋脚を有する歩道橋
橋長：83.9m
幅員：4m
材料：鋼、コンクリート

アルマントリング歩道橋
ドイツ、1992

シュツットガルト大学構内のアルマントリングに架かる橋
E：Ingenieurbüro Lachenmann ／ファイヒンゲン・アン・デア・エンツ
A：Kaag+Schwarz ／シュツットガルト

ケーブルのタイ材を有するアーチ橋。ヒンジで連結した11個のセグメントから構成されている

支間長：34m
幅員：3.2m
材料：鋼

Literature: Kaag, Werner and Rudolf Schwarz, Fußgängersteg in Stuttgart, in: archplus, 118, 1993, p.33
Kaag, Werner and Gustl Lachenmann, Fußgängersteg in Stuttgart-Vaihingen, in: archplus, 124/125, 1994, p.70
Lachenmann, Gustl, Fußgängersteg über den Allmandring in Stuttgart/Vaihingen, in: Stahlbau, 11, 1994, pp.337-342
Kaag, Werner and Rudolf Schwarz, Fußgängersteg in Stuttgart, in: Detail, 8, 1999, pp.1459-1461
Schlaich, Jörg and Matthias Schüller, IngenieurbauFrührer Baden-Württemberg, Berlin, 1999, pp.196-197
Wells, Matthew and Hugh Pearman, 30 Brücken, München, 2002, pp.108-111

ノルトバンホッフ橋
〔シュツットガルト〕
ドイツ、1992

1993年の国際園芸博覧会（IGA）のために北中央駅の近くに架けられた三ツ股の橋
E：Schlaich Bergermann & Partner ／シュツットガルト
A：Planungsgruppe Luz, Lohrer, Egenhofer, Schlaich ／シュツットガルト

自碇式吊橋

橋長：115m
幅員：5m
材料：鋼、コンクリート

Literature: Schlaich, Jörg and Matthias Schüller, IngenieurbauFührer Baden-Württemberg, Berlin, 1999, pp.190-191

レーヴェントール歩道橋
ドイツ、1992

1993年の国際園芸博覧会（IGA）のために架けられた歩道橋
E：Schlaich Bergermann & Partner ／シュツットガルト
A：Planungsgruppe Luz, Lohrer, Egenhofer, Schlaich ／シュツットガルト

ケーブルネット歩道橋。床版の下にあるケーブルネットが歩道橋を支えている

支間長：約75m
幅員：3.1m
材料：ケーブルネット：鋼

Literature: Schlaich, Jörg and Matthias Schüller, IngenieurbauFührer Baden-Württemberg, Berlin, 1999, pp.188-189

ラ・フェルテ歩道橋
〔シュツットガルト〕
ドイツ、2001

ハルデンライン通りに架かる歩行者・自転車専用橋
E：Peter & Lochner／シュツットガルト
A：'asp' Architekten Stuttgart／シュツットガルト

ラーメン橋。平面線形は半径53.7mの曲線を描いている。支承や伸縮装置のないインテグラル橋

橋長：118.5m
最大支間長：28.5m
幅員：3.5m
材料：主桁、橋台：鉄筋コンクリート
　　　橋脚：鋳鋼、鋼
　　　高欄：ステンレス鋼

Literature: Peter, Jörg and Matthias Schüller, Fuß- und Radwegbrücken über die Haldenrainstraße in Stuttgart, in: Beton- und Stahl-betonbau, November 2002, pp.609-614

ヴァイブリンゲンの歩道橋
ドイツ、1978

グロッサー・エアレニンゼルとブリュールヴィーゼンの間を流れるレムス川にかかる橋
E：Ingenieurbüro Leonhardt & Andrä／シュツットガルト

アーチ橋

橋長：39m
支間長：28m
幅員：3.7m
材料：上部工：鉄筋コンクリート
舗装：ウレタン舗装
高欄：鋼

Literature: Leonhardt, Fritz, Brücken/Bridges, Stuttgart, 1994, p.97
Schlaich, Jörg and Matthias Schüller, IngenieurbauFührer Baden-Württemberg, Berlin, 1999, pp.216-217

ヴァイブリンゲンの歩道橋Ⅱ
ドイツ、1980

グロッサーとクライナー・エアレニンゼルの間に架かる歩道橋
E：Ingenieurbüro Leonhardt & Andrä／シュツットガルト

アーチ橋

橋長：23m
支間長：18m
幅員：2.4m
材料：上部工：鉄筋コンクリート
舗装：ウレタン舗装
高欄：鋼

バックパック・ブリッジ
ドイツ、1999

一人でも架けることのできる折り畳み可能な橋
A：Maximilian Rüttiger／ウンターヴェッセン

ダイナミックな折り畳み構造。ステーションワゴンのトランクにうまく納まる

支間長：10m
重さ：38kg
材料：アルミニウム

Literature: Kaltenbach, Frank, RucksackBrücke, in: Detail, 8, 1999, pp.1442-1443

アッセンスの橋
デンマーク、1850

ブラヘスボルクにある橋

吊橋

支間長：22.9m
材料：鉄
舗装：木材

Literature: Cortright, Robert S., Bridging the World, Wilsonville, 2003, p.114

ベル橋
〔アルファラス〕
スペイン、2007

ノゲラ・リバゴルサーナ川に架かる橋

オリジナルの石橋が部分的に残っており、新しく建設した橋に統合されている。オリジナルは石造アーチ橋だが、新しい部分は連続桁と曲弦トラス橋となっている

材料：オリジナルの部分：石
新設の部分：鋼

アンドアインの橋
〔バスク〕
スペイン、2005

オリア川に架かる橋。街の中心部とレクリエーション地区を結んでいる
E：Pedelta／バルセロナ

単純ラーメン橋

橋長：68m
幅員：3.6m
材料：耐候性鋼
橋台：鉄筋コンクリート

Literature: Sobrino, Juan A. and Javier Jordán, Two examples of innovative design of footbridges in Spain, in: Footbridge 2005. 2nd International Conference, Dec. 6-8, 2005, Venice, proceedings, pp.223-224

ビルバオの橋
スペイン、1997

アバンドイバラ遊歩道にあるグッゲンハイム美術館の前に架かる歩道橋
E：IDOM／ビルバオ
A：Frank O.Gehry & Associates／ロサンゼルス

支間長：135m
幅員：7.3m
材料：発砲ポリスチレンコンクリート

Literature: van Bruggen, Coosje and Frank O. Gehry, Guggenheim Musium Bilbao, Ostfildern, 1997

ヨーロッパの歩道橋120

パドレ・アルペ歩道橋
〔ビルバオ〕
スペイン、2003

ネルビオン川に架かり、デウスト大学へとつながる歩道橋
E：IDEAM／マドリッド
A：Estudio Guadiana／マドリッド

リブ付きのU字断面を有する桁橋。桁に照明が組み込まれている

橋長：142.5m
最大支間長：84m
幅員：4.1m–11m
材料：ステンレス鋼
内装材：イペ

Literature: Millanes Mato, Francisco, La nouvelle passerelle d'Abandoibarra devant le musée Guggenheim, Bilbao, in: Bulletin ouvrages métalliques, 3, 2004, pp.26-49
Euro Inox(pub.), Trogbrücke in Bilbao, Spanien, in: Fußgängerbrücken aus Edelstahl Rostfrei, Luxembourg, 2004, pp.18-20

ジローナの鉄橋
スペイン、1877

ペスカテリエス地域にあるオニャー川に架かる歩道橋。ポン・デ・レ・ペスカテリェ・ヴェルとも呼ばれる
E：Gustave Eiffel／パリ

トラス桁形式

材料：鉄

Lierture: Asensio, Paco, Gustave Alexandre Eiffel, Düsseldorf, 2003, pp.38-43

ゴメス橋
〔ジローナ〕
スペイン、1916

オニャー川に架かる歩道橋。ポン・デ・ラ・プリンセサとも呼ばれる
A：Luís Holms

材料：鉄筋コンクリート

Literature: P.55参照

サン・フェリュ歩道橋
〔ジローナ〕
スペイン、1996

オニャー川に架かる歩道橋。サン・フェリュ教会の近くの旧市街とデヴェサ公園を結ぶ
E：Pedelta／バルセロナ
A：Blázquez–Guanter Arquitectes／ジローナ

単純ラーメン橋

支間長：58.4m
幅員：3.5m
材料：耐候性鋼
橋台：鉄筋コンクリート

Literature: Gómez-Pulido, M. Dolores and Juan A. Sobrino, Sant Feliu Footbridge in Girona, Spain, in: Footbridge 2002, Nov. 20-22, 2002, Paris, proceedings, pp.124-125
Schlaich, Mike(ed.), Saint Feliu Footbridge, Spain(1996), in: Guidelines for the design of footbridges, Lausanne, November 2005, p.116

リェイダの歩道橋
スペイン、2001

リェイダから約2kmの位置に架かる。1本の道路と2本の鉄道を跨ぐ歩道橋
E：Pedelta／バルセロナ

2本のアーチリブをもつ下路アーチ橋。現場のヤードで組み立てられた後、一括架設された

支間長：38m
幅員：3m
材料：GFRP
斜路および橋脚：鉄筋コンクリート

Literature: Gómez-Pulido, M. Dolores and Juan A. Sobrino, A New Glass-Fibre Reinforced-Plastic Footbridge, in: Footbridge 2002. Design and dynamic behaviour of footbridges, Nov. 20-22, 2002, Paris, proceedings, pp.187-188

グアダレンティン川に架かる橋
〔ロルカ〕
スペイン、2002

街の中心部にある歩道橋
E：Carlos Fernández Casado／マドリッド

アーチ橋

支間長：86m
幅員：2×4m
材料：鋼

マンサナレス川に架かる橋
〔マドリッド〕
スペイン、2003

街の中心部にある歩道橋
E：Carlos Fernández Casado／マドリッド

斜張橋

支間長：147m
幅員：3m
材料：鋼

サン・ファン・デ・ラ・クルス（十字架の聖ヨハネ）橋
〔バレンシア〕
スペイン、2004

カリオン川に架かる歩道橋。イスラス・ドス・アグアススポーツセンターに接続している
E：Fhecor Ingenieros Consultores／マドリッド

高低差のある橋台に対して、デッキをカーブさせることで対処している

支間長：70.7m
幅員：3m
材料：橋桁：鋼

Literature: Romo Martín, José, Pasarela sobre el río Carrión en Palencia, in: Una reflexión sobre el proyecto de puentes y pasarelas sobre ríos en el ámbito urbano, pp.2-4
III Congreso de ingeniería civil, territorio y medio ambiente: Agua, Biodiversidad e Ingeniería, Zaragoza, 25-27 October 2006

ポンテベドラの橋
スペイン、1997

レレス川に架かる橋
E：Fhecor Ingenieros Consultores ／マドリード

下路アーチ橋。川岸に平行に架けられた後、2隻のボートを使って回転させ、所定の位置に設置された

支間長：82.5m
幅員：4m
材料：鋼

プエンテ・ラ・レイナの橋
〔パンプローナ〕
スペイン、11世紀

サンティアゴ・デ・コンポステーラへ向かう巡礼路としてアルガ川に架けられた歩道橋。プエンテ・デ・ロス・ペレグリノス（巡礼者の橋）とも呼ばれる

6連アーチ橋

Literature: Graf, Bernhard, Whence there is only one route. Puente la Reina: the Pilgrims' Bridge, in: Bridges that Changed the World, Munich, 2002, pp.26-27

トレンカット橋
〔サンセローニ〕
スペイン、2003

ナポレオン戦争で破壊されたトルデラの街に架かる中世の橋をリノベーションしたもの
E：Alfa Polaris ／サンヴィセン・デ・モンタルト

箱断面のアーチ橋。桁に照明が組み込まれている

橋長：72m
最大支間長：24m
幅員：3.4m
材料：耐候性鋼、コンクリート

Literature: Font, Xavier, Restauration of the Pont Trencat (Broken Bridge), in: Footbridge 2005. 2nd International Conference, Dec. 6-8, 2005, Venice, proceedings, pp.119-120
Russell, Lisa, Footbridge Awards 2005, in: Bridge Design & Engineering, 41, 2005, pp.35-49

バルパラディス歩道橋
〔テッラーサ〕
スペイン、2007

中心市街地にある近年再整備された公園の近くに架かっている
E：Pedelta ／バルセロナ

3径間連続橋。中央の橋脚は非常にシンプルな形状

橋長：100m
支間長：3×33m
材料：鋼
主桁：鋼、コンクリート
橋台：鉄筋コンクリート

サラゴサの橋
スペイン、2002

都市高速道路を跨ぎ、2つの公園を結ぶ歩道橋
E：Carlos Fernández Casado／マドリッド

傾斜したアーチと中央のデッキで構成されている

支間長：56m
幅員：4m
材料：鋼

Literature: Astiz, Miguel A. and Miguel A. Gil, Javier Manterola, The Ronda de la Hispanidad pedestrian bridge in Zaragoza(Spain), in: Tubular Structures X, Oxford, 2003, pp.25-32
Schlaich, Mike(ed.), Footbridge across the "Ronda de la Hispanidad", Spain(2002), in: Guidelines for the design of footbridges, fib, Lausanne, November 2005, p.127

エキスポブリッジ
〔サラゴサ〕
スペイン、計画2008

エブロ川に架けられた2階のある歩道橋。サラゴザで開催されたExpo 2008のエントランスとなる橋
E：Arup／マドリッド
A：Zaha Hadid Architects／ロンドン

箱桁とトラスのコンビネーション

橋長：270m
最大支間長：123m
幅員：11m〜30m
材料：主構造：鋼
外装材：ガラス繊維補強コンクリート
表面仕上げ：吹きつけコンクリート

Literature: Arregui, Inés, Expo Saragosse 2008, in: Le Courrier d'Espagne, August 2006
Pabellon Puente, in: Architectura y critica, 7, 2006

アジャンの歩道橋
フランス、1841、再建2002

ガロンヌ川に架かる橋
A：Cabinet d'Architecture Stéphane Brassie／アジャン

斜めハンガー吊橋

橋長：263m
最大支間長：174.3m
幅員：2.3m
材料：主塔およびケーブル：鋼

Literature: Passerelle d'Agen: le sauvetage d'un ouvrage historique, in: Chantiers de France, March 2003, pp.22-23
Petit, Sébastien, Deux réhabilitations novatrices, in: Travaux, November 2003, pp.52-55
Lecinq, Benoît and Sébastien Petit, Rescue Mission, in: Civil Engineering Magazine, January 2004

フラテルニテ歩道橋
〔オーベルヴィリエ〕
フランス、2000

ジャンマリー・チバウ河岸とアドリアン・アニェス河岸に挟まれたサン・ドニ運河に架かる歩行者・自転車専用橋
A：Mimram Ingénierie／パリ

アーチ橋

支間長：44m
材料：アーチ：鋼
橋台および踊り場：鉄筋コンクリート
舗装：木材

Literature: Footbridge over the Canal Saint Denis, in: Bridge Design & Engineering, 29, 4, 2002
Méhue, Pierre, Deux siècles de passerelles métalliques, in: Bulletin ouvrages méralliques, 2, 2002

グレザン橋
〔ベルガルド・シュル・バルスリーヌ〕
フランス、1947

ローヌ川に架かる歩道橋。ここには何度も橋が架けられてきたが、そのたびに落橋し、最後は1940年である。現在、2007年の完成に向けて修復工事が計画されている

トラスの補剛桁を有する吊橋

橋長：137.8m
支間長：114.2m
幅員：3m
材料：鋼

Literature: Brocard, Maurice, L'Ain des Grands Ponts, Peronnas, 1993

マタロ歩道橋
〔クレテイユ〕
フランス、1988

ウドゥリー・メスリー歩道橋とも呼ばれる
A：Santiago Calatrava／チューリッヒ

下路アーチ橋

橋長：120m
最大支間長：55m
材料：鋼

Literature: Calatrava, Santiago, Des bow-strings originaux, in: Bulletin annual de l'AFGC, January 1999, pp.59-61
Frampton, Kenneth, Calatrava Bridges, Basel, 1996, p.44-53
Montens, Serge, Créteil. Passerelle en bow-string, in: Les plus beaux ponts de France, Paris, 2001, p.121

ドルの歩道橋
フランス、2005

ドゥー川に架かる橋
E：Quadric／モンリュエル
A：Alain Spielmann Architecte／パリ

一本主塔から吊られた1面の単径間吊橋

支間長：70m
幅員：3m
材料：鋼

Literature: Ganz, Hans-Rudolf, Dole Delight, in: Bridge Design & Engineering, November 2005, p.13

セレ歩道橋
〔フィジャック〕
フランス、2003

セレ川に架かる橋
A：Mimram Ingénierie／パリ

トラスドアーチ橋

橋長：42m
支間長：2×21m
幅員：3m−5m

オルザルテ橋
〔ピレネー、ラロー近郊〕
フランス、1920

オラデュビ川峡谷に架かる歩道橋

吊橋

コメルス歩道橋
〔ル・アーヴル〕
フランス、1969

バッサン・デュ・コメルスに架かる歩行者・自転車専用橋。ポン・デ・ラ・ブールスとしても知られる
A：Guillaume Gillet／Paris

A形主塔の非対称的な斜張橋

橋長：105m
最大支間長：73.4m
幅員：5.5m

Literature: Grattesat, Guy, Ponts de France, Paris, 1982, pp.266-267
Walther, René, Schrägseilbrücken, Lausanne/Düsseldorf, 1985, p.160

メイランの橋
フランス、1980

イゼール県に架かる歩道橋
E：Campenon Bernard Construction／ブローニュ・ビヤンクール
A：Cabinet Arsac

逆Y形主塔の斜張橋

橋長：119m
最大支間長：79m
幅員：6.7m
材料：ケーブル：鋼
補剛桁：プレストレストコンクリート
主塔：鉄筋コンクリート

Literature: AFPC(pub.), Passerelle de Meylan (Isère), in: Bulletin 1980-81-82, pp.397-403
Walther, René, Schrägseilbrücken, Lausanne/Düsseldorf, 1985, p.167
Marrey, Bernard, Les Ponts Modernes – 20e siècle, Paris, 1995, pp.213-214

ドゥビリ歩道橋
〔パリ〕
フランス、1900

マニュテシオン通りとブランリ河岸の間に架かる橋。1900年のパリ万博のために建設され、1991年に修復工事が行われた
E：Amédée Alby, André–Louis Lion, Jean Résal

中路式の2ヒンジアーチ橋

橋長：120m
最大支間長：75m
幅員：8m
材料：鋼

Literature: Gaillard, Marc, Quais et Ponts de Paris, Amiens, 1996, p.169
Poisson, Jérôme, Passerelle Debilly, in: Les Ponts de Paris, Paris, 1999, p.223
Montens, Serge, Passerelle de Billy, in: Les plus beaux ponts de France, Paris, 2001, p.115

グラニーテ歩道橋
〔ラ・デファンス、パリ〕
フランス、2007

グラン・ダルシュ（新凱旋門）広場とナンテールに新たに建設されたグラニーテ・タワーを結び、ソシエテ・ジェネラル・タワーの円筒形の外壁に沿って架かる歩道橋
E：Schlaich Bergermann & Partner／シュツットガルト
A：Feichtinger Architectes／パリ

構造全体に内巻きのねじりを与える片面吊りの曲線斜張橋。ソシエテ・ジェネラル・タワーのガラスのファサードと平行に、歩行者用の高さ1.8mのガラス製防風板が設置されている

支間長：88m
幅員：4.5m
材料：鋼
防風板および高欄：強化ガラス

Literature: La passerelle Granite en chantier, in: Le Moniteur des Travaux Publics et du Bâtiment, 8, September 2006, p.20

ボネ・ルージュ歩道橋
〔レンヌ〕
フランス、1994

TGVの駅から北に500mほどの地点にある橋
E：Groupe Alto／ジャンティイ
A：François Deslaugiers／マルセイユ

跳ね橋。箱桁の内部にモーターが設置されている

橋長：40m
支間長：12m
張り出し長さ：8m
幅員：3.5m
材料：ステンレス鋼

サール橋
〔サルグミンヌ〕
フランス、2001

サール川に架かり、街の中心とカジノ公園を結ぶ歩行者・自転車専用橋
E：Jean-Louis Michotey、Michel Virlogeux
A：Alain Spielmann Architecte／パリ

1本柱の主塔で、かつ、斜めハンガーを有する非対称的な自碇式吊橋

橋長：90m
最大支間長：54.4m
材料：鉄筋コンクリート

Literature: Michotey, Jean-Louis und Alain Spielmann, Michel Virlogeux, La passerelle de Sarreguemines, in: Bulletin ouvrages métalliques, 1, 2001, pp.116-127
Duclos, Thierry, La passerelle de Sarreguemines, in: Bulletin annuel de l'AFGC, January 2001, pp.59-63

フラン・モアザン歩道橋
〔サン・ドニ〕
フランス、1998

運河周辺の都市再生プロジェクトの一環として建設されたサン・ドニ運河に架かる歩行者・自転車専用橋
A：Mimram Ingénierie／パリ

アーチ橋

支間長：43m
幅員：3.5m–5m
材料：鋼

Literature: Passerelle sur le canal de Saint-Denis, in: L'acier pour construire, Oktober 1998
Mimram, Marc, Passerelle piétonne au-dessus du canal de Saint-Denis, in: Bulletin ponts métalliques, 1999
Méhue, Pierre, Deux siècles, de passerelles métalliques, in: Bulletin ouvrages métalliques, 2, 2002

バラージ歩道橋
〔サン・モーリス〕
フランス、1997

メゾン・アルフォールのフェルナン・サゲ通りと川沿いの遊歩道の間を流れるマルヌ川に架かる歩道橋
A：Mimram Ingénierie／パリ

2本のアーチが橋脚付近で平面的に枝分かれして3つの支点で支えられている。箱断面の高さは、橋の中央で最小となる

橋長：110m
支間長：3×37m
幅員：3.5m–7m
材料：鋼

Literature: Passerelle sur le barrage de Saint-Maurice, in: L'acier pour construire, October 1998, pp.36-37
Mimram, Marc, Passerelle de Saint-Maurice. Maisons-Alfort, in: Bulletin ponts métalliques, 19, 1999

ドゥ・リヴ歩道橋
〔ストラスブール〕
フランス、2004

2004年に国境をまたいで開催された園芸博覧会に際して建設された橋。両側の公園を結んでいる
E：LAP Leonhardt Andrä & Partner／シュツットガルト、Mimram Ingénierie／パリ

両岸を最短距離で結ぶルートと、緩やかな勾配で結ぶルートの2種類がある。最短距離のルートは下の方が階段（最大勾配18％）となっている

橋長 390m
支間長：183.4m
幅員：歩道：2.5m、自転車道：3m
材料：鋼

Literature: Morgenthal, Guido and Reiner Saul, Verbindendes Element der grenzübergreifenden Gartenschau, in: Stahlbau, in: Stahlbau-Nachrichten, 1, 2004, pp.9-11

PSO歩道橋
〔トゥールーズ〕
フランス、1988

環状道路に架かる非対称構造の橋。周辺の景観に溶け込むような設計がなされている
A：Mimram Ingénierie／パリ

一方のみに方杖部材のある複曲面をもつ橋

支間長：75m
材料：主桁：鋼
舗装：木材

ヴァル・ジョリー歩道橋
〔トレロン近郊〕
フランス、1980

E：Arcora／アルクイユ
A：Michel Marot

薄いデッキの単径間吊橋

支間長：56m
幅員：2.5m
材料：ケーブル：鋼
舗装：木材
高欄：メンブレン

Literature: Baus, Ursula, Superbe. Fußgängerbrücke im Parc du Val Joly, in: db deutsce bauzeitung, 7, 1989, p.92

ヨーロッパの歩道橋120

メビウス橋
〔ブリストル〕
イギリス、2009年10月完成予定

フィンゼルズ・リーチとキャッスル・パークを結ぶ歩行者・自転車専用橋
E：Buro Happold／ロンドン
A：Hakes Associates Architects／ロンドン

アーチ橋

支間長：60m
幅員：2.7m–3m
材料：鋼
高欄：ガラス、鋼

Literature: Landmark bridge gains planning permission, in: BSEE Building Services and Environmental Engineer, 28 July 2005
Mobius Bridge, Bristol, in: A10, November/December 2005, p.18

ドライバラ・アビー橋
〔ドライバラ〕
イギリス、1818、1872

ツイード川に架かる橋。初代の橋は崩壊し、1872年に架け替えられた
E：John & William Smith

単径間吊橋

最大支間長：79m
幅員：1.4m

Literature: Stevenson, Robert, Description of suspension Bridges, in: Edinburgh Philosophical Journal, vol.5, 10, 1821
Troitsky, M. S., Cable-Stayed Bridges. Theory and design, London, 1977
Fernández Troyano, Leonardo, Tierra sobre el agua. Visión histórica universal de los puentes, Madrid, 1999, pp.661-662

シェイキン・ブリギー
〔エッツェル〕
イギリス、1900年頃

スコットランドの北エスク川に架かる歩道橋

鎖鎖吊橋。改修によって、両側に張り出した横梁に高欄の控え材が設けられた。また、両岸へ4本の索が追加された

スパン：約30m
幅員：約1.2m

ミラーズ・クロッシング橋
〔エクセター〕
イギリス、2002

エクセターとエクスウィックの間を流れるエクセ川に架かる歩行者・自転車専用橋
E：Engineering Design Group, Devon Country Council／エクセター

非対称の斜張橋。橋の名前にもある「製粉業者」を表す大きなひき臼がカウンターウェイトとして機能している

支間長：54m
幅員：3m
材料：主塔、橋桁、ケーブル：鋼
ひき石：花崗岩
橋台：鉄筋コンクリート

ピア6空港ターミナル橋
〔ガトウィック〕
イギリス、2005

ガトウィック空港のピア6と北ターミナルを結ぶ橋
E：Arup／ロンドン
A：Wilkinson Eyre Architects／ロンドン

トラス橋。橋は空港の敷地内で5つのブロックに組み立てられ、現場には10日間の工期で設置された

橋長：197m
支間長：128m
最大幅員：11.5m
材料：鋼、ガラス

Literature: Gatwick Pier 6 Air Bridge, in: New Steel Construction, July 2006, p.15
Gatwick Airport, new footbridge linking Pier Six, in: The Architects' Journal, 24 June 2004, pp.4-5

ユニオン橋
〔ホーンクリフ〕
イギリス、1820

ツイード川を渡り、イングランドとスコットランドを結ぶ橋
E：Sir Samuel Brown

単径間吊橋

最大支間長：112m
幅員：5.5m
材料：橋桁と鎖：錬鉄
舗装：木材

Literature: Stevenson, Robert, Description of Suspension Bridges, in: Edinburgh Philosophical Journal, vol.5, 10, 1821
Prade, Marcel, Les grands ponts du monde. Ponts remarquables d'Europe, Poitiers, 1990
Picon, Antonie(ed.), L'art de l'ingénieur, Paris, 1997, pp.523-525
Miller, Gordon, Union Chain Bridge, in: Conference Report of the Institution of Civil Engineers 159, May 2006, pp.88-95

サックラー・クロッシング橋
〔キュー〕
イギリス、2006

王立植物園の池に架かる歩道橋
E：Buro Happold／ロンドン
D：John Pawson／ロンドン

カーブの軸に沿って単柱橋脚が配置されている

橋長：70m
幅員：3m
材料：歩道：花崗岩
高欄：銅
下部工：鋼

Literature: Russell, Lisa, Route Master, in: Bridge Update, January 2006
Walk on water at Kew, in: The Observer, 14 May 2006
Landscape: John Pawson's bronze-railed bridge is in the tradition of landscape intervention at Kew, in: Architecture Today, June 2006, p.77

キングストン・アポン・ハルの橋
イギリス、2008年完成予定

開発計画がなされているハル川の東岸と中心市街地を結ぶ橋
E：Alan Baxter & Associates／ロンドン
A：McDowell+Benedetti／ロンドン

35mの張り出しをもつ旋回橋

橋長：60m
幅員：2m–4.5m
材料：鋼
舗装：エポキシ樹脂舗装
ベンチおよびテラス：木材

Literature: Taking a turn on the river, in: bd Building Design, 12 May 2006
Boom town, in: Building, 12 May 2006
Swinging bridge clinches competition, in: Plan Magazine, June 2006

ニュー・テルフォード橋
〔ロンドン〕
イギリス、1994

セント・キャサリン・マリーナの歩道橋。
1829年に建設された初代の橋は、現橋の横
に一部が残されている
E：Morton Partnership／ロンドン

伸縮橋

材料：鋼

聖サヴォア・ドック橋
〔ロンドン〕
イギリス、1996

歴史ある聖サヴォア・ドックに架かる歩道橋
E：Ramboll Whitbybird／ロンドン
A：Nicholas Lacey & Partners／ロンドン

斜張橋

橋長：34m
最大支間長：15.2m

Literature: Pearce, Martin, Bridge Builders, London, 2002, p.139

ブリッジズ・トゥ・バビロン
〔ロンドン〕
イギリス、1996

ローリング・ストーンズのツアーのために建
設された橋。ミレニアム・ドームの中央にあ
り、メインステージとサイドステージをつな
いでいる
E：Atelier One／ロンドン
D：Mark Fisher Studio／ロンドン

仮設の可動橋。橋はカウンターウェイトの役
割を果たすメインステージに収められてい
る。伸びた場合には、サイドステージがもう
一方の支点となる

支間長：43m
幅員：2m
材料：鋼

Literature: Lyall, Sutherland, Ingenieur-Bau-Kunst. Die Konstraktion der neuen Form, Stuttgart, 2002, pp. 110-117

サウス・キー橋
〔ロンドン〕
イギリス、1997

カナリー・ワーフにある歩道橋
E：Jan Bobrowski & Partner／ロンドン
A：Wilkinson Eyre Architects／ロンドン

ケーブル面が傾いた非対称な斜張橋

支間長：180m
幅員：6m
材料：鋼

ウエスト・インディア・キーの浮橋
〔ロンドン〕
イギリス、1999

ロンドンのドックランドにあるウエスト・インディア・キーに架かる橋
E：Anthony Hunt Associates／ロンドン
A：Future Systems／ロンドン

可動式浮体橋

橋長：80m
支間長：15m
幅員：2.4-3.6m
材料：橋脚と桁：鋼
床版：アルミニウム

Literature: Field, Marcus, Docklands-Brücke 1996, in: Future Systems. Bauten und Projekte 1958-2000, Heidelberg, 1999, pp.84-91
Wells, Matthew and Hugh Pearman, 30 Brücken, Munich, 2002, pp. 90-95
Watanabe, Eiichi, Floating Bridges. Past and Present, in: Structural Engineering International, vol.13, May 2003, pp.128-132

プラシェット・スクール歩道橋
〔ロンドン〕
イギリス、2001

プラシェット・グローヴ・スクールの2つの建物をつなぐ歩道橋
E：Techniker／ロンドン
A：Birds Portchmouth Russum Architects／ロンドン

非対称なS字型の橋。膜の屋根をもつ

支間長：67m
幅員：2.2m
材料：鋼
膜：テフロン加工ガラス繊維膜

Literature: Fußgängerbrücke in London, in: Detail, 5, 2001, pp.864-867
Pearce, Martin, Bridge Builder, London, 2002, pp.30-35
Wells, Matthew and Hugh Pearman, 30 brücken, Munich, 2002, pp.48-53

ハンガーフォード橋
〔ロンドン〕
イギリス、2003

チャーリング・クロス鉄道橋の両側に1本ずつ架けられており、サウス・バンクとウエスト・エンドをつないでいる
E：WSP Group／ロンドン
A：Lifschutz Davidson Sandilands／ロンドン

傾斜した主塔をもつ連続斜張橋

橋長：315m
幅員：4m
材料：主塔およびケーブル：鋼
主桁：鉄筋コンクリート
舗装：石質タイル
高欄：研磨ステンレス

ベルマウス歩道橋
〔ロンドン〕
イギリス、計画

アイル・オブ・ドッグスのカナリー・ワーフにある2つの橋
E：Techniker／ロンドン
A：Birds Portchmouth Russum Architects／ロンドン

可動橋、南側：2つの跳開橋、北側：跳開橋

支間長：南側：32m、北側：23m
幅員：南側：3m-10m、北側：1.6m-4.5m
材料：南側：鋼、北側：鋼

ロックメドウ橋
〔メイドストーン〕
イギリス、1999

大司教館に隣接した橋
E：Flint & Neill Partnership／ロンドン
A：Wilkinson Eyre Architects／ロンドン

周辺環境へのインパクトを最小限に抑えるため、デッキはスレンダーなものとなっている。照明にも工夫がなされている

橋長：80m
支間長：45m
幅員：2.1m
材料：ケーブルおよび主塔：鋼
　　　桁：アルミニウム

Literature: Firth, Ian, Tale of Two Bridges, in: The Structural Engineer, vol.80, 2002, pp.26-32
Pearce, Martin, Bridge Builders, London, 2002, pp.216-221

ウィリアム・クックワーシー橋
〔セント・オーステル〕
イギリス、2005

ボドミン・ロードに架かる橋
E：Sustrans／ロディズウェル
A：David Sheppard Architects／アーミントン

桁高 450mm の箱桁橋

支間長：25m
幅員：2.5m
材料：耐候性鋼

Literature: Bridge, St.Austell, Cornwall David Sheppard Architects, in: Architectural Review, December 2005, pp.68-69

トリニティ橋
〔サルフォード〕
イギリス、1995

サルフォードとマンチェスターを結ぶ歩道橋
A：Santiago Calatrava／チューリッヒ

主塔が傾斜した非対称の斜張橋

橋長：78.5m
支間長：54m
幅員：6m-11m
材料：鋼

Literature: Sharp, Dennis, Landmark link. Architectural design of a cable stay bridge in Saltford, England, in: Architectural Review, March 1996
Frampton, Kenneth(ed.), Calatrava Bridge, Basel, 1996, pp.188-195
Jodidio, Philop, Santiago Calatrava, Cologne, 1998, pp.148-151

ノースバンク橋
〔ストックトン〕
イギリス、計画

中心市街地の近くを流れるティーズ川に架かる歩行者・自転車専用橋
E：WSP Group／ロンドン
A：Lifschutz Davidson Sandilands／ロンドン

2本の非対称な主塔をもつ斜張橋。照明器具が組み込まれている

最大支間長：27.5m
材料：主塔：コンクリート、耐候性鋼

カッシーネ・ディ・ターヴォラの橋
イタリア、2003

フィリモルトゥーラ川に架かる歩道橋。初代の橋は、1944年のドイツ軍の撤退の際に破壊された
E：Alessandro Adilardi, Prato & Lorenzo Frasconi／プラート

吊橋。ケーブルは主塔の先端に固定されている

支間長：18.4m
幅員：2.6m
材料：鋼
舗装：木材

Literature: Opere 09 – Rivista Toscana di Architettura, vol.3, June 2005

トゥレポンティ
〔コマッキオ〕
イタリア、1634

街の中心部にある3つの運河（もとは5つ）の合流点に架かる歩道橋。ポンテ・パロッタとしても知られる。これまでも何度か架け替えられた
A：Luca Danese di Ravenna

アーチ橋。両側に2本ずつ柱が立つ5つの階段は、一段高くなった橋上の平場へと続いている

材料：イストリア石（天然石の一種）

Literature: Cortright, Robert S., Bridging the World, Wilsonville, 2003, p.181

ラリ・ナンテス歩道橋
〔パドヴァ〕
イタリア、計画

イソンツォ通りとヴィットリオ・ヴェネト通りを結ぶ歩行者・自転車専用橋
E：Enzo Siviero／パドヴァ
A：Progeest／パドヴァ

2つのアーチが組み合わさったアーチ橋

支間長：75m
幅員：4m
材料：鋼、木材

オリンピカ歩道橋
〔トリノ〕
イタリア、2006

駅のプラットホームを跨ぎ、旧総合市場とリンゴットを結ぶ橋
E／A：Hugh Dutton Associés／パリ

高さ69mの傾斜したアーチリブから桁を吊っている

橋長：385m
最大支間長：150m
幅員：4.3m
材料：アーチ：鋼

Literature: Aydemir, Murat, Olympic arch gives Lingotto a lift, in: Bridge Design & Engineering, vol.12, March 2006, p.16
Beideler, Julian and Philippe Donnaes, L'arc sous toutes ses formes, in: Le Moniteur des Travaux Publics et du Bâtiment, 30 March 2007, pp.64-70

ヴェネツィアの橋
イタリア、1963

サンマルコ広場の近くにあるクエリーニ・スタンパリア広場への入り口に架かる橋
E：Piero Maschietto
A：Carlo Scarpa／ヴェネツィア

アーチ橋

支間長：8m
幅員：1.6m
材料：アーチおよび高欄：鉄
階段数段：石
舗装および手すり：木材

ローマ広場橋
〔ヴェネツィア〕
イタリア、2008年完成予定

カナル・グランデに架かり、鉄道駅とローマ広場を結ぶ
A：Santiago Calatrava、／チューリッヒ

橋長：94m
支間長：77m
材料：鋼、ガラス

ネスキオ橋
〔アムステルダム〕
オランダ、2006

アムステルダム・ライン運河を渡り、アムステルダム郊外の新興住宅地アイブルグへとつながる歩行者・自転車専用橋
E：Arup／ロンドン
A：Wilkinson Eyre Architects／ロンドン

1面吊りの曲線吊橋

橋長：790m
支間長：168m
幅員：歩道：2m、自転車道：3.5m
材料：主橋梁：鋼
接続部の斜路：コンクリート

ドゥナイェツ歩道橋
〔スロモフツェ・ニツネ〕
ポーランド、2006

ポーランドのスロモフツェ・ニツネとスロバキアのチェルヴェニー・クラーシトルを結ぶ歩行者・自転車専用橋
E：Mosty Wroclaw Design & Research Office、ヤン・ビリシチュク／ヴロツワフ

斜張橋

橋長：150m
最大支間長：90m
幅員：3.5m
材料：主塔：鋼
床版桁：積層集成材
舗装：ストーンパイン

Literature: Russell, Lisa, Elegant footbridge connects border resorts, in: Bridge Design & Engineering, vol.12, December 2006, p.8

参考文献

The bibliographic references for individual bridges and themes are given on the pages concerned.

AMOUROUX, Dominique and Betrand Lemoine, *L'âge d'or des ponts suspendus en France 1823-1850*, APC nouvelle série, 1981

BAUERNFEIND, C. M., *Brückenbaukunde*, Stuttgart, 1872

BIELER, Walter, *Täler mit Holz überspannen. Holzkonstruktionen im Brückenbau*, in: archithese, 32, 6, 2002, pp. 30-33

BILL, Max, *Robert Maillart*, Zurich, 1955

BILLINGTON, David P., *Robert Maillart*, Zurich/Munich, 1990

BILLINGTON, David P., *The Art of Structural Design: A Swiss Legacy*, Princeton, 2003

BISI, Luigi, *I ponti in ferro italiani nell'ottocento*, in: Casabella, 469, 1981

BLAKSTAD, Lucy, *Bridge — The Architecture of Connection*, Basel/London, 2002

BÖGLE, Annette, Peter Cachola Schmal and Ingeborg Flagge (eds), *Leicht, weit. Light Structures. Jörg Schlaich, Rudolf Bergermann*, Exhibition catalogue, Munich, 2003

BONATZ, Paul and Fritz Leonhardt, *Brücken*, Königstein im Taunus, 1952

BROCKSTEDT, Emil, *Die Entwicklung des Ingenieurholzbaus am Beispiel der hölzernen Brücken im Zeitraum von 1800-1940*, Braunschweig, 1994

BROWN, David, *Brücken*, Munich, 1994

BRÜHWILER, Eugen and Christian Menn, *Stahlbetonbrücken*, Vienna/New York, 2003

BRUNNER, JOSEF, *Beitrag zur geschichtlichen Entwicklung des Brückenbaues in der Schweiz*, PhD thesis, ETH Zurich, Bern, 1924

BÜHLER, Dirk, *Brücken*, Munich, 2004

CARAMELLE, Franz, *Historische Brückenbauten in Nord- und Osttirol*, in: Industriearchäologie Nord-, Ost-, Südtirol und Vorarlberg, Innsbruck, 1992, pp.79-95

CORTRIGHT, Robert S., *Bridging the World*, Wilsonville, 2003

DAIDALOS, *Brücken/Bridges*, Gütersloh, 57, 1995

DEHN, Frank, Klaus Holschemacher and Nguen V. Tue (eds), *Neue Entwicklungen im Brückenbau. Innovationen im Bauwesen*, Beiträge aus Praxis und Wissenschaft, 2004

DESCZYK, Dieter, Horstpeter Metzing and Eckhard Thiemann, *Berlin und seine Brücken*, Berlin, 2003

DESWARTE, Sylvie and Betrand Lemoine, *L'architecture et les ingénieurs. Deux siècles des réalisations*, Paris, 1997

DIETRICH, Richard J., *Faszination Brücken*, Munich, 1998

EVERT, Sven, *Brücken. Die Entwicklung der Spannweiten und Systeme*, Berlin, 2003

FEDOROV, Sergej G., *Wilhelm von Traitteur. Ein badischer Baumeister als Neuerer in der russischen Architektur 1814-1832*, Berlin, 2000

FERNÁNDEZ TROYANO, Leonardo, *Bridge Engineering. A Global Perspective*, London, 2003

FIRTH, Ian, *New Materials for Modern Footbridges*, in: Footbridge 2002, pp. 174-186

FOOTBRIDGE 2002, Design and dynamic behaviour of footbridges, International Conference, November 20-22, 2002, Paris, proceedings

FOOTBRIDGE 2005, 2nd International Conference, December 6-8, 2005, Venice, proceedings

FRAMPTON, Kenneth, Anthony C. Webster and Anthony Tischhauser, *Calatral'a BridBes*, Basel/Boston/Berlin, 2004

FUCHTMANN, Engelbert, *Stahlbrückenbau*, Munich, 2004

GERLICH, Franz, *Brücken in Tirol*, Innsbruck (1956)

GRATTESAT, Guy, *Ponts de France*, Paris, 1982

GRAF, Bernhard, *Bridges that Changed the World*, Munich/London/New York, 2002

GRUNDMANN, Friedhelm, *Hamburg — Stadt der Brücken*, Hamburg, 2003

GRUNSKY, Eberhard, *Von den Anfängen des Hängebrückenbaus in Westfalen*, in: Westfalen, 76, 1988 (1999), pp. 100-159

HOLGATE, Alan, *The Work of Jörg Schlaich and his Team*, Stuttgart/London, 1997

JURECKA, Charlotte, *Brücken. Historische Entwicklung— Faszination der Technik*, Vienna/Munich, 1986

KAHLOW, Andreas, *Brücken in der Stadt. Der Potsdamer Stadtkanal und seine Brücken*, Potsdam, 2001

KEMP, Emory L., *Links in a chain. The development of suspension bridges 1801-1870*, in: The Structural Engineer, 8, 1979, pp. 255-263

KILLER, Josef, *Die Werke der Baumeister Grubenmann*, Basel/Boston/Stuttgart, 1985 (1: Zurich 1941)

KNIPPERS, Jan and Don-U Park, *Brücken aus glasfaserverstärkten Kunststoffen*, in: db deutsche bauzeitung, 5, 2003, pp. 75-80

KURRER, Karl-Eugen, *Geschichte der Baustatik*, Berlin, 2002

LAMBERT, Guy (ed.), *Les Ponts de Paris*, Paris, 1999

LEONHARDT, Fritz, *Ingenieurbau. Wissenschaftler planen die Zukunft*, Darmstadt, 1974

LEONHARDT, Fritz, *Brücken/Bridges*, 4: Munich, 1994

LEONHARDT, Fritz and Karl Schächterle, *Die Gestaltung der Brücken*, Berlin, 1936

MAGGI, Angelo and Nicola Navone (eds), *John Soane and the Wooden Bridges of Switzerland: Architecture and the Culture of Technology from Palladio to Grubenmanns*, Exhibition catalogue, Archivio del Moderno, Mendrisio, 2003

MARREY, Bernard, Les Ponts Modernes — 18e et 19e siècles, Paris, 1990

MARREY, Bernard, Les Ponts Modernes — 20e siècle, Paris, 1995

MEHRTENS, Georg, *Der Deutsche Brückenbau im XIX. Jahrhundert*, Berlin, 1900, Reprint: Düsseldorf, 1984

MÉHUE, Pierre, *Deux siècles de passerelles métalliques*, in: Bulletin ouvrages métalliques, 2, 2002, pp. 10-39

MELAN, Joseph, *Eiserne Bogenbrücken und Hängebrücken*, Leipzig, 1906

MELAN, Joseph, *Der Brückenbau*, vol. 1, Leipzig, 1922

MENSCH, Bernd and Peter Pachinke (eds), *leicht und weit — Brücken im neuen Emschertal*, Exhibition catalogue, Oberhausen, 2006

MONTENS, Serge, *Les plus beaux ponts de France*, Paris, 2001

MUCHA, Alois, *Holzbrücken. Statische Systeme, Konstruktionsdetails, Beispiele*, Wiesbaden and Berlin, 1995

MURRAY, Peter and Mary Anne Stevens, *Livng Bridges. The Inhabited Bridge: Past, Present and Future*, Munich/New York, 1996

MUSTAFAVI, Mohsen (ed.), *Structure as Space. Engineering and Architecture in the Works of Jürg Conzett and his Partners*, London, 2006

NELSON, Gillian, *Highland Bridges*, London, 1990

OSTER, Hans, *Fussgängerbrücken von Jörg Schlaich und Rudolf Bergermann*, Exhibition catalogue, Stuttgart, 1992

PAUSER, Alfred, *Brücken in Wien. Ein Führer durch die Baugeschichte*, Vienna/New York, 2005

PEARCE, Martin, *Bridge Builders*, London, 2002

PELKE, Eberhard, Wieland Ramm and Klaus Stiglat, *Geschichte der Brücken. Zeit der Ingenieure*, Germersheim, 2003

PETERS, Tom Frank, *Transitions in Engineering. Guillaume Henri Dufour and the Early 19th Century Cable Suspension Bridges*, Basel/Boston, 1987

PICON, Antoine, *Navier and the Introduction of Suspension Bridges in France*, in: Construction History, vol. 4, 1988

PLOWDEN, David, *Bridges*, New York/London, 1974

PRADE, Marcel, *Les ponts monuments historiques*, Poitiers, 1986

RICHARDS, J. M., *The National Trust Book Of Bridges*, 1984

RUKWIED, Hermann, *Brückenästhetik*, Berlin, 1933

RUSSEL, Lisa, *Footbridge Awards 2005*, in: Bridge Design & Engineering, vol. 11, 41, 2005, pp. 35-49

RÖDER, Georg Ludwig August, *Practische Darstellung der Brückenbaukunde nach ihrem ganzen Umfang*, 2 vols, Darmstadt, 1821

SCHLAICH, Jörg and Matthias Schüller, *IngenieurbauFührer Baden-Württemberg*, Berlin, 1999

SCHLAICH, Jörg, *Brückenbau und Baukultur*, in: Die alte Stadt, 31, 2004, No. 4, pp. 241-246

SCHLAICH, Mike (ed.), *Guidelines for the design of footbridges*, fédération internationale du béton, bulletin 32, Lausanne, Nov. 2005

SCHLAICH, Mike, *Lastfall Fussvolk. Aussergewöhnliche Fussgängerbrücken aus aller Welt*, in: db deutsche bauzeitung, 6, 2001, pp. 105-112

SERRES, Michel, *L'art des pants: homo pontifex*, Paris, 2006

SIVIERO, Enzo, *Il ponte e l'architettura*, Città Studi Edizione, Milano, 1995

SPERLICH, Martin (ed.), *Überbrücken*, in: Daidalos 57, Berlin, 1995

STADELMANN, Werner, *Holzbrücken in der Schweiz*, Chur, 1990

STADELMANN, Werner, *St. Galler Brücken*, St. Gallen, 1987

STEINMAN, David B., *A Practical Treatise On Suspension Bridges*, 2, 1929

STIGLAT, Klaus, *Brücken am Weg. Frühe Brücken aus Eisen und Beton in Deutschland und Frankreich*, Berlin, 1996

STIGLAT, Klaus, *Bauingenieure und ihr Werk*, Berlin, 2004

STRASKY, Jiri, *Precast Stress-Ribbon and Suspension Pedestrian Bridges*, FIP Symposium, Kyoto, 1993, vol. 2

STRASKY, Jiri, *Stress ribbon and cable-supported pedestrian bridges*, London, 2005

STRAUB, Hans, *Die Geschichte der Bauingenieurkunst*, Basel, 1992

TORRES ARCILA, Martha, *Bridges - Ponts - Brücken*, Mexico City, 2002

TRAUTZ, Martin, *Eiserne Brücken in Deutschland im 19. Jahrhundert*, Düsseldorf, 1991

TRAUZETTEL, Ludwig, *Brückenbaukunst*, in: Unendlich schön. Das Gartenreich DessauWörlitz, Unesco Erbe, Berlin, 2005

TROJANO > FERNÁNDEZ TROYANO

VDI. GES. BAUTECHNIK im Verein Dt. Ingenieure (pub.), *Wegbereiter der Bautechnik: herausragende Bauingenieure und technische Pionierleistungen in ihrer Zeit*, Düsseldorf, 1990 (series reprint 1983-1989)

WAGNER, Rosemarie and Ralph Egermann, *Die ersten Drahtkabelbrücken*, Mitteilungen des SFB 64, vol. 87, Stuttgart, 1985

WALTHER, René, *Schrägseilbrücken*, Lausanne/Düsseldorf, 1994

WELLS, Matthew and Hugh Pearman, *30 Brücken*, München, 2002

WERNER, Ernst, *Die ersten Ketten- und Drahtseilbrücken*. Technikgeschichte in Einzeldarstellungen, 28, Düsseldorf, 1973

WHITNEY, Charles S., *Bridges — A Study in Their Art, Science and Evolution*, New York, 1929

WIRTH, Hermann, *Technik. Zeugnisse der Produktions- und Verkehrsgeschichte*, Berlin/Leipzig, 1990

WITTFOHT, Hans, *Building Bridges,* Düsseldorf, 1984

WITTFOHT, Hans, *Brückenbauer aus Leidenschaft*, Düsseldorf, 2005

ZUCKER, Paul, *Die Brücke. Typologie und Geschichte ihrer künstlerischen Gestaltung*, Berlin, 1921

INTERNET SOURCE

www.structurae.com
www.bridgemeister.com

人名索引

【ア】

アウミュラー、ブリッタ　AUMÜLLER, Britta　202
アッカーマン、クルト　ACKERMANN, Kurt　108
アバネシー、ジェームス　ABERNETHY, James　47
アパリシオ、アンゲル・C.　APARICIO, Angel C.　146
アラップ、オヴ・ニュクイスト　ARUP, Ove Nyiquist　59, 66
アラップ社　OVE ARUP & PARTNERS　140, 168
アルノダン、フェルディナンド　ARNODIN, Ferdinand　181
アルベルティ、レオン・バッティスタ　ALBERTI, Leon Battista　22
アルベルト、ヴィルヘルム・アウグスト・ユリウス　ALBERT, Wilhelm August Julius　42
アンドレ・モガレー　MOGARAY, André　44
アンドレオッティ＆パートナーズ　ANDREOTTI & PARTNERS　210
アンマン、オスマー・ハーマン　AMMANN, Othmar Hermann　49
イアン・ボブロウスキ＆パートナーズ　JAN BOBROWSKI & PARTNERS　174
ヴァルター、レネ　WALTHER, René　72, 80, 130
ヴィカー、ルイ・ジョセフ　VICAT, Louis-Joseph　44, 54
ウィットビー＆バード　WHITBY, BIRD & PARTNERS　136, 156
ヴィフケン、ジャン・バティスト　VIFQUAIN, Jean Baptiste　39
ウィルキンソン、ジョン　WILKINSON, John　26
ウィルキンソン・エア　WILKINSON EYRE　110, 136, 154, 156, 163, 174, 186
ヴィルヘルムセン、トミー　WILHELMSEN, Tommie　206
ヴェナヴェザー、オットー　WENAWESER, Otto　74
ウェブスター、J.J.　WEBSTER, J.J.　174
ヴェランティウス、ファウストゥス　VERANTIUS, Faustus　34
ヴォルフェンスベルガー、ルドルフ　WOLFENSBERGER, Rudolf　74
エスリッジ、ウィリアム　ETHERIDGE, William　22
エセックス、ジェームス　ESSEX, James　22
エッフェル、ギュスターヴ　EIFFEl, Gustave　40
エルトマンスドルフ、フリードリヒ・ヴィルヘルム・フォン　ERDMANNSDORFF, Friedrich Wilhelm von　28
エンヌビック、フランソワ　HENNEBIQUE, François　55
オットー、フライ　OTTO, FREI　49

【カ】

カークランド、アレクサンダー　KIRKLAND, Alexander　36
カウフマン、ヘルマン　KAUFMANN, Hermann　151
カラトラバ、サンティアゴ　CALATRAVA, Santiago　136, 163, 164-167
カルロス・フェルナンデス・カサード　CARLOS FERNÁNDEZ CASADO　111
川俣正　KAWAMATA, Tadashi　178
ギーシン、ロン　GEESIN, Ron　156
ギフォード＆パートナーズ　GIFFORD & PARTNERS　186
キュブラー　KÜBLER　49
キルヒャー、アタナシウス　KIRCHER, Athanasius　34
クールマン、カール　JOURDAN　40
クップラー、ヨハン・ゲオルク　KUPPLER, Johann Georg　38
グリフ社　GRIFF & PARTNER　126
グルーベンマン、ハンス・ウルリッヒ　GRUBENMANN, Hans Ulrich　23, 159
グルーベンマン、ヨハネス　GRUBENMANN, Johannes　23
グレーニヒャー、グスタフ　GRÄNICHER, Gustav　39
クレンツェ、レオ・フォン　KLENZE, Leo von　38
クロゼ　CROZET　40
ケーネン、マティアス　KOENEN, Mathias　54
ゲニナスカ・デルフォルトリエ　GENINASCA DELFORTRIE　151
ゲルカン・マルク＆パートナー　GERKAN MARG & PARTNER　182
コーレイ、リヒャルト　CORAY, Richard　52
コンツェット、ユルク　CONZETT, Jürg　53
コンツェット・ブロンツィーニ・ガルトマン　CONZETT BRONZINI GARTMANN　80, 122, 188, 212

【サ】

ザオエアーツァッフェ、マルチン　SAUERZAPFE, Martin　134
シビルエンジニアリングス・ソリューションズ　CIVIL ENGINEERINGS SOLUTIONS　170
シャーリー、ジョゼフ　CHALEY, Joseph　41
シャブレ・ポフェ　CHABLAIS ET POFFET　151
シュタオブリ・クラート＆パートナー　STAUBLI, KURATH & PARTNER　124
シュティークラート、クラウス　STIGLAT, Klaus　5
シュライヒ、ヨルク　SCHLAICH, Jörg　49, 71, 90, 92, 131, 161
シュライヒ・ベルガーマン＆パートナー　SCHLAICH BERGERMANN und PARTNER　78, 79, 90, 92, 108, 112, 182-185, 189
ショーンヘル、トーベン　SCHONHERR, Torben　204
ジョルダン　JOURDAN　40
ジョンソン、フィリップ　JOHNSON, Philipp　60
スケル、フリードリヒ・ルードヴィヒ・フォン　SCKELL, Friedrich Ludwig von　32
スタジオ・ベドナルスキー　STUDIO BEDNARSKI　76
ストラスキー、ジリ　STRASKY, Jiri　76, 94, 136
ストローブル、ヴォルフガング　STROBL, Wolfgang　177
スミートン、ジョン　SMEATON, John　54
スミス、ウィリアム　SMITH, William　36, 47
スミス、ジョン　SMITH, John　36, 47
セグワン、ジュール　SEGUIN, Jules　42
セグワン、マルク　SEGUIN, Marc　42
セザール、ルイ・アレクサンドル　CESSART, Louis Alexandre de　26
ソーン、ジョン　SOANE, Sir John　22
ソーンダース、トッド　SAUNDERS, Todd　206

【タ】
ダ・ポンテ、アントニオ　DA PONTE, Antonio　158
ダービー I 世、アブラハム　DARBY I, Abraham　26
ダービー III 世、アブラハム　DARBY III, Abraham　26
ダウナー、ヨリアット　DAUNER, JOLIAT　98
ダッシュウッド、フランシス　DASHWOOD, Francis　28
タマス、フリードリヒ　TAMMS, Friedrich　88
チェンバーズ、ウィリアム　CHAMBERS, William　28
ディッカーホッフ & ヴィットマン　DYCKERHOFF & WIDMANN　54, 64, 130
ディック、ルドルフ　DICK, Rudolf　17
ディックバウワー、フランク　DICKBAUER, Frank　152
ディッシンガー、フランツ　DISCHINGER, Franz　59, 64
ディロン、ジャック　DILLON, Jacques　26
デヴィッド・ローウェル・エンジニアズ　DAVID ROWELL ENGINEERS　47
デュプイ　DUPOUY　40
デュフォール、ギヨーム・アンリ　DUFOUR, Guillaume Henri　41, 42, 44
テルフォード、トーマス　TELFORD, Thomas　36
トート、フリッツ　TODT, Fritz　59
ドスヴァルト、コルネル　DOSWALD, Cornel　6
トニー・ルッティマン　RÜTTIMANN, Toni　198
ドミンゴ、マメン　DOMINGO, Mamen　146
トライトイアー、ヴィルヘルム・フォン　TRAITTEUR, Wilhelm von　40
トリエスト、フェルディナンド・フォン　TRIEST, Ferdinand von　32
ドリューリー、チャールズ・スチュワート　DREWRY, Charles Stuart　46
トルティ、ファビオ　TORTI, Fabio　210
ドレッジ、ジェームス　DREDGE, James　37
トロハ、エドゥアルド　TORROJA, Eduardo　166
トロハ、ホセ・アントニオ　TORROJA, José Antonio　68
トロヤノ、レオナルド・フェルナンデス　TROYANO, Leonardo FERNÁNDEZ

→フェルナンデス・トロヤノ、レオナルド

【ナ】
ナイト、マーティン　KNIGHT, Martin　6
ナヴィエ、クロード・アンリ　NAVIER, Claude Henri　42, 44
ネルヴィ、ルイージ　NERVI, Luigi　60
ノード・エンジニアズ　NODE ENGINEERS　206
ノーマン・フォスター事務所　FOSTER ASSOCIATES　168

【ハ】
ハイマール、ペーター　HEIMERL, Peter　179
ハインセン、ハイン　HEINSEN, Hein　204
ハザード、ジョサイア　HAZARD & WHITE　42
バゼーヌ、ピエール・ドミニク　BAZAINE, Pierre-Dominique　40
バチョフナー、ロルフ　BACHOFNER, Rolf　212
バックミンスター・フラー、リチャード　BUCKMINSTER FULLER, Richard　71
パッラーディオ、アンドレーア　PALLADIO, Andrea　22, 158
ハディド、ザハ　HADID, Zaha　149, 158
ハム、トルステン　HAMM, Thorsten　202
バルディッシュヴィラー、ブラシウス　BALDISCHWILER, Blasius　24
バルモンド、セシル　BALMOND, Cecil　140
バンジャマン・ドゥレセール　DELESSERT, Benjamin　42
ハンツ、アンソニー　HUNT, Anthony　→ SKM アンソニー・ハンツ
バントハウアー、クリスチャン・ゴットフリート・ハインリッヒ　BANDHAUER, Christian Gottfried Heinrich　38
ビーガント、ヴェルナー　WIEGAND, Werner　178
ビーラー、ヴァルター　BIELER, Walter　132, 172
ビールマイヤー & ヴェンツル　BIELMEIER & WENZL　179
ビル、マックス　BILL, Max　56
ファイヒティンガー、ディトマル　FEICHTINGER, Dietmar　177
ファイヒティンガー・アーキテクテン　FEICHTINGER ARCHITEKTEN　144, 163
フィッシャー・フォン・エアラッハ、ヨハン・ベルンハルト　FISCHER VON ERLACH, Johann Bernhard　34
フィレコ社　FIRECO　126
フィンク、アルベルト　FINK, Albert　138
フィンスターウァルダー、ウルリッヒ　FINSTERWALDER, Ulrich　59, 64, 72, 82, 130
フィンリー、ジェームス　FINLEY, James　36
フェーゲ & ゴットハルト　FEEGE & GOTTHARDT　54
フェーリング、レナーテ　FEHLING, Renate　200
フェルナンデス・トロヤノ、レオナルド　FERNÁNDEZ TROYANO, Leonardo　106
フェレ、エルネスト　FERRÉ, Ernest　146
フォンセカ、アントニオ・アダオ・ダ　FONSECA, António Adao da　140
プシャック・アルキテクテル　PUSHAK ARKTEKTER　208
フス、ニコラウス　FUSS, Nikolaus　40
ブラウン、サミュエル　BROWN, Sir Samuel　36
プラニオル、ブルーノ　PLAGNIOL, Bruno　42, 43
プリチャード、トーマス・ファーノル　PRITCHARD, Thomas Farnol　26
ブリックス、アドルフ・フェルディナンド・ヴェンツェスラス　BRIX, Adolph Ferdinand Wenzeslaus　48
フリント & ニール・パートナーシップ　FLINT & NEILL PARTNERSHIP　96, 110, 136
ブルクハルト、ベルトールト　BURKHARDT, Berthold　29
ブルネル、イサムバード・キングダム　BRUNEL, Isambard Kingdom　36
ブルンス、A.　BRUNS, A.　38
フレシネー、ウジュヌ　FREYSSINET, Eugène　62
ヘザーウィック・スタジオ　HEATHERWICK STUDIO　190
ベタンコルト、アウグスティン　BÉTANCOURT, Augustin　40
ヘッセ、ルードヴィヒ・フェルディナンド　HESSE,

251

Ludwig Ferdinand　48
ベドナルスキー　BEDNARSKI
　→スタジオ・ベドナルスキー
ベルガーマン、ルドルフ　BERGERMANN, Rudolf　92
ベルドリ　BERDOLY　40
ペロネ、ジャン・ロドルフ　PERRONET, Jean Rodolphe　20
ホーア、ヘンリー　HOARE, Henry　28
ホッスドルフ、ハインツ　HOSSDORF, Heinz　80
ボナーツ、パウル　BONATZ, Paul　59, 62, 64
ホルムス、ルイス　HOLMS, Luís　55
ポロンソー、アントワーヌ・レミー　POLONCEAU, Antoine Rémy　26

【マ】

マーティン、ジョージ　MARTIN, George　36
マイヤール、ロベール　MAILLART, Robert　56, 68, 124
マルク、フォルクヴィン　MARG, Volkwin　189
マンテローラ、ハビエル　MANTEROLA, Javier　111, 136
ミティス、イグナツ・フォン　MITIS, Ignaz von　39
ミムラム、マルク　MIMRAM, Marc　142
メイソン・オーディッシュ、ローランド　MASON ORDISH, Roland　37
メルシュ、エミル　MÖRSCH, Emil　55
メルテンス、ゲオルク　MEHRTENS, Georg　38, 48
メン、クリスチャン　MENN, Christian　72
モニエ、ジョセフ　MONIER, Joseph　54
モランディ、リカルド　MORANDI, Riccardo　60
モリ、ハンス　MORY, Hans　72

【ヤ】

ユゾー、ハインリッヒ・クリストフ　JUSSOW, Heinrich Christoph　33

【ラ】

ライス・フランシス・リッチー（RFR）　RICE FRANCIS RICHIE　144
ライツェル、エリック　REITZEL, Erik　204
ライブブラント　LEIBBRAND　49

ランボー、ジョセフ・ルイ　LAMBOT, Joseph Louis　54
リー、リチャード　LEE, Richard　46
リース、ヨアネス　LIESS, Johannes　200
リーベンバウワー、ヨハン　RIEBENBAUER, Johann　153
リグナムコンサルト・アンジェラー＆パートナー　LIGNUM CONSULT ANGERER & PARTNER　153
リソレ、ロベール・ル　RICOLAIS, Robert Le　160
リッター、カール・ヴィルヘルム　RITTER, Karl Wilhelm　52, 56
リッター、ヨゼフ　RITTER, Josef　24
リフシュッツ・デヴィッドソン・サンディランズ　LIFSCHUTZ DAVIDSON SANDILANDS　138
リベラ、ホセ・エウヘニオ　RIBERA, José Eugenio　166
レオンハルト、フリッツ　LEONHARDT, Fritz　49, 59, 62, 92
レオンハルト・アンドレ＆パートナー（LAP）　LEONHARDT ANDRÄ UND PARTNER　88, 90, 131, 177
レッシャー、カール・イマヌエル　LÖSCHER, Carl Immanuel　38
レッドパス＆ブラウン　REDPATH & BROWN　36
レニー、ジョン　RENNIE, John　26
レンネ、ペーター・ヨーゼフ　LENNÉ, Peter Joseph　32, 202
ロージェ、マルク・アントワーヌ　LAUGIER, Marc Antoine　21
ローブリング、ジョン・オーグスタス　ROEBLING, Johann August　38, 41, 42
ローマー、ゲルト　LOHMER, Gerd　62, 64
ロドリ、カルロ　LODOLI, Carlo　21

【ワ】

ワイス、H.　WEISZ, H.　74
ワイス、グスタフ・アドルフ　WAYSS, Gustav Adolf　54

【A-Z】

AF アソシアドス　AF Associados　140
ifb ベルリン　ifb FROHLOFF STAFFA KÜHL ECKER　134
RFR　→ライス・フランシス・リッチー
SKM アンソニー・ハンツ　SKM ANTHONY HUNTS　190

3LHD　3 LHD　170

橋名・地名索引

【ア】

アイアン・ブリッジ　Iron Bridge　24, 29
アイゼナー歩道橋　Eisenersteg　225
アヴィントンパーク　AVINGTONPARK　28
アウグストゥス帝の橋　Augustus's Bridge　34
アウランの展望橋　Observation Bridge in Aurland　206
悪魔の橋（チューリッヒ）　Teufel Bridge　54
悪魔の橋（ベルリン）　Teufel Bridge　32, 33
アジャンの歩道橋　Footbridge in Agen　236
アッセンスの橋　Bridge in Assens　232
アッハベルク　ACHBERG　49
アノネー　ANNONAY　42
アハネス橋　Agnes Bridge　29
アブタイ橋　Abtei Bridge　223
アム・カルテンボルン歩道橋　Am Kaltenborn Bridge　49
アムツグラーベン橋　Amtsgraben Bridge　193
アルーズ川に架かる橋　Bridge over the Areuse　151
アルコル橋　Pont d'Arcole　142
アルデツ　ARDEZ　13, 52
アルテンベルク歩道橋　Altenbergsteg　39
アルトフィンスターミュンツ橋　Altfinstermünz Bridge　217
アルバーシュヴェンデ　ALBERSCHWENDE　51
アルバート橋　Albert Bridge　100
アルマントリング歩道橋　Allmandring Footbridge　230
アレクサンドルIII世橋　Pont Alexandre III　142
アンジェ　ANGERS　41, 100
アンジェの橋　Angers Bridge　100
アンドアインの橋　Bridge in Andoain　232
イベルドンレバンの万博橋　Expo-Bridge in Yverdon-les-Bains　221
イルクリー　ILKLEY　46
イル歩道橋　Ill Footbridge　216
インヴァーコールド　INVERCAULD　47
インヴァーマーク　INVERMARK　198
ヴァーリ・ソット　VAGLI DI SOTTO　7, 60
ヴァーリ・ソット歩道橋　Bridge in Vagli di Sotto　60
ヴァイブリンゲンの歩道橋I　Footbridge in Waibringen I　231
ヴァイブリンゲンの歩道橋II　Footbridge in Waibringen II　231
ヴァイマール　WEIMAR　38
ヴァイル・アム・ライン　WEIL AM RHEIN　176
ヴァル・ジョリー歩道橋　Footbridge Parc du Val Joly　240
ヴィーカー橋　Wiecker Bridge　193
ヴィースバーデン　WIESBADEN　64
ヴィーズン広場への橋　Bridge to the Wiesn Grounds　227
ウィーン　VIENNA　39
ウィセケルケ　WISSEKERKE　39
ウィリアム・クックワーシー橋　William Cookworthy Bridge　245
ヴィンタートゥール　WINTERTHUR　56, 124
ウィンチ　WINCH　34
ウィンチェスター　WINCHESTER　28
ウィンチ橋　Winch Bridge　35
ウエスト・インディア・キーの浮橋　Floating Bridge at the West India Quay　244
ウエスト・ウィコム　WEST WYCOMBE　28
ウエスト・パーク橋　West Park Bridge　112, 114, 119
ヴェッター　WETTER　49
ヴェッティンゲン　WETTINGEN　23
ヴェティンゲン橋　Wettingen Bridge　23, 24
ヴェネツィアの橋　Bridge in Venice　247
ヴェルリッツ　WÖRLITZ　28
ヴェント　VENT　82
ヴェントの橋　Bridge in Vent　82
ウォルウェ・サン・ピエールの橋　Bridge in Woluwé Saint-Pierre　218
ウドゥリー・メスリー歩道橋　Passerelle Oudry-Mesly　237
ヴュルフリンゲン　WÜLFLINGEN　56
ヴラノフ　VRANOV　94
ヴラノフ湖の吊橋　Suspension Bridge in Vranov　94
ヴルタヴァ川に架かる橋　Bridge over the Vltava　221
ウルト川に架かる橋　Bridge over the Ourthe　218
ウルネシュ橋　Urnäsch Bridge　24, 25
エーク　EGG　50
エーリッヒ・エーデッガー歩道橋　Erich Edegger Footbridge　216
エキスポブリッジ（サラゴサ）　Expo Bridge in Zaragoza　236
エキスポブリッジ（ハノーファー）　Expo Bridges in Hanover　226
エクスムア　EXMOOR　12, 21
エスク川に架かる橋　Bridge over the River Esk　198
エスリンゲン　ESSLINGEN　120
エッシングの橋　Essinger Bridge　225
エルトベルガー歩道橋　Erdberger Footbridge　218
エンツアウエン公園の歩道橋　Footbridge in Enzauen Park　78
エンツ歩道橋　Enzsteg　62, 88
オーシャッツの歩道橋　Footbridge in Oschatz　227
オーバーカッセル橋　Oberkasseler Bridge　88
オーベルハウゼン　OBERHAUSEN　120
オールド・ウォルトン橋　Old Walton Bridge　22, 23
オクスフォード　OXFORD　22
オッフェンバッハ　OFFENBACH　54
オッフェンバッハ橋　Offenbach Bridge　54
オリンピカ歩道橋　Passerella Olimpica　246
オルザルテ橋　Holzarté Bridge　238

【カ】

ガイサウ　GAISSAU　152
カイザウのカバードブリッジ　Covered Footbridge in Gaissau　152
科学博物館の橋　Science Museum Bridge　156
カッシーネ・ディ・ターヴォラの橋　Bridge in Cascine di Tavola　246
カッセル　KASSEL　32
カッツブッケル橋　Katzbuckel Bridge　184, 193
カペル橋　Chapel Bridge　159, 219
ガラスの橋　Glass Bridge　200
カルーゼル橋　Pont du Carrousel　26, 142
ガンゲリブルーク　Ganggelibrugg　220
カンシュタッター歩道橋　Canstatter Footbridge　131

カンツラー・ドルフス歩道橋　Kanzler-Dollfuss Bridge　50
カンブリア　CUMBRIA　35
カンポ・ボランティン歩道橋　Campo de Volantin Bridge　166
キール　KIEL　182
ギウマグリオ　GIUMAGLIO　210
ギャレット・ホステル橋　Garret Hostel Bridge　22
キュー・ガーデン　KEW GARDENS　28
休憩所の歩道橋　Footbridge in Resting Station　208
キングス・メドウ橋　Kings Meadow Bridge　36, 47
キングスゲート橋　Kingsgate Bridge　66
キングストン・アポン・ハルの橋　Bridge in Kingston-upon-Hull　242
銀行橋　Bank Bridge　41
グアダレンティン川に架かる橋　Bridge over the Guadalentín　234
クイーン・メリー橋　Queen Mary's Bridge　229
空気膜の橋　Pneumatic Bridge　161
クーベル　KUBEL　24
クニー橋　Knie Bridge　88
グバッゲリ橋　Gwaggelibrugg　52
クピュール橋　Coupure Bridge　188
グライフスヴァルト　GREIFSWALD　189, 193
グラシス橋　Glacis Bridge　86
グラスゴー　GLASGOW　36
クラップ橋　Klapp Bridge　182
グラニーテ歩道橋　Granité Footbridge　239
グリーンビルの歩道橋　Footbridge in Greenville　118
クリフトン吊橋　Clifton Suspension Bridge　36
グルノーブル　GRENOBLE　40
クレーマー橋　Krämer Bridge　158
グレザン橋　Pont de Grésin　237
グローセンハイン　GROSSENHAIN　134
グローセンハインの橋　Bridge in Großenhain　134
グロリアス橋　Las Glorias Bridge　106, 119
クンマ橋　Kumma Bridge　23, 24, 159
ゲイツヘッド　GATESHEAD　186
ゲイツヘッド・ミレニアムブリッジ　Gateshead Millennium Bridge　186

ケッテン歩道橋　Kettensteg　9, 38
ケペニック　BERLIN KÖPENICK　193
ゲリッケ歩道橋　Gericke Footbridge　222
ケルハイム　KEHLHEIM　108
ケルハイムの歩道橋　Kelheim Bridge　108, 119
ケント・メッセンジャー・ミレニアム橋　Kent Messenger Millennium Bridge　76
ケンブリッジ　CAMBRIDGE　22
コインブラ　COIMBRA　140
ゴーテンブルク歩道橋　Gotenburg Footbridge　223
コーポレーション・ストリート歩道橋　Corporation Street Footbridge　161
コールブルックデール　COALBROOKDALE　26
コールブルックデール橋　Coalbrookdale Bridge　26, 28
コーンウォール　CORNWALL　96
ゴメス橋または王女橋　Pont d'en Gomez o de la Princesa　55, 233
コメルス歩道橋　Passerelle du Commerce　238
コルカーポロ　CORCAPOLO　52
コレージュ歩道橋　Passerelle de Collège　44, 45
コンウェイ城の吊橋　Chain Bridge at Conway Castle　36
コンウェイ城　CONWAY CASTLE　36

【サ】

サール橋　Sarre Bridge　239
サウス・キー橋　South Quay Bridge　243
ザスニッツ　SASSNITZ　15, 114, 116
ザスニッツの歩道橋　Sassnitz Footbridge　100, 114, 116, 119
サックラー・クロッシング橋　Sackler Crossing Bridge　242
サラゴサ　ZARAGOZA　158
サラゴサの橋　Bridge in Zaragoza　236
サルギナトーベル橋　Salginatobel Bridge　52
サン・アントワヌ橋　St. Antoine Bridge　41, 42, 44
サン・ヴァンサン歩道橋　Passerelle Saint Vincent　44
サン・ジョルジュ歩道橋　Passerelle Saint Geoges　44, 45
サン・ファン・デ・ラ・クルス橋　San Juan de la Cruz Bridge　234
サン・フェリュ歩道橋　Pasarela de Sant Feliu　233

サン・フォルトゥナ　ST FORTUNAT　43
ザンクト・ガレン　ST GALLEN　17, 23
サンクトペテルブルク　ST PETERSBURG　40
サンチョ・エル・マヨール橋　Sancho el Mayor Bridge　111
サント　SAINTES　54
シアシュタイナー歩道橋　Schiersteiner Footbridge　64
シェイキン・ブリギー　Shakkin' Briggie　241
シエレ　SIERRE　98
ジッター川に架かる橋　Bridge over the Sitter　17
シナの橋　Bridge in Sina　34
シモーヌ・ド・ボーヴォワール橋　Passerelle Simone de Beauvoir　144, 177
シャズレ　CHAZELET　54
シャフハウゼン　SCHAFFHAUSEN　23
シャフハウゼン橋　Schaffhasen Bridge　23, 24
シャルロッテンブルク宮殿庭園内の橋　Bridge in the Charlottenburg Parc　32
十字架の聖ヨハネ橋　San Juan de la Cruz Bridge　234
シュタイン　STEIN　24
シュタムス　STAMS　50
シュツットガルト　STUTTGART　88, 90, 92, 131
シュトレンゲン　STRENGEN　24
シュナイトタッハの橋　Bridge in Schnaittach　229
ジュネーヴ　GENEVA　74
ジュネーヴの吊床版橋　Stress Ribbon Bridge in Geneva　74
ジョージ・ワシントン橋　George Washington　49
シラー歩道橋　Schiller Footbridge　88
ジローナ　GIRONA　55
ジローナの鉄橋　Iron Bridge in Girona　233
数学の橋　Mathematical Bridge　23
スカイウォーク　Skywalk　226
スタウアヘッド　STOURHEAD　28
スティーバー渓谷橋　Stieber Valley Bridge　228
スピール歩道橋　Passerelle des Soupirs　54, 55
ズランズンズ　SURANSUNS　80
スワンシー　SWANSEA　110
スワンシーの歩道橋　Bridge in Swansea　110
聖サヴォア・ドック橋　St. Savior's Dock Bridge　243

セレ歩道橋　Célé Footbridge　237
ゾーネン橋　Sonnen Bridge　31
ソフィエンホルム　SOPHIENHOLM　204
ソフィエンホルム公園の橋　Park Bridge in Sophienholm　204
ソヤ歩道橋　Passerelle SOJ　221
ソルフェリーノ橋　Passerelle Solferino　7, 26, 142

【タ】

ダートムア　Dartmoor　21
タール石板橋　Tarr Steps　12, 21
第2ドイツ橋　Second Deutzer Bridge　65
ダイチザオ　DEIZISAU　121
ダイチザオ橋　Bridge in Deizisau　121
大望の橋　Bridge of Aspiration　154, 159
第2トラファージナー歩道橋　Traversiner Footbridge II　53, 212
タコマ・ナロウズ橋　Tacoma Narrows Bridge　103
溜息橋　Ponte dei Sospiri　159
ダラム　DURHAM　66
タン　TAIN　43
ダンフリース　DUMFRIES　36, 47
チャーリング・クロス鉄道橋　Charing Cross Rail Bridge　244
チューリッヒ湖の歩道橋　Footbridge over the Lake Zürich　172
ツォー橋　Zoo Bridge　224
ツォルアムト（関税局）橋　Zollamt Bridge　217
テーオドール・ホイス橋　Theodor-Heuss Bridge　88
テス歩道橋　Tösssteg　56
デベサ橋　La Devesa Bridge　164
デュースブルク　DUISBURG　184
デュースブルクの歩道橋　Footbridge in Duisburg　224
デュッセルドルフ　DÜSSELDORF　54
ドイツ博物館の橋　Bridge in the Deutsches Museum　116, 119
ドゥ・リヴ歩道橋　Passerelle des Deux Rives　240
トゥージス　THUSIS　53
トゥールーズ　TOULOUSE　54
ドゥナイェツ歩道橋　Dunajec Footbridge　247

ドゥビリ歩道橋　Passerelle Debilly　26, 238
トゥルノン　TOURNON　43
トゥルム橋　Turm Bridge　229
トゥレポンティ　Trepponti　246
ドラーヒェンシュヴァンツ橋　Drachenschwantz Bridge　228
ドライバラ　DRYBURGH　36
ドライバラ・アビー橋　Dryburgh Abbey Bridge　46, 241
ドライレンダー橋　Drei Länder Bridge　176
トラファージナー歩道橋（オリジナル）　Traversiner Footbridge　122, 213
トリニティ橋　Trinity Bridge　245
トリフトヴァッサー歩道橋　Triftwassersteg　56
ドルの歩道橋　Footbirdge in Dôle　237
ドレン　DOREN　51
トレンカット橋　Pont Trencat　235

【ナ】

ニース　NICE　200
ニーンブルク　NIENBURG　38
ニュー・テルフォード橋　New Telford Bridge　243
ニュルンベルク　NUREMBERG　38
ヌイイ橋　Pont de Neuilly　22, 23
ネーゼンバッハタール橋　Nesenbachtal Bridge　159
ネスキオ橋　Nesciobrug　247
ネッカー歩道橋　Neckar Footbridge　89
ネッセンタール　NESSENTAL　56
ノースバンク橋　Northbank Bridge　245
ノルト橋　Nordbrücke　79
ノルトバンホッフ橋　Nordbahnhof Bridge　230
ノルトポール橋　Nordpol Bridge　223

【ハ】

バーウィック　BERWICK　36
バート・ホンブルク・フォア・デア・ヘーエの橋　Bridge in Bad Homburg vor der Höhe　222
ハーフェン橋　Hafen Bridge　224
白鳥池のはね橋　Drawbridge at the Swan Pool　31
博覧会の橋　Exhibition Bridge　54

バタフライブリッジ　Butterfly Bridge　174
ハッキンガー歩道橋　Hackinger Footbridge　218
バックパック・ブリッジ　Backpack Bridge　231
パッシー　PASSY　42
ハドリアヌス帝の橋　Hadrian's Bridge　34
パドレ・アルペ歩道橋　Pasarela Padre Arrupe　233
バラージ歩道橋　Passerelle du Barrage　240
パリ　PARIS　26, 27, 40, 142, 144
バリオス・デ・ルーナ橋　Barrios de Luna Bridge　111
ハルゲーバー橋　Halgavor Bridge　96
バルス　BARUTH　202
バルスの公園の橋　Park Bridge in Baruth　202
バルセロナ　BARCELONA　106, 146
バルセロナの港橋　Port Bridge in Barcelona　146
バルト海への展望の橋　Bridge overlooking the Baltic Sea　100, 114, 116, 119
バルパラディス歩道橋　Pasarela Vallparadis　235
パロッタ橋　Ponte Pallotta　246
ハンガーフォード橋　Hungerford Bridge　244
ハンブルクの橋梁群　Series of Bridges in Hamburg　225
バンベルク　BAMBERG　38
ピア6空港ターミナル橋　Pier 6 Airbridge　242
ピーブルス　PEEBLES　36, 46
ヒッティザウ　HITTISAU　23, 51, 159
ビュット・ショーモン橋　Passerelle Buttes-Chaumont　40
ビルジッヒタールの歩道橋　Footbridge in Basel-Birsigtal　219
ビルバオ　BILBAO　55, 166
ビルバオの橋　Bridge in Bilbao　232
ビルヒェルヴァイト　BIRCHERWEID　72, 80, 130
ビルヒェルヴァイトの吊床版橋　Stress Ribbon Bridge in Bircherweid　72, 80
ファイヒンゲン　VAIHINGEN　62
ファルス広場のミルク橋　Milk Bridge in Vals Platz　221
ブータン橋　Bhutan Bridge　220
ブーフ　BUCH　51
プエンテ・ラ・レイナの橋　Bridge in Puente-la-Reina　235
プフェフィコン　PFÄFFIKON

→ビルヒェルヴァイト
プフォルツハイム　PFORZHEIM　78
プラークザッテル I および II　Pragsattel I & II　229
ブライトン橋　Brighton Pier　36
フライブルク　FREIBURG　130
フライブルクの吊床版橋　Stress Ribbon Bridge in Freiburg　130
フラウエンフェルト　FRAUENFELD　132
フラウエンフェルトの歩道橋　Footbridge in Frauenfeld　132
プラシェット・スクール歩道橋　Plashet School Footbridge　244
フラスコ　FRASCO　52
プラスチックの橋　Plastic Footbridge　124
フラテルニテ歩道橋　Passerelle de la Fraternité　236
フラン・モアザン歩道橋　Passerelle du Francs Moisins　239
ブランデンブルク・アン・デア・ハーフェルの橋　Bridge in Brandenburg an der Havel　224
ブリッジ・パビリオン　Bridge Pavilion　158
ブリッジズ・トゥ・バビロン　Bridges to Babylon　243
フリブール　FRIBOURG　44
ブルージュ　BRUGES　188
ブルックリン橋　Brooklyn Bridge　101
ブレーメン　BREMEN　54
フレディクシュタット　FREDRIKSTAD　126
フレディクシュタットの可動橋　Movable Bridge in Fredikstad　126
フレディッシュ橋　Frödisch Bridge　217
ブロートン橋　Broughton Bridge　100
フローヤッハ　FROJACH　153
フローヤッハにあるカバードブリッジ　Covered Footbridge in Frojach　153
プント・ダ・ズランズンズ　Pùnt da Suransuns　80, 213
ベッドフォード　BEDFORD　174
ペドロとイネスの橋　Ponte Pedro e Inês　140
ヘリザウ　HERISAU　24
ベルゲン　BERGEN　206
ベルステル橋　Börstel Bridge　226
ベル橋　Pont Vell　232

ベルマウス歩道橋　Bellmouth Passage　244
ベルリン　BERLIN　32, 48
ベルン　BERNE　39
ヘングステイ　HENGSTEY　49
ベンスハイムの歩道橋　Footbridge in Bensheim　222
ポートランド・ストリート橋　Portland Street Bridge　36, 37
ボードリー　BOUDRY　150
ボーフム　BOCHUM　112, 119
ホーヘ橋　Hohe Bridge　30
ポストブリッジ　Post Bridge　19, 21
ボドミン　BODMIN　96
ボネ・ルージュ歩道橋　Passerelle Bonnets Rouges　239
ホルバイン歩道橋　Holbein Footbridge　225
ポン・デ・ザール　Pont des Arts　26
ポン・デ・ラ・ブールス　Pont de la Bourse　238
ポン・ヌフ　Pont Neuf　26, 142
ポンテ・ベッキオ　Ponte Vecchio　158
ポンテベドラの橋　Bridge in Pontevedra　235

【マ】

マーチャンツ橋　Merchants Bridge　136
マールブーゼン橋　Mahlbusen Bridge　228
マタロ歩道橋　Passerelle Mataro　237
マッギア渓谷に架かる橋　Bridge in Maggia Valley　210
マックス・アイス湖の歩道橋　Bridge at Max Eyth Lake　92
マドリッド　MADRID　68, 119
マレコン歩道橋　Pasarela del Malecon　111
マンサナーレスの歩道橋　Bridge over the Manzanares　234
マンチェスター　MANCHESTER　100, 136
マンハイム　MANNHEIM　89
ミドルトン　MIDDLETON　35
ミュンヘン　MUNICH　116, 119, 179
ミュンヘンの歩道橋　Footbridge in München　227
ミラーズ・クロッシング橋　Millers Crossing Bridge　241
ミレニアムブリッジ　Millennium Bridge　101, 142, 168
ミンデンの歩道橋　Footbridge in Minden　227

ムール歩道橋　Mur Footbridge　216
ムスター橋　Muster Bridge　54
ムルケンバッハ橋　Murkenbach Bridge　223
メイドストーン　MAIDSTONE　76
メイドストーンの吊床版橋　Stress Ribbon Bridge in Maidstone　76
メイランの橋　Bridge in Meylan　238
メシェーデ　MESCHEDE　38
メッティンゲン　METTINGEN　120
メッティンゲンの歩道橋　Footbridge in Mettingen　120
メナイ橋　Menai Strait Bridge　36
メビウス橋　Mobius Bridge　241
メモリアルブリッジ　Memorial Bridge　170
メルローズ　MELROSE　36
モイランド　MOYLAND　178
モイランドの仮設橋　Temporary Bridge in Moyland　178

【ヤ】

郵便局橋　Post Office Bridge　40
ユナング　HUNINGUE　176
ユニオン橋　Union Bridge　36, 242

【ラ】

ラ・フェルテ歩道橋　La-Ferté Footbridge　231
ラーデンベルク橋　Ladenberg Bridge　228
ライオン橋（サンクトペテルブルグ）　Lavov most　41, 48
ライオン橋（ベルリン）　Löwenbrüche　48
ラヴェルテッツォ　LAVERTEZZO　20
ラエル　LAER　38
ラッパースヴィル　RAPPERSWIL　172
ラドホルツ　LADHOLZ　56
ラリ・ナンテス歩道橋　Passerella Rari-Nantes　246
ランゲン　LANGEN　51
ランゲンアルゲン　LANGENARGEN　49
リアルト橋　Rialto Bridge　158
リーレフィヨルド　LILLEFJORD　208
リェイダの歩道橋　Footbridge in Lleida　234
リエカ　RIJEKA　170
リグノン　LIGNON　74

リック橋　Ryck Bridge　189
リプショルスト　RIPSHORST　120
リベラ橋　Ponte da Ribera　55
リポール　RIPOLL　164
リヨン　LYON　44
リンゲナウ　LINGENAU　50
ル・リソレの橋　Le Ricolas's Girder　161
ルイナオルタ橋　Ruinaulta Bridge　220
ルッカ　LUCCA　60
レーア　LEER　192
レーアのネッセ橋　Nesse Bridge in Leer　226
レーアの跳開橋　Bascule Bridge in Leer　192
レーヴェントール歩道橋　Löwentor Footbridge　230
レレス橋　Lerez Bridge　111
ロイヤルバレエスクールの橋　Royal Ballet School Bridge　154, 159
ロイヤルビクトリアドック橋　Royal Victoria Dock Birdge　138
ローゼンスタイン公園の歩道橋　Footbridge in Rosenstein Park　90
ローヌ川を跨ぐ橋　Bridge over the Rhône　98
ローマ広場橋　Ponte Piazzale Roma　247
ローリング・ブリッジ　Rolling Bridge　190
ロザンナ川に架かる橋　Bridge over River Rosanna　217
ロザンナ橋　Rossanna Bridge　24
ロストック　ROSTOCK　79
ロストックの吊床版　Stress Ribbon Bridege in Rostock　85
ロックス　LOEX　74
ロックメドウ橋　Lockmeadow Bridge　245
濾定橋　Lutingchao　35
ロワイヤル橋　Pont Royal　142
ロンゲーレン　RONGELLEN　53, 122
ロンドン　LONDON　101, 138, 154, 156, 168, 190
ロンドン橋　London Bridge　158

【ワ】
ワイゼ橋　Weise Bridge　30

【A-Z】
A1（第1回建築週間）のための仮設橋　Temporary Bridge for Architekturwoche A1　179
A5 高速道路の跨道橋　Bridge over the A5 Highway　222
FRP 歩道橋　FRP Footbridge　220
M30 高速道路上のアーチ橋　Arch Bridge over the M30 Motorway　68
PSO 歩道橋　Passerelle PSO　240

図版クレジット

p. 22, Old Walton: archive; pp. 23, 25, Grubenmann: Maggi/Navone, 2003; p. 34, from left: Fausto Verantio, Reprint, Munich, 1965; Fischer von Erlach, Entwurf einer historischen Architektur; Peters, 1987; p. 36 and p. 42 left: Peters, 2003; p. 40, St Petersburg: Ursula Baus; p. 54, Chazelet: Klaus Stiglat, Karlsruhe; Offenbach: Jörg Reymendt, Darmstadt; Düsseldorf: Stiglat, 1996; Bremen, Toulouse, Saintes: archive; p. 56: Bill, 1955; p. 65, left: Dywidag-Report; p. 68-69: Christina Diaz Moreno, Efrén Garcia Grinda, Madrid; p. 73, left: René Walther; p. 82, right: Leonhardt, 1994; p. 87: Inst. f. Massivbau, TU Berlin; p. 103: archive; pp. 106-107: Mike Schlaich; p. 111: Carlos Fernández Casado; p. 116, right: Deutsches Museum Munich, photographic service, Beate Harrer; p. 118: Jürgen Schmidt; p. 120 left, p. 121: Schlaich Bergermann und Partner; pp. 126-127: Griff, Fireco; pp. 140-141: Christian Richters, Münster; pp. 154-155: Nick Wood, London; pp. 156-157: James Morris, London; p. 58: Rendering Zaha Hadid; p. 161, left: Sven Wörner, Stuttgart; right: Frei Otto, Finding Form, IL; pp. 170-171: 3LHD, Zagreb; p. 178: Leo van der Kleij; p. 179: Florian Holzherr, Munich; p. 188: Jürg Conzett, Chur; p. 189, centre: Schlaich Bergermann und Partner; p. 193, Wiecker Bridge: Brigitte Braun; pp. 200-201: Philippe Ruault, Nantes; pp. 204-205: Erik Reitzel; pp. 206-207: Todd Saunders; pp. 208-209: Pushak arkitekter; pp. 216-247, Graz: Helmut Tezak; Nauders: Verein Altfinstermünz; Strengen: Mucha, Alois, Holzbrücken, Wiesbaden/Berlin, 1995; Vienna, Erdberger Footbridge: Alfred Pauser; Hotton and Woluwé Saint-Pierre: Jean-Luc Deru (Daylight); Lucerne: Kantonale Denkmalpflege Luzern; Pontresina: Otto Künzle; Trin: Walter Bieler; Val Soj: Martin Hügli; Yverdon-les-Bains: Beat Widmer; Prag: Jiri Strasky; Bad Homburg, Hanover, Expo Bridges, Paris-La Défense: Schlaich Bergermann und Partner; Baden-Baden: Ingenieurgruppe Bauen, Karlsruhe; Berlin, Gericke Footbridge und Gothenburg Footbridge: Senator für Bau- und Wohnungswesen (pub.), Fußgängerbrücken in Berlin, Berlin, 1976; Böblingen: Janson + Wolfrum; Brandenburg an der Havel: Uwe Tietze Landschaftsarchitekten; Bremen: Torsten Wilde-Schröter; Essing, Potsdam, Ronneburg: Richard J. Dietrich; Hanover, Skywalk: Schulitz + Partner Architekten; Löhne: Claus Bury; Oschatz: Mike Schlaich; Schnaittach: Ingenieur-Büro Ludwig Viezens; Singen am Hohentwiel: Michael Palm; Backpack Bridge: Maximilian Rüttiger; Assens: Cortright, Bridging the World, 2003; Andoain, Lleida, Terrassa: Pedelta; Lorca, Madrid, Zaragoza: Carlos Fernández Casado; Palencia, Pontevedra: Fhecor Ingenieros Consultores; Agen: Gerrit de Vos; Aubervilliers, Bellegarde-sur-Valserine, Meylan: Jacques Mossot (www.structurae.de); Créteil: Gérard Métron (www.structurae.de); Dôle, Sarreguemines: Alain Spielmann Architecte; Figeac, St Denis, Saint-Maurice, Toulouse: Mimram Ingénierie; Larrau: home.planet.nl/~bruit024; Le Havre: Marrey, Les Pont Modernes, Paris 1995; Rennes: Marc Malinowsky; Trelon: Groupe Arcora; Exeter: Clive Ryall; Gatwick, London, South Quay Bridge: Wilkinson Eyre Architects; Kew: Kew Gardens; Kingston-upon-Hull: McDowell + Benedetti; London, Bridges to Babylon: The Mark Fisher Studios; London, Plashet School Footbridge: Nicholas Cane; London, Hungerford Bridge: Ian Lambot; Stockton: Lifschutz Davidson Sandilands; Cascine di Tavola: Alessandro Adilardi; Comacchio: photographic archives of the commune of Commacchio; Padua: Lorenzo Attolico; Turin: Michel Denancé; Venice, Palazzo Querini Stampalia: Christian Holl; Venice, Ponte Piazzale Roma: Tobia Zordan; Amsterdam: Arup; Sromowce Nizne: Pawel Hawryszków

All other photographs: Wilfried Dechau, Stuttgart
www.wilfried-dechau.de

訳者あとがき

　本書は、Ursula Baus, Mike Schlaich, *Fussgängerbrücken: Konstruktion Gestalt Geschichte*, Birkhäuser, Basel, 2007の全訳である。このドイツ語版からほどなくして、英語版が同出版社より *Footbridges: Structure Design History* として刊行された。短期間で英訳されたためか両者に相違が散見され、今回の邦訳では両書にあたり、ときには著者であるマイク・シュライヒ教授やウルズラ・バウズ女史本人に内容を照会しながら作業を進めた。

　邦題を英語版にあわせたのは、ドイツ語「フースゲンガーブリュッケン」が日本人に馴染みがなく、また「歩道橋」「人道橋」という日本語もこの本にフィットするとは思えなかったからである。英語ではほかに「Pedestrian bridge」という言葉もあるが、シュライヒ教授が中心となって活動している歩道橋の国際学会が「Footbridge」を名乗り、fib（国際コンクリート連合）の国際的なガイドラインも「Guidelines for the design of footbridges」とうたわれているように（p.4訳注）、この言葉が世界的に定着してきている点も考慮した。

　この本の魅力は、網羅性と視覚性につきるだろう。序文で述べられているように、社会、構造、デザインなどの観点において多様な可能性をもつ歩道橋は、その魅力に気づいている人々は決して多くなく、世界的にも文献が少なかった。本書の対象はヨーロッパの近現代が中心とはいえ、構造・デザイン・歴史の要点と重要事例をまとめた世界的な定本が生まれたといってよい。

　そしてもう一つの魅力が、秀逸な図版であることはいうまでもない。美しい写真のほとんどは建築雑誌の編集長も務めた写真家、ヴィルフリート・デヒャオ氏の撮影によるもので、デザインや風景に興味を持つ読者を刺激せずにはいられないだろう。橋梁を対象とした仕事が多い彼は、本書にも登場したトラファージナー歩道橋やザスニッツの歩道橋の写真集で高い評価を受けている。

　著者のマイク・シュライヒ氏は、父ヨルク氏の後を継ぐエンジニアアーキテクトとして世界的に知られ、日本にもファンが多い。ベルリン工科大学教授として研究でも多くの実績を挙げている。もうひとりの著者、ウルズラ・バウズ女史は、建築評論家であり、建築雑誌での執筆、コンペやデザイン賞の審査員など、建築から橋梁まで幅広い分野で活躍している。

　今回の翻訳チームは、みなが橋梁や景観の研究・設計者であり、訳稿はおもに英語版を元にしながら、それぞれの専門にそって分担した。担当はつぎのとおりである。

　久保田善明（pp.4-17, 104-127）　増渕基（pp.70-103, 196-213）
　林倫子（pp.18-57）　八木弘毅（pp.148-195）
　村上理昭（pp.58-69, 128-147, 214-247）

　これらの原稿を増渕がドイツ語版と照合し、全体を久保田がとりまとめた。ドイツ語版と英語版の相違は、原則として前者を優先したが、部分的には解釈のしやすさに応じて後者を採っている。

　橋の所在地がヨーロッパの多数の国にわたるため、多言語のカナ表記には苦労した。例えばスイスのロマンシュ語のように、馴染みのない言語で表記された橋も多く、現地に確認するなどできるだけ正確性を期したが、誤りがあればご教示を請いたい。

　原書のデザインは、著者ウルズラ・バウズ女史の編集事務所の仕事である。大判の本の美しさをできるだけ損なわないために、日本での印刷のコストパフォーマンスを協議して原書比93％の縮小にとどめ、その独特のレイアウトをほぼ踏襲した。この点で鹿島出版会には苦労をかけ、翻訳チームの熱意を理解してくださった担当の川嶋勝さんと南風舎の平野薫さんには御礼を申し上げたい。

　最後に、日本語版の出版を快諾してくださり、度重なる質問にも真摯に答えてくださったマイク・シュライヒ教授、ウルズラ・バウズ女史に感謝したい。本書が、橋梁や構造のエンジニアのみならず、建築家や事業者、さらにはデザイナーやアーティストなど、さまざまな分野の読者の手に取っていただけるようになれば幸いである。

2011年1月

訳者を代表して　久保田善明

著者

ウルズラ・バウズ　Ursula Baus
建築評論家、編集事務所frei04-publizistik代表
ドイツ・カイザースラウテルン生まれ。ザールブリュッケン大学にて哲学・美術史・考古学、シュツットガルト大学とエコール・デ・ボザールで建築を学び、建築雑誌db-deutsche bauzeitungの編集者を務める。博士（Dr.-Ing.）。

マイク・シュライヒ　Mike Schlaich
ベルリン工科大学教授、設計事務所Schlaich Bergermann und Partner代表
1960年米国クリーブランド生まれ。シュツットガルト大学、スイス連邦工科大学チューリッヒ校卒業。博士（Dr. sc. tech.）。おもな設計にティン・カウ・ブリッジ（香港）、ザスニッツ歩道橋、メッセタワー（ロストック）、オリンピックスタジアム（セビリア）など。

ヴィルフリート・デヒャオ　Wilfried Dechau
建築写真家
1944年ドイツ・リューベック生まれ。ブラウンシュヴァイク工科大学にて建築を学び、研究助手を経て、建築雑誌db-deutsche bauzeitungの編集長を務める。

訳者

久保田善明　Yoshiaki Kubota
京都大学大学院 准教授
1972年京都府生まれ。広島大学工学部卒業。石川島播磨重工業（現IHI）、オリエンタルコンサルタンツを経て、京都大学大学院工学研究科博士後期課程修了。博士（工学）、技術士（総合技術監理部門、建設部門）。

増渕 基　Motoi Masubuchi
ベルリン工科大学 研究員
1979年神奈川県生まれ。北海道大学工学部卒業、スウェーデンのチャルマース工科大学構造工学修士課程修了（M.Sc.）。

林 倫子　Michiko Hayashi
京都大学大学院 日本学術振興会特別研究員
1982年兵庫県生まれ。京都大学工学部卒業、同大学大学院工学研究科博士後期課程修了。博士（工学）。

八木弘毅　Hiroki Yagi
日建設計シビル 都市施設設計部
1982年大阪府生まれ。京都大学工学部卒業、同大学大学院工学研究科博士前期課程修了。この間スイスの設計事務所Burckhardt+Partner AGにて設計業務に従事。

村上理昭　Masaaki Murakami
京都大学大学院 博士前期課程
1985年大阪府生まれ。京都大学工学部卒業、同大学院工学研究科博士前期課程入学後、スイスの設計事務所EM2N Architekten AGにて設計業務に従事。

Footbridges (フットブリッジ)
構造・デザイン・歴史

発　行　2011年2月25日　第1刷

訳　者　久保田善明＋増渕 基＋林 倫子＋八木弘毅＋村上理昭©

発行者　鹿島光一

発行所　鹿島出版会
　　　　〒104-0028 東京都中央区八重洲2-5-14
　　　　電話03-6202-5200　振替00160-2-180883

製　作　南風舎

印　刷　三美印刷　　製　本　牧製本

ISBN978-4-306-07284-8 C3052
Printed in Japan

無断転載を禁じます。落丁・乱丁本はお取替えいたします。
本書の内容に関するご意見・ご感想は下記までお寄せください。

URL: http://www.kajima-publishing.co.jp
e-mail: info@kajima-publishing.co.jp